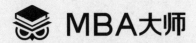
MBA大师

2024

MBA/MPA/MPAcc
管理类联考专用辅导教材
数学考点
精讲（基础篇）

董璞 编著

西安交通大学出版社
XI'AN JIAOTONG UNIVERSITY PRESS

图书在版编目(CIP)数据

数学考点精讲 / 董璞编著. —西安:西安交通大学
出版社,2023.4
ISBN 978 - 7 - 5693 - 3183 - 7

Ⅰ.①数… Ⅱ.①董… Ⅲ.①高等数学—研究生—
入学考试—自学参考资料 Ⅳ.①O13

中国国家版本馆 CIP 数据核字(2023)第 062538 号

书　　　名	数学考点精讲	
	SHUXUE KAODIAN JINGJIANG	
编　　　著	董　璞	
责 任 编 辑	韦鸽鸽	
责 任 校 对	刘莉萍	
封 面 设 计	韩　铎	

出 版 发 行　西安交通大学出版社
　　　　　　　(西安市兴庆南路 1 号　邮政编码 710048)
网　　　址　http://www.xjtupress.com
电　　　话　(029)82668357　82667874(市场营销中心)
　　　　　　　(029)82668315(总编办)
传　　　真　(029)82668280
印　　　刷　陕西金和印务有限公司

开　　　本　787mm×1092mm　1/16　印张　29.5　字数　664 千字
版次印次　2023 年 4 月第 1 版　　2023 年 4 月第 1 次印刷
书　　　号　ISBN 978 - 7 - 5693 - 3183 - 7
定　　　价　78.00 元

如发现印装质量问题,请与本社市场营销中心联系。
订购热线:(029)82665248　(029)82667874
投稿热线:(029)82665249
QQ 邮箱:2773567125@qq.com

前　言
Preface

数学在 MBA、MPA、MPAcc、MEM 管理类联考综合能力考试中分数占比较大,同时容易拉开分数差距,因此考生在数学科目上备考花费的时间精力也相对较多.此时选择一本好的辅导书便如名师指路,可以大大提高复习效率,少走弯路.

本书分为基础篇和强化篇两大部分,基础篇涉及考查频率高、相对简单的考点,由浅入深,帮助考生掌握重点、常考点,为所有考生必学部分;强化篇主要讲解较难考点和考查频率低的知识点,通过典型例题深度剖析,指导考生精准掌握命题方向和解题思路,赢取高分.故本书适用于各个层次基础的考生,有利于任何基础的考生学习和理解.

一、本书特色

(一)通俗易懂的概念讲解

本书以通俗易懂的方式来阐述联考相关概念和定理,尤其对基础薄弱的考生从零开始搭建知识图谱过程当中需要经历的步骤以及每个阶段需要考虑的问题都给予了比较详细的解释,同时在必要的地方生动举例,帮助考生迅速而直观地把握相关概念和定理.

(二)紧扣管理类综合能力考试大纲

本书紧扣最新考试大纲,分为五大模块(算术、代数、几何、数据分析、应用题)和十一个章节.例题及练习题由易到难,循序渐进,难度与真题难度保持一致;题型设置与大纲保持一致.本书在深入研究考试大纲和历年真题的基础上,准确地把握了考试的重难点和命题趋势.

(三)以真题为蓝本,零距离贴近考试

本书每章按照考点划分,以具有代表性的真题为蓝本,详细总结和归类了历年考试的重点考点和题型,帮助考生在脑海中形成知识树状图,使考生对该章所考的题目类型一目了然,帮助考生能够迅速找到自己的知识点薄弱部分,做到有针对性地复习.每个章节附有习题自测模块,帮助考生不仅看懂,还要会做,实时检测,查缺补漏.

(四)独家解题标志词汇

本书从考官出题思路及题目特征入手,独家总结了题目特征的【标志词汇】以及其对应固定的解题入手方向,精准解读题目文字背景下的数学含义,破除考题的神秘感.

例如题目中出现【标志词汇】二次方程 $ax^2+bx+c=0\,(a\neq0)$ 有一正一负两个根,实际上意味着 a 与 c 异号,即需要我们用算式 $ac<0$ 进行求解.

二、考试题型解读

联考综合能力测试共 200 分,分为数学、逻辑、写作三部分.其中数学为试卷的第一部分,共有 25 题,全部为单项选择题,每题 3 分,共 75 分.具体题型分为问题求解和条件充分性判断两类.

1. 问题求解

套卷中数学部分第 1—15 题为问题求解,即为我们常见的单项选择题,不同于其他考试,联考中的问题求解为五选一.此处不再赘述.

2. 条件充分性判断

条件充分性判断题为联考数学中特有的题型,在套卷中为第 16—25 题.很多同学对于此类题目的考查模式理解不够透彻,导致做题速度慢,正确率低,因此大家需要在复习时有意识地重点练习.

【定义】在条件 A 成立的情况下,若一定可以推出结论 B 成立,则称 A 是 B 的充分条件.若由条件 A 不能推出结论 B 成立,则称 A 不是 B 的充分条件.

下面以一道真题来说明条件充分性判断题目的求解:

【2014.10.16】(条件充分性判断)$x\geq2014$.

(1)$x>2014$.   (2)$x=2014$.

解题说明:本题要求判断所给出的条件能否充分支持题干中陈述的结论。阅读条件(1)和(2)后选择:

A:条件(1)充分,但条件(2)不充分.

B:条件(2)充分,但条件(1)不充分.

C:条件(1)和(2)单独都不充分,但条件(1)和条件(2)联合起来充分.

D:条件(1)充分,条件(2)也充分.

E:条件(1)和(2)单独都不充分,条件(1)和条件(2)联合起来也不充分.

【解析】条件(1):若 x 为一个大于 2014 的数,则它一定满足 $x\geq2014$,故条件(1)可充分推出题干结论,充分.

条件(2):若 $x=2014$,则 x 一定满足 $x \geqslant 2014$,故条件(2)也可充分推出题干结论,充分.

根据条件充分性判断的选择原则,两条件均充分,选 D.

【答案】D

现将条件充分性判断的一般解题步骤总结如下:

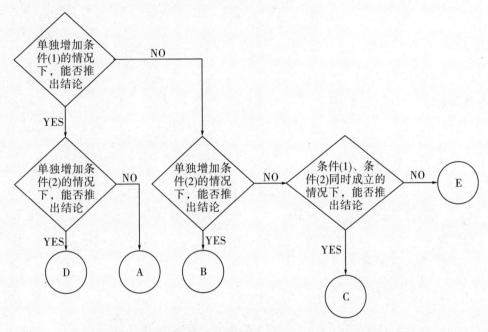

事实上,条件充分性判断解题极具技巧性,我们往往可以根据题目结构和特征迅速排除多个选项,甚至直接定位至正确选项,这些技巧在本书正文真题解析中将进行具体解读.

三、结束语

本书倾注了整个 MBA 大师教材编写组在联考数学方面的研究心血,旨在尽全力让每一位考生高效学习,不浪费一分宝贵的复习时间和精力.希望以上总结可帮助考生们掌握历年真题的正确复习方法,从而轻松应对管理类联考数学的复习,祝金榜题名!

董 璞

MBA 大师教材编写组

2023 年 3 月

目 录
Contents

第4部分　数据分析

第5部分 应用题

数学考点精讲·基础篇

第1部分

算　术

第一章

算 术

大纲分析 虽然本章涉及的概念较多,但较少单独考查,对于本章的考查内容大多数属于基础知识.本章的重要考点有整除、质数与合数、奇数与偶数、绝对值的几何意义等;比与比例主要在应用题中考查,本章涉及的关于比例的基本定理考查较少,故在本章强化篇中讲解.要求考生对典型实数和它们之间的关系要有一定的敏感度,如完全平方数、立方数、30 以内质数、$2^n(n=0,1,2\cdots)$ 以及它们的简单加减运算结果等.

模块一 考点剖析

一、实数

考点一 实数分类

$$
\text{实数}(\mathbf{R})
\begin{cases}
\text{有理数}(\mathbf{Q}) \\
\text{(有限小数或无限循环小数)}
\begin{cases}
\text{正有理数}
\begin{cases}
\text{正整数}(\mathbf{Z}^+) \\
\text{正分数}
\end{cases} \\
0 \\
\text{负有理数}
\begin{cases}
\text{负整数}(\mathbf{Z}^-) \\
\text{负分数}
\end{cases}
\end{cases} \\
\text{无理数}(\overline{\mathbf{Q}}) \\
\text{(无限不循环小数)}
\begin{cases}
\text{正无理数} \\
\text{负无理数}
\end{cases}
\end{cases}
$$

自然数:非负整数组成的集合称为自然数.

1. 必备知识点

1) 有理数与无理数

整数和分数统称为有理数,若一个数可以表示为形如 $\dfrac{a}{b}$ 的两个整数之比的形式(其中 a,b 为整数),则称它为一个**有理数**.

不能写作两个整数之比形式的数即为**无理数**,无理数的本质是无限不循环小数.常见的无理数有 $\sqrt{2},\sqrt{3},\sqrt{5},\cdots$,圆周率 π、自然对数的底 e 等.

常见无理数的近似值:

$$\sqrt{2} \approx 1.414 \qquad \sqrt{3} \approx 1.732 \qquad \sqrt{5} \approx 2.236 \qquad e \approx 2.718 \qquad \pi \approx 3.142$$

2）二次根式

一般地,形如 $\sqrt{a}(a \geq 0)$ 的式子叫作二次根式,a 叫作被开方数,可以是一个数字,也可以是一个代数式,但是必须满足大于或等于零. 二次根式具有双重非负性,即 $a \geq 0, \sqrt{a} \geq 0$. 当 $a < 0$ 时,二次根式无意义.

二次根式的乘法法则:$\sqrt{a} \cdot \sqrt{b} = \sqrt{ab}(a \geq 0, b \geq 0)$

二次根式的除法法则:$\dfrac{\sqrt{a}}{\sqrt{b}} = \sqrt{\dfrac{a}{b}}(a \geq 0, b > 0)$

3）数轴与实数

如图 1-1 所示,画一条水平直线,在直线上取一点表示 0（叫作原点）,选取某一长度作为单位长度,规定直线向右的方向为正方向,就得到一个数轴. 每一个实数都可以用数轴上的一个点来表示;反过来,数轴上的每一个点都表示一个实数. 即实数和数轴上的点是一一对应的. 在数轴上,右边的点表示的数比左边的点表示的数大.

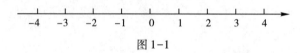

图 1-1

4）实数性质:

【标志词汇】两实数相等⇔两实数有理部分与无理部分分别相等.

若两个实数相等,那么它们的有理部分与无理部分分别相等.

如:若无理数 $2 + a\sqrt{5}$ 与 $b + 3\sqrt{5}$ 相等,则可以推出 $a\sqrt{5} = 3\sqrt{5}$,$a = 3, b = 2$.

5）分子/分母有理化

【标志词汇】分数的分母中带有根号,要求化简/求值⇒分母有理化.

把分母中的二次根式化去叫作分母有理化.

形如 $\sqrt{a}(a > 0)$ 的单项二次根式:乘以它本身进行有理化,即 $\sqrt{a} \cdot \sqrt{a} = a$.

形如 $a\sqrt{x} + b\sqrt{y}$ 的代数式:利用平方差公式,同乘 $a\sqrt{x} - b\sqrt{y}$ 进行有理化.

如:$\dfrac{1}{\sqrt{2}} = \dfrac{\sqrt{2}}{\sqrt{2} \times \sqrt{2}} = \dfrac{\sqrt{2}}{2}$;$\dfrac{1}{3 + \sqrt{a}} = \dfrac{3 - \sqrt{a}}{(3 + \sqrt{a})(3 - \sqrt{a})} = \dfrac{3 - \sqrt{a}}{9 - a}$.

6）运算法则

各个数集对于四则运算具有封闭性,详见表 1.1:

表 1.1

运算	自然数 N	整数 Z	有理数 Q	无理数 $\overline{\text{Q}}$	实数 R
加	√	√	√	×	√
减	×	√	√	×	√
乘	√	√	√	×	√
除	×	×	√	×	√

上表说明:

(1)两个自然数相加或者相乘,结果一定是自然数;相减或者相除结果不一定是自然数.

(2)两个整数相加、相减或者相乘,结果一定是整数;相除结果不一定是整数.

(3)两个有理数相加、相减、相乘或者相除,结果一定还是有理数.

(4)两个无理数相加、相减、相乘或者相除,结果都不一定是无理数.

(5)两个实数相加、相减、相乘或者相除,结果一定还是实数.

另外需要注意:零乘以任何数结果仍为零;零乘以无理数结果为零,是有理数.

非零的任何有理数与无理数相加、相减、相乘或者相除,结果一定是无理数.

7)实数的整数部分与小数部分

对任意实数,称不超过实数 x 的最大整数为 x 的整数部分,记为 $[x]$. 求取实数的整数部分称为取整. 令 $\{x\}=x-[x]$,称 $\{x\}$ 为实数 x 的小数部分.

由定义可知: $[x]\leq x,x-[x]=\{x\}\geq 0$.

如:2 的整数部分是 2,小数部分是 0;-2.17 的整数部分是 -3,小数部分 0.83.

$\sqrt{3}\approx 1.732$,其整数部分是 1,小数部分是 $\sqrt{3}-1$;$-\sqrt{5}\approx -2.236$,其整数部分是 -3,小数部分是 $-\sqrt{5}-(-3)=-\sqrt{5}+3$.

2. 典型例题

【例题1】若 $a=\dfrac{1}{1+\sqrt{2}}+\dfrac{1}{\sqrt{2}+\sqrt{3}}+\cdots+\dfrac{1}{\sqrt{2019}+\sqrt{2020}}$,$b=1+\sqrt{2020}$,则 $ab=$(   ).

A. 2018   B. 2019   C. 2020   D. $2018+\sqrt{2}$ E. $\dfrac{1}{\sqrt{2019}}$

【解析】a 中每一项均为分母带根号的分式,首先考虑将其依次分母有理化化简:$a=$

$\dfrac{1}{1+\sqrt{2}}+\dfrac{1}{\sqrt{2}+\sqrt{3}}+\cdots+\dfrac{1}{\sqrt{2019}+\sqrt{2020}}=\dfrac{1-\sqrt{2}}{(1+\sqrt{2})(1-\sqrt{2})}+\dfrac{\sqrt{2}-\sqrt{3}}{(\sqrt{2}+\sqrt{3})(\sqrt{2}-\sqrt{3})}+\cdots+$

$\dfrac{\sqrt{2019}-\sqrt{2020}}{(\sqrt{2019}+\sqrt{2020})(\sqrt{2019}-\sqrt{2020})}=(\sqrt{2}-1)+(\sqrt{3}-\sqrt{2})+\cdots+(\sqrt{2020}-\sqrt{2019})=-1+$

$\sqrt{2020}$,故 $ab=(\sqrt{2020}-1)(\sqrt{2020}+1)=2019$.

【答案】B

【例题2】有如下几个论述:

(1)两个无理数的和是无理数;

(2)两个无理数的积是无理数;

(3)一个有理数与一个无理数的和是无理数;

(4)一个有理数与一个无理数的积是无理数;

(5)任何一个无理数都能用数轴上的点表示;

(6)实数与数轴上的点一一对应;

其中包含所有不一定正确论述的选项是(   ).

A.①②   B.②③   C.①③④   D.①②④   E.①②③④⑤⑥

【解析】（1）不一定正确.两个无理数的和不一定是无理数,若它们的无理部分互为相反数,则和为有理数.如:$(3-\sqrt{2})+(3+\sqrt{2})=6$,为有理数.

（2）不一定正确.两个无理数的积不一定是无理数,若这两个无理数互为有理化因式,则它们的积为有理数,如:$(3-\sqrt{2})\times(3+\sqrt{2})=7$,为有理数.

（3）正确.一个有理数与一个无理数的和或者差一定是无理数.

（4）不一定正确.若该有理数为0,0与任何实数的乘积均为0,与无理数的积亦为0,是有理数.

（5）、（6）正确.实数包括有理数与无理数两种,实数与数轴上的点一一对应.

【答案】D

考点二　整除

整除是本章的重要考点,常考题型有:①能被某数或某些数整除的数的特性及相关计算（如例题1）;②判断或证明一个表示为分数形式的数是否可能是整数,即分子是否是分母的倍数,或分母是否是分子的因数（如例题2）;③必有因数类问题（如例题3）

1.必备知识点

1）整除的概念

如果一个整数 a 能表示为整数 b 与另一个整数 q 相乘的形式,即有等式:

$$a=bq$$

那么我们称 b 能够整除 a,或者 a 能够被 b 整除,记作 $b|a$. 其中 a 叫作被除数,b 叫作除数,q 叫作商.

【举例】50可以表示为 5×10 的形式,那么我们就说,50可以被5整除,商是10. 当然,也可以说50可以被10整除,商是5.

2）整除的等价表示

$\dfrac{a}{b}$ 是整数 $\Leftrightarrow a$ 能被 b 整除 $\Leftrightarrow b$ 能整除 $a \Leftrightarrow a$ 是 b 的倍数 $\Leftrightarrow b$ 是 a 的因数 $\Leftrightarrow b|a$.

3）整除的传递性

如果 $c|b$,且 $b|a$,则一定有 $c|a$

也就是说,如果 c 是 b 的因数,同时 b 又是 a 的因数,那么 c 一定也是 a 的因数.

【举例】3是12的因数,同时12又是60的因数,那么3一定也是60的因数.

如果 $c|a$ 且 $c|b$,则对任意的整数 m,n,则一定有 $c|(ma+nb)$.

也就是说,如果 c 是 a 的因数,同时 c 也是 b 的因数,那么 c 也是任意整数倍的 a 与任意整数倍的 b 之和的因数.

【举例】6是12的因数,同时6也是18的因数,那么6也一定为 $12m+18n$ 的因数（m,n 为任意整数）.

4）能被 $1\sim10$ 整除的数的规律

能被2整除的数：　　　个位数字为0,2,4,6或8.

能被3整除的数：　　　各位数字之和必能被3整除（如三位数123中各位数字之和1

+2+3＝6 可以被 3 整除,则 123 可以被 3 整除).

能被 4 整除的数:　　末两位(个位和十位)数字必能被 4 整除(如四位数 1124 中末

两位 24 可以被 4 整除,则 1124 可以被 4 整除).

能被 5 整除的数:　　个位数字为 0 或 5.

能被 6 整除的数:　　同时满足能被 2 和 3 整除的条件(即个位数字为 0,2,4,6 或

8,且各位数字之和能被 3 整除).

能被 8 整除的数:　　末三位(个位、十位和百位)数字能被 8 整除(如 27184 中末三

位 184 可以被 8 整除,则 27184 可以被 8 整除).

能被 9 整除的数:　　各位数字之和能被 9 整除.

能被 10 整除的数:　　个位数字为 0.

2. 典型例题

【例题 1】有三个正整数的和是 312,这三个数分别能被 7,8,9 整除,且商相同,则最
大的数与最小的数相差(　　　).

A. 18　　　　　B. 20　　　　　C. 22　　　　　D. 24　　　　　E. 26

【解析】一般情况下,当题干中提及"某数能被另一数整除"的概念,我们常用商和除
数的乘积来表示被除数,即若 m 能被 7 整除,我们一般把 m 表示为 $7k$ 的形式,即 $m＝7k$,
其中 k 是商.

本题中三个数分别能被 7,8,9 整除且商相同,我们设共同的商为 k. 则这三个数分别
可表示为 $7k,8k,9k$. 其中最大数为 $9k$,最小数为 $7k$.

由题意知 $7k+8k+9k＝312$,解得 $k＝13$,故 $9k-7k＝2k＝26$.

【答案】E

【例题 2】(条件充分性判断)$\dfrac{n}{14}$ 是一个整数.

(1)n 是一个整数,且 $\dfrac{3n}{14}$ 也是一个整数.

(2)n 是一个整数,且 $\dfrac{n}{7}$ 也是一个整数.

【解析】题干要求推出 $\dfrac{n}{14}$ 是一个整数,即 n 为 14 的倍数或 14 为 n 的因数.

条件(1):由于 n 是一个整数,并且 $\dfrac{3n}{14}$ 也是整数,则 $3n$ 一定为 14 的倍数. 而 3 与 14

互质(公因数只有 1),因此 n 一定为 14 的倍数,即 $\dfrac{n}{14}$ 是一个整数,条件(1)充分.

条件(2):n 是一个整数,且 $\dfrac{n}{7}$ 也是一个整数,则 n 一定为 7 的倍数,即 n 一定可以表

示为 $7k(k$ 为整数)的形式. 当 k 为奇数时,$\dfrac{n}{14}$ 不是整数,如 $n＝7$ 时,$\dfrac{n}{14}＝\dfrac{1}{2}$,条件(2)不

充分.

【答案】A

【说明】本题考查的题型为条件充分性判断,是管理类联考中特有的题型,此类题目要求判断所给出的两个条件能否充分支持题干中陈述的结论. 具体选择原则详见本书《前言》二、考试题型解读,以下不再赘述.

【例题3】n 为大于1的任意正整数,则 n^3-n 必有因数(   ).

A. 4   B. 5   C. 6   D. 7   E. 8

【解析】对于代数式因数的问题,往往将此代数式化为多个代数式乘积形式,通过连续相乘的代数式个数或者奇偶性来解题.

首先将 n^3-n 因式分解化为乘积形式:$n^3-n=n(n^2-1)=(n-1)n(n+1)$,

当 $n=2$ 时,$n^3-n=(n-1)n(n+1)=1\times2\times3$.

当 $n=3$ 时,$n^3-n=(n-1)n(n+1)=2\times3\times4$.

当 $n=4$ 时,$n^3-n=(n-1)n(n+1)=3\times4\times5$.

可以看出题干中表达式 n^3-n 可以分解为三个连续正整数相乘的形式. 任意两个连续正整数,一定有一个是2的倍数;任意三个连续正整数,一定有一个是3的倍数. 所以任意三个连续正整数中,至少有一个是2的倍数(即含有因数2),也一定有一个是3的倍数(即含有因数3),故它们的乘积必然含有因数 $2\times3=6$.

【技巧】由于本题是选择题,可以选特值 $n=2$ 验证,此时 $n^3-n=8-2=6$,仅 C 选项符合.

注 因式分解知识点详见本书第二章:整式、分式.

【答案】C

考点三 带余除法

1. 必备知识点

当整数 a 不能被整数 b 整除时,余下的部分就叫作余数,一般用 r 表示. 有以下等式:
$$a=bq+r,\text{其中 }0\leqslant r<b.$$

【举例】53 可以表示为 $5\times10+3$ 的形式,即 $53=5\times10+3$,也就是 53 除以 5 的商是 10,余数为 3.

【拓展】当 $b=2$ 时,任何整数除以 2 的余数只有两种可能,即 $r=0$ 或 $r=1$,据此可以把所有的整数分为两类,也就是我们常说的偶数和奇数.

2. 典型例题

【例题1】当整数 n 被 6 除时,其余数为 3,则下列(   )不是 6 的倍数.

A. $n-3$ B. $n+3$ C. $2n$ D. $3n$ E. $4n$

【解析】整数 n 被 6 除时,其余数为 3,意味着整数 n 可以表示成 $n=6k+3$(k 为整数)的形式. 代入各选项观察结果是否能被 6 整除即可.

A 选项:$n-3=6k$,能被 6 整除.

B 选项:$n+3=6k+6=6(k+1)$,能被 6 整除.

C 选项:$2n=12k+6=6(2k+1)$,能被 6 整除.

D 选项:$3n=18k+9$,其中 $18k$ 可以被 6 整除,而 9 不能被 6 整除,故整体不能被 6 整除.

E 选项:$4n=24k+12=6(4k+2)$,能被 6 整除.

【技巧】由于本题是选择题,可以选特值 $n=9$ 验证,此时仅 D 选项 $3n=27$ 不是 6 的倍数,故选 D.

【答案】D

考点四 奇数与偶数

奇偶数的考查重点在于奇偶性的判定,常考题型主要有:①给定一个算式要求判断其奇偶性(如例题1);②结合质数等知识点考查(详见本章考点六);③当关于整数的方程中,未知量个数大于方程个数时,常利用奇偶性进行判定(详见本书基础篇第十一章考点五).

1.必备知识点

1)定义

将所有整数用除以 2 所得到的余数情况来分类:一类整数除以 2 所得的余数为 0,这类数叫作偶数,可以表示为 $2k(k=0,1,2,\cdots)$ 的形式. 另一类整数除以 2 所得的余数为 1,这类数叫作奇数,可以表示为 $2k+1(k=0,1,2,\cdots)$ 的形式.

联考中对于奇数与偶数的讨论一般限制在自然数范围内.

注 0 可以被 2 整除,因此 0 是偶数.

2)奇偶四则运算

两个相邻整数必为一奇一偶.

奇数±奇数=偶数 　　　　偶数±偶数=偶数 　　　　偶数±奇数=奇数

奇数×奇数=奇数 　　　　偶数×任意整数=偶数

奇数个奇数之和是奇数;偶数个奇数之和是偶数,任意个偶数之和为偶数;

多个整数相乘,只有每个数都是奇数,它们的乘积才为奇数.只要相乘的数中有偶数,最终的乘积为偶数.

设 a、b 为整数,则 $a+b$ 与 $a-b$ 有相同的奇偶性,即 $a+b$ 与 $a-b$ 同为奇数或同为偶数.

注 奇偶四则运算法则较多,不必死记硬背,可采用特值助记,以 1 代表奇数,2 代表偶数,$1\times1=1$(奇数×奇数=奇数),$2\times1=2$(偶数×奇数=偶数),以此类推.

2.典型例题

【例题1】(条件充分性判断)m^2-n^2 是 4 的倍数.

(1)m,n 都是偶数.

(2)m,n 都是奇数.

【解析】对于判断一个表达式是否为数 a 的倍数,一般需要先将此表达式因式分解化为乘积形式,观察其中是否含有数 a 的所有因数. 另外,对于题目中出现形如 m^2-n^2 的平方差的表达式,首先考虑将其因式分解为乘积形式,即:题干要求推出 $m^2-n^2=(m+n)(m-n)$ 是 4 的倍数,即含有两个因数 2.

思路一:条件(1)中 m,n 都是偶数,即它们可以表示为 $m=2k_1,n=2k_2(k\in\mathbf{Z})$.

$m^2-n^2=(2k_1)^2-(2k_2)^2=4k_1^2-4k_2^2$,是 4 的倍数,条件(1)充分.

条件(2)中 m,n 都是奇数,即它们可以表示为 $m=2k_1+1,n=2k_2+1(k\in\mathbf{Z})$.

$(m+n)(m-n)=(2k_1+2k_2+2)(2k_1-2k_2)=4(k_1+k_2+1)(k_1-k_2)$,是 4 的倍数,条件(2)亦充分.

思路二:条件(1)中 m,n 都是偶数,则根据【偶数±偶数=偶数】,$m+n$ 和 $m-n$ 也都是偶数,它们分别同时含有因数2,则 $(m+n)(m-n)$ 一定为 4 的倍数,条件(1)充分.

条件(2)中 m,n 都是奇数,根据【奇±奇=偶】,$m+n$ 和 $m-n$ 也都是偶数,它们分别同时含有因数2,则 $(m+n)(m-n)$ 一定为 4 的倍数,条件(2)亦充分.

【答案】D

注 0 是任意非零实数的倍数,故当 $m=n$ 时仍成立.

考点五 最大公因数、最小公倍数

对于最大公因数、最小公倍数的考查形式较为单一,规律性较强易于掌握. 常考题型主要有:①已知两数,求取其最大公因数、最小公倍数(如例题1);②给定两数的最大公因数和最小公倍数,求两数可能的取值情况或关于两数的算式(如例题2).

1. 必备知识点

1)因数与倍数

当 a 能被 b 整除时,称 a 是 b 的倍数,b 是 a 的因数.

【举例】$42=1\times42=2\times21=3\times14=6\times7$,因此 1,2,3,6,7,14,21,42 都是 42 的因数.

注 对于一个整数来说,最小的因数是1,最大的因数是它本身. 零是任何非零整数的倍数.

2)公因数、最大公因数

设 a,b 是两个整数,若整数 d 既是 a 的因数,又是 b 的因数,则称 d 是 a,b 的公因数;其中最大的数叫作 a,b 的最大公因数,记作 (a,b). 若 $(a,b)=1$,则称 a,b 互质.

【举例】对于 18 和 30 这两个整数,18 有 1,2,3,6,9,18 共六个因数;30 有 1,2,3,5,6,10,15,30 共八个因数. 其中共同拥有的因数 1,2,3,6 就叫作它们的公因数,其中公因数中最大的一个数 6 叫作最大公因数. 特别地,1 是所有正整数的公因数.

3)公倍数、最小公倍数

设 a,b 是两个整数,若整数 d 既是 a 的倍数,又是 b 的倍数,则称 d 是 a,b 的公倍数;其中最小的正整数叫作 a,b 的最小公倍数,记作 $[a,b]$.

【举例】18 的倍数有 18,36,54,72,90,108,126,144,162,180,…;30 的倍数有 30,60,90,120,150,180,…其中它们共同拥有的倍数就叫作公倍数. 由于每个整数都有无穷多个倍数,所以两个整数也有无穷多个公倍数,其中最小的一个公倍数叫作它们的最小公倍数. 比如 18 和 30 的公倍数是 90,180,270,…它们的最小公倍数是 90.

助记:两个整数公共的因数,叫作公因数;公共的倍数叫作公倍数. 公因数和公倍数都可以有多个.

4)最大公因数 (a,b) 与最小公倍数 $[a,b]$ 的关系

$ab=(a,b)\cdot[a,b]$,即:两数之积等于两数最大公因数与最小公倍数的乘积.

5)最大公因数(a,b)与最小公倍数$[a,b]$的计算

互质两数的最大公因数为1,最小公倍数为两数乘积.

【拓展】若有一组数,其中任意两个数都互质,则称这组数两两互质,两两互质的一组数的最大公因数为1,最小公倍数为它们的乘积. 如4,5,9 这组数,其中任意两个数都互质,这组数的最大公因数为1,最小公倍数为4×5×9=180.

对于不互质的两个数,计算方法有:①分解质因数法;②短除法(详见《数学基本功》第12 页相关内容)

分解质因数法,具体有以下三个步骤:

第一步:分别把两个数分解为几个质数相乘的形式.

第二步:取出两个数全部的公共质因数,按照较少个数选取,相乘后即为最大公因数.

第三步:列出两个数能分解出的全部质因数,相同因数按较多个数选取,相乘后即为最小公倍数.

【举例】求12 和30 的最大公因数与最小公倍数.

第一步:把两个数转化为几个质数乘积的形式(因数分解)

$12=2×2×3;30=2×3×5$.

第二步:求最大公因数.

两数公共的质因数为2 和3(均可因数分解出2 和3),其中12 可分解出两个2 和一个3;30 可分解出一个2 和一个3,均按照较少个数选取,即只取一个2 与一个3,相乘即为最大公因数$2×3=6$.

第三步:求最小公倍数.

两数全部质因数为2,3 和5,其中质因数2 按较多个数取两个,质因数3 取一个,质因数5 取一个. 相乘即为两数的最小公倍数$2×2×3×5=60$.

2. 典型例题

【例题1】(条件充分性判断)$(a,b)=30,[a,b]=18900$.

(1)$a=2100,b=270$.　　　　　　　　　(2)$a=140,b=810$.

【解析】条件(1):将两数质因数分解得

$$2100=2×2×3×5×5×7$$
$$270=2×3×3×3×5$$

按较少个数选取公共的质因数,得两数的最大公因数为$2×3×5=30$;按较多个数选取全部质因数,得两数的最小公倍数为$2×2×3×3×3×5×5×7=18900$,条件(1)充分.

条件(2):将两数质因数分解得

$$140=2×2×5×7$$
$$810=2×3×3×3×3×5$$

故按较少个数选取公共的质因数,得最大公因数为$2×5=10$;按较多个数选取全部质因数,得最小公倍数为$2×2×3×3×3×3×5×7=11340$,条件(2)不充分.

【技巧】对于条件(2),易知30 并不是140 的因数,因此不可能为140 和810 的公因数,可直接排除. 此时若条件(1)充分则选A,若条件(1)不充分则选E.

【答案】A

【例题2】已知两个正整数的最大公因数为6,最小公倍数为90,则满足这个条件的正整数有(   )组.

A.1   B.2   C.3   D.4   E.5

【解析】设这两个正整数为a,b,由题意知$(a,b)=6$,$[a,b]=90$,故$a×b=(a,b)\cdot[a,b]=6×90=2×2×3×3×3×5$.

因为a,b的最大公因数为6,所以a,b均最小也要是6的倍数,即a,b均至少含一个因数2和一个因数3.故a,b的取值有如下4种可能:

$$\begin{cases}a=2×3×3=18\\b=2×3×5=30\end{cases}\qquad\begin{cases}a=2×3×5=30\\b=2×3×3=18\end{cases}$$

$$\begin{cases}a=2×3×3×5=90\\b=2×3=6\end{cases}\qquad\begin{cases}a=2×3=6\\b=2×3×3×5=90\end{cases}$$

由于a,b仅是我们为解题方便设的未知量,题目中并没有做具体的区分,所以$a=90,b=6$和$a=6,b=90$其实代表的是同一组数6和90的组合.故满足条件的正整数有两组.6和90,以及18和30.

【答案】B

考点六　质数与合数

质数与合数是本章的考查重点,且常结合本章其余知识点甚至其他章节知识点考查.常考题型主要有:①题目讨论明确范围内的质数,如20或30以内的质数,一般用穷举法列出所有质数求解(如例题1、例题2);②结合奇偶数等知识点考查(如例题3);③给定一个较大的数,并且它是某些数的乘积,使用算数基本定理将其因数分解,表示为多个质数乘积的形式,再根据题意讨论(如例题4).

1.必备知识点

1)定义

质数

如果一个大于等于2的正整数,只能被1和它本身整除,这个数就叫作质数或素数.

合数

如果一个大于2的正整数,除了被1和它本身整除外,还可以被其他整数整除,那么这个数就叫作合数.

2)算术基本定理

任一大于等于2的整数均能表示成有限个质数的乘积,即对于任意整数$a≥2$,有:

$$a=p_1p_2\cdots p_n$$

其中$p_k(k=1,2,\cdots,n)$为质数且$p_1≤p_2≤\cdots≤p_n$,且这样的分解式是唯一的.这样的分解过程称为因数分解.

3)特征和性质

(1)质数、合数均为正整数,且有无穷多个.

(2)1既不是质数也不是合数.

（3）最小的质数是 2，也是所有质数中唯一的偶数；除了 2 以外的质数都是奇数.

（4）如果两个质数之和或差为奇数，则其中一个质数一定是 2.

（5）如果两质数之积为偶数，则其中一个质数一定为 2.

（6）最小的合数是 4.

（7）常用的 30 以内的 10 个质数：2,3,5,7,11,13,17,19,23,29.

2. 典型例题

【例题 1】设 p,q 是小于 10 的质数，则满足条件 $1<\dfrac{q}{p}<2$ 的 p,q 有（   ）.

A. 2 组 　　　B. 3 组 　　　C. 4 组 　　　D. 5 组 　　　E. 6 组

【解析】小于 10 的质数有 2,3,5,7 共四个，$1<\dfrac{q}{p}<2$ 即 $p<q<2p$，四个质数得到四个区间分别为 (2,4),(3,6),(5,10),(7,14). 其中区间内包含一质数的有 2<3<4,3<5<6,5<7<10，共有 3 组.

【答案】B

【例题 2】设 m,n 是小于 20 的质数，满足条件 $|m-n|=2$ 的 $\{m,n\}$ 共有（   ）.

A. 2 组 　　　B. 3 组 　　　C. 4 组 　　　D. 5 组 　　　E. 8 组

【解析】穷举 20 以内的质数：2,3,5,7,11,13,17,19. 满足两质数之差等于 2 的组合有 $|5-3|=2$，$|7-5|=2$，$|13-11|=2$，$|19-17|=2$，共 4 组.

【说明】$\{m,n\}$ 表示这两个质数所构成的集合，集合具有无序性，即 $\{5,3\}$ 和 $\{3,5\}$ 表示同一个集合，因此符合要求的集合共有 4 组，而非 8 组.

【答案】C

【例题 3】（条件充分性判断）$p=mq+1$ 为质数.

（1）m 为正整数，q 为质数.

（2）m,q 均为质数.

【解析】本题中 $p=mq+1$ 意味着 p 与 mq 奇偶性不同，当 mq 为奇数时，p 为偶数，若 p 为大于 2 的偶数，则一定非质数.

条件（1）：若 m,q 均为奇数，如 $m=3$，$q=5$. 则 mq 一定为奇数，$mq+1$ 为大于 2 的偶数，必然不是质数. 条件（1）不充分.

条件（2）：若 m,q 均为奇质数，如 $m=3$，$q=5$. 则 mq 一定为奇数，$mq+1$ 为大于 2 的偶数，必然不是质数. 条件（2）不充分.

事实上，$m=3$，$q=5$ 同时满足条件（1）和条件（2），故联合亦不充分.

【技巧】观察可知，条件（2）为条件（1）的特殊情况，如果条件（2）不充分，则条件（1）也一定不充分，可直接选 E.

【答案】E

【例题 4】若几个质数（素数）的乘积为 770，则它们的和为（   ）.

A. 85 　　　B. 84 　　　C. 28 　　　D. 26 　　　E. 25

【解析】**思路一**：竖式除法.

一般需要把一个数字表述为质数之积，或者需要求一个数字的因数的个数时，最普适性的方法是使用短除法. 短除法的基本步骤为:①写出短除式(如下所示);②用能整除这个合数(本题中为770)的最小质数(本题中为2)去除;③商如果是合数,照上面的方法除下去,直到商是质数为止;④把除数和最后的商写成连乘形式.

$$
\begin{array}{r|r}
2 & 770 \\
\hline
5 & 385 \\
\hline
7 & 77 \\
\hline
& 11
\end{array}
$$

我们得到 $770=2\times5\times7\times11$,它们的和为 25.

思路二: 观察法.

可以看出 $770=77\times10$,进一步分解, $77=7\times11$, $10=2\times5$,从而得到 $770=2\times5\times7\times11$,它们的和为 25.

【答案】E

考点七 分数、小数运算技巧

分数、小数运算是第二章分式运算和第四章数列求和的算术基础,主要考查的题型有:①分数与小数的互化(如例题1);②多个有规律分数求和,即裂项相消(如例题2、例题3).

1. 必备知识点

1)分数与小数的互化

每一个分数都可以转化为有限小数或无限循环小数的形式. 反之,每个有限小数或无限循环小数也都可以转化为分数的形式. 无限循环小数中依次不断重复出现的数叫循环节,以数上加圆点表示. 若循环节有多位,则可只在首末两位加圆点.

对于无限循环小数化分数,整数部分照抄,小数部分有几位循环节,化为的分数中分母就写几个9,之后将循环节作为分子,最后可以约分的进行约分即可. 简单证明如下:把 $0.\dot{2}\dot{8}$ 化为分数形式:设 $x=0.\dot{2}\dot{8}$,则 $100x=28.\dot{2}\dot{8}=28+x$, $99x=28$, $x=0.\dot{2}\dot{8}=\dfrac{28}{99}$.

【举例】

$\dfrac{2}{5}=0.4$ $0.75=\dfrac{3}{4}$

$0.333\cdots=0.\dot{3}=\dfrac{3}{9}=\dfrac{1}{3}$ $0.474747\cdots=0.\dot{4}\dot{7}=\dfrac{47}{99}$

$1.375375\cdots=1.\dot{3}7\dot{5}=1+\dfrac{375}{999}=\dfrac{458}{333}$

2)分数的通分、裂项

分数的通分:把几个异分母的分数化成与原来分数相等的同分母的分数,这个过程叫作通分. 通分的关键是确定几个分式的最小公分母. 如:

(1) $\dfrac{2}{5}+\dfrac{3}{7}=\dfrac{2\times7}{5\times7}+\dfrac{3\times5}{7\times5}=\dfrac{14}{35}+\dfrac{15}{35}=\dfrac{29}{35}$;

(2) $\dfrac{1}{4}-\dfrac{1}{5}=\dfrac{1\times5}{4\times5}-\dfrac{1\times4}{5\times4}=\dfrac{5}{20}-\dfrac{4}{20}=\dfrac{1}{20}$;

（3）$\dfrac{b}{a}+\dfrac{d}{c}=\dfrac{bc}{ac}+\dfrac{ad}{ac}=\dfrac{bc+ad}{ac}$;

（4）$\dfrac{b}{a}-\dfrac{d}{c}=\dfrac{bc}{ac}-\dfrac{ad}{ac}=\dfrac{bc-ad}{ac}$.

分数的裂项：从分式的通分（2）中运算过程逆推，可得到：$\dfrac{1}{4\times5}=\dfrac{5}{4\times5}-\dfrac{4}{4\times5}=\dfrac{1}{4}-\dfrac{1}{5}$. 分母为两个数/算式乘积形式的分数，可以转化为两个分数之差，这称为分数的裂项. 它们的通用表达式为：

$$\dfrac{大数字-小数字}{小数字\times大数字}=\dfrac{大数字}{小数字\times大数字}-\dfrac{小数字}{小数字\times大数字}=\dfrac{1}{小数字}-\dfrac{1}{大数字}$$

如果较大的数/算式与较小的数/算式之差恰好是 1，如 2 与 3，x 与 $x+1$，那么上述分式就可以进一步写为：

$$\dfrac{1}{小数字\times大数字}=\dfrac{1}{小数字}-\dfrac{1}{大数字}$$

如：

（1）$\dfrac{1}{2\times3}=\dfrac{3-2}{2\times3}=\dfrac{3}{2\times3}-\dfrac{2}{2\times3}=\dfrac{1}{2}-\dfrac{1}{3}$;

（2）$\dfrac{1}{x(x+1)}=\dfrac{(x+1)-x}{x(x+1)}=\dfrac{x+1}{x(x+1)}-\dfrac{x}{x(x+1)}=\dfrac{1}{x}-\dfrac{1}{x+1}$.

如果待裂项分数的分子不是大数与小数之差，则需要变形后再裂项.

（1）$\dfrac{1}{3\times7}=\dfrac{1}{7-3}\times\dfrac{7-3}{3\times7}=\dfrac{1}{4}\times\left(\dfrac{7}{3\times7}-\dfrac{3}{3\times7}\right)=\dfrac{1}{4}\times\left(\dfrac{1}{3}-\dfrac{1}{7}\right)$;

（2）$\dfrac{1}{a(a+2)}=\dfrac{1}{(a+2)-a}\times\dfrac{(a+2)-a}{a(a+2)}=\dfrac{1}{2}\times\left[\dfrac{a+2}{a(a+2)}-\dfrac{a}{a(a+2)}\right]=\dfrac{1}{2}\times\left(\dfrac{1}{a}-\dfrac{1}{a+2}\right)$.

2. 典型例题

【例题 1】把 $0.\dot5\dot6$ 转化为分数形式为（　　）.

A. $\dfrac{55}{99}$　　B. $\dfrac{55}{100}$　　C. $\dfrac{56}{99}$　　D. $\dfrac{54}{99}$　　E. $\dfrac{57}{100}$

【解析】设 $x=0.\dot5\dot6$，则 $100x=56.\dot5\dot6=56+x$. 整理得 $99x=56$，$x=\dfrac{56}{99}$.

【答案】C

【例题 2】$\dfrac{1}{1\times2}+\dfrac{1}{2\times3}+\cdots+\dfrac{1}{99\times100}=$（　　）.

A. $\dfrac{99}{100}$　　B. $\dfrac{97}{100}$　　C. $\dfrac{98}{99}$　　D. $\dfrac{97}{99}$　　E. $\dfrac{93}{100}$

【解析】裂项可得 $\dfrac{1}{1\times2}=\dfrac{2}{1\times2}-\dfrac{1}{1\times2}=1-\dfrac{1}{2}$，同理 $\dfrac{1}{2\times3}=\dfrac{1}{2}-\dfrac{1}{3}$，…依此类推可得 $\dfrac{1}{1\times2}+\dfrac{1}{2\times3}+\cdots+\dfrac{1}{99\times100}=1-\dfrac{1}{2}+\dfrac{1}{2}-\dfrac{1}{3}+\cdots+\dfrac{1}{99}-\dfrac{1}{100}=1-\dfrac{1}{100}=\dfrac{99}{100}$

【答案】A

【**例题 3**】$\dfrac{2}{x(x+2)}+\dfrac{2}{(x+2)(x+4)}+\cdots+\dfrac{2}{(x+998)(x+1000)}=$（　　）.

A. $\dfrac{1}{x}$　　　　B. $\dfrac{1}{x}+\dfrac{1}{x+10}$　　　C. $\dfrac{1}{x}-\dfrac{1}{x+1000}$　　　D. $\dfrac{2}{x}-\dfrac{2}{x+1000}$　　　E. $\dfrac{1}{x+100}$

【**解析**】原式 $=\left(\dfrac{1}{x}-\dfrac{1}{x+2}\right)+\left(\dfrac{1}{x+2}-\dfrac{1}{x+4}\right)+\cdots+\left(\dfrac{1}{x+998}-\dfrac{1}{x+1000}\right)=\dfrac{1}{x}-\dfrac{1}{x+1000}$.

【**答案**】C

📖 二、绝对值

考点八　绝对值的定义与性质

1. 必备知识点

1）相反数

如果两个实数只有符号不同,那么称其中一个数为另一个数的相反数,也称这两个实数互为相反数. 在数轴上,表示互为相反数的两个点,位于原点的两侧,且与原点的距离相等. 如 $\sqrt{2}$ 和 $-\sqrt{2}$;5 和 -5;特别地,零的相反数是零.

2）绝对值

在明确了相反数的概念的前提下,数的绝对值可定义为:一个正数的绝对值是它本身;一个负数的绝对值是它的相反数,零的绝对值是零. 实数 a 的绝对值记做 $|a|$,有

$$|a|=\begin{cases}a, & a>0\\0, & a=0\\-a, & a<0\end{cases}.$$

例如 $|5|=5$,$|-6|=6$,$|0|=0$,$|-\sqrt{2}|=\sqrt{2}$.

3）绝对值的代数意义和性质

（1）$|a|\geqslant a$,即一个数的绝对值大于等于它本身.

（2）$\sqrt{a^2}=|a|$.

（3）$|a|^2=|a^2|=a^2$.

（4）$|a|=|-a|$,即互为相反数的两个数的绝对值相等.

（5）设 a 为一正数,满足 $|x|=a$ 的 x 的值有两个,为 $\pm a$. 如:若 $|x|=3$,则有 $x=3$ 或 $x=-3$.

（6）自比性:对于非零实数 a,由绝对值的定义 $|a|=\begin{cases}a, & a>0,\\-a, & a<0\end{cases}$ 可得

$$\frac{|a|}{a}=\frac{a}{|a|}=\begin{cases}1, & a>0,\\-1, & a<0\end{cases}$$

这就是绝对值的自比性.

（7）非负性:一个数 a 的绝对值永远是非负数,即有 $|a|\geqslant 0$ 恒成立.

注　联考中需要掌握的具有非负性的算式有三种,它们分别是:绝对值、二次根式和平

方,即 $|a|\geq0,\sqrt{a}\geq0(a\geq0),a^2\geq0$.

（一） $|a|\geq a$

【例题1】（条件充分性判断）实数 a,b 满足 $|a|(a+b)>a|a+b|$.

(1) $a<0$.

(2) $b>-a$.

【解析】由条件(1)：$a<0$ 仅能得到 $|a|=-a>a$；由条件(2)：$b>-a$ 仅能得到 $a+b>0$，$|a+b|=a+b$，均不能单独推出题干结论.

联合两条件得 $|a|(a+b)=-a(a+b)>a(a+b)=a|a+b|$. 故联合充分.

【答案】C

（二） $\sqrt{a^2}=|a|$

【例题2】已知 $\sqrt{x^3+2x^2}=-x\sqrt{2+x}$，则 x 的取值范围是（　　）.

A. $x<0$　　　B. $x\geq-2$　　　C. $-2\leq x\leq0$　　　D. $-2<x<0$　　　E. 以上均不正确

【解析】$\sqrt{x^3+2x^2}=\sqrt{x^2(x+2)}=|x|\sqrt{2+x}=-x\sqrt{2+x}$. 即去掉绝对值后 x 变为它的相反数，则有 $x\leq0$. 同时为使 $\sqrt{2+x}$ 有意义，要求 $2+x\geq0$，即 $x\geq-2$. 联合可知，x 的取值范围为 $-2\leq x\leq0$.

【总结】若题目中涉及二次根式，要注意限定变量取值范围，以使根式有意义.

【答案】C

（三） 自比性

1.必备知识点

绝对值的自比性：$\dfrac{|a|}{a}=\dfrac{a}{|a|}=\begin{cases}1,a>0,\\-1,a<0.\end{cases}$

【标志词汇】题目中出现形如 $\dfrac{|a|}{a}$ 或 $\dfrac{a}{|a|}$，即一个代数式与其绝对值之比的形式，考虑将这个比看作一个整体，利用绝对值的自比性求值即可.

2.典型例题

【例题3】已知 $\dfrac{|a|}{a}+\dfrac{b}{|b|}+\dfrac{|c|}{c}=1$，则 $\dfrac{|ab|}{ab}+\dfrac{bc}{|bc|}+\dfrac{|ac|}{ac}+\dfrac{abc}{|abc|}=$（　　）.

A.2　　　B.1　　　C.0　　　D.-1　　　E.-2

【解析】本题符合绝对值的自比性【标志词汇】，将这些比分别整体考虑，$\dfrac{|a|}{a}$，$\dfrac{b}{|b|}$，$\dfrac{|c|}{c}$，$\dfrac{|ab|}{ab}$，$\dfrac{bc}{|bc|}$，$\dfrac{|ac|}{ac}$，$\dfrac{abc}{|abc|}$ 中每一项的值都只可能为 +1 或者 -1，我们只需要考虑它们的正负性即可.

如果 a,b,c 均为正数,那么 $\dfrac{|a|}{a}+\dfrac{b}{|b|}+\dfrac{|c|}{c}=3$.

如果 a,b,c 均为负数,那么 $\dfrac{|a|}{a}+\dfrac{b}{|b|}+\dfrac{|c|}{c}=-3$.

如果 a,b,c 为两正一负,那么 $\dfrac{|a|}{a}+\dfrac{b}{|b|}+\dfrac{|c|}{c}=1$.

如果 a,b,c 为两负一正,那么 $\dfrac{|a|}{a}+\dfrac{b}{|b|}+\dfrac{|c|}{c}=-1$.

由题干条件,我们可以判断出,a,b,c 为两正一负,不妨设 $a>0,b>0,c<0$,故 $ab>0,bc<0,ac<0,abc<0$. 再次由绝对值的自比性可知 $\dfrac{|ab|}{ab}+\dfrac{bc}{|bc|}+\dfrac{|ac|}{ac}+\dfrac{abc}{|abc|}=1-1-1-1=-2$.

【答案】E

（四） 非负性

1.必备知识点

在联考中需要考生掌握的具有非负性的算式有三种,它们分别是:绝对值、二次根式和平方,即有 $|a|\geq 0,\sqrt{a}\geq 0(a\geq 0),a^2\geq 0$,常联合考查.

某些题目中给出的算式包含多个未知量且运算关系较复杂,需求出关于这些未知量的某算式的具体值,此时题目往往具有【标志词汇】几个具有非负性的算式之和等于(或小于等于)零,形如:

$$|(\quad)|+\sqrt{(\quad)}+(\quad)^2=0;$$
$$|(\quad)|+\sqrt{(\quad)}+(\quad)^2\leq 0.$$

此时每一个具有非负性的算式分别为零,进而得到关于未知字母的方程组,解方程得到答案.

2.典型例题

【例题4】已知 $|x-y+1|+(2x-y)^2=0$,则 $2^x+y^3=(\quad)$.

A.4　　　　　B.6　　　　　C.8　　　　　D.10　　　　　E.12

【解析】题目符合非负性【标志词汇】,故具有非负性的绝对值项和平方项均为零,据此列方程得 $\begin{cases}x-y+1=0\\2x-y=0\end{cases}$,解得 $\begin{cases}x=1\\y=2\end{cases}$. 故 $2^x+y^3=2^1+2^3=10$.

【答案】D

【例题5】已知实数 a,b,x,y 满足 $y+|\sqrt{x}-\sqrt{2}|=1-a^2$ 和 $|x-2|=y-1-b^2$,则 $3^{x+y}+3^{a+b}=(\quad)$.

A.25　　　　　B.26　　　　　C.27　　　　　D.28　　　　　E.29

【解析】为了方便观察题干中两方程的特征,我们把所有项都移到等号左边,使等号右边为零,得

$$y+|\sqrt{x}-\sqrt{2}|-1+a^2=0$$

$$|x-2|-y+1+b^2=0,$$

两式相加得 $|\sqrt{x}-\sqrt{2}|+|x-2|+a^2+b^2=0$.

此时题目符合非负性【标志词汇】,故有 $\begin{cases} \sqrt{x}-\sqrt{2}=0 \\ x-2=0 \\ a=0 \\ b=0 \end{cases}$,代回原式可得 $y=1$. 故 $3^{x+y}+3^{a+b}=$

$3^{2+1}+3^{0+0}=28$.

【技巧】采用特值法,令 $x=2,a=b=0,y=1$,恰满足题目条件,代入得 $3^{2+1}+3^{0+0}=28$.

【拓展】解题时对方程的移项整理方向一般有:①对于普通方程,将所有项全部移至等号左边,等号右边为零;②对于无理方程,将无理部分移至等号一边,有理部分移至等号另一边;③对于多变量方程,将变量分离,如将包含 x 的移项至等号一边,包含 y 的移项至等号另一边;④对于包含参数的方程,将带参数的部分移至等号一边,其余部分移至等号另一边,如 $kx-y+8-6k=0$ 移项为 $k(x-6)=y-8$,此即参变分离.

【陷阱】本题所求 $3^{x+y}+3^{a+b}$ 均为 3 的指数倍,由此容易误认为答案一定为 3 的整数倍.事实上,由于任何数的零次幂均为 1,当 $x+y=0$ 或 $a+b=0$ 时待求式值均非 3 的整数倍,而本题恰解出 $a+b=0$.

【答案】D

考点九 去掉绝对值

1.必备知识点

由绝对值定义可知 $|a|=\begin{cases} a, a\geq 0 \\ -a, a<0 \end{cases}$,因此若题目中已经给定绝对值符号内表达式的取值范围,则可直接利用定义去绝对值;若题目中未给出,则在数轴上标出零点(使各个绝对值为零的 x 的取值),在零点划分出的各个范围内分别讨论,用定义去掉绝对值,得到一个分段函数,此即零点分段法.

2.典型例题

【例题1】若 $|x-3|=a(a>0)$,则 x 的值为(   ).

A. $a+3$ 　　　　B. $3-a$ 　　　　C. 3 　　　　D. $3-a$ 或 $3+a$ 　　　　E. a

【解析】当 $x\geq 3$ 时,$x-3\geq 0$,所以原式化为 $x-3=a$,$x=3+a$.

当 $x<3$ 时,$x-3<0$,所以原式化为 $x-3=-a$,$x=3-a$.

【答案】D

【例题2】(条件充分性判断)$|b-a|+|c-b|-|c|=a$.

(1)实数 a,b,c 在数轴上的位置如图 1-2 所示.

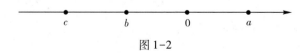

图 1-2

(2)实数 a,b,c 在数轴上的位置如图 1-3 所示.

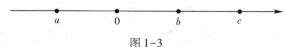

图 1-3

【解析】题干借由数轴给定 a, b, c 的正负情况及相对大小,因此可根据定义去掉绝对值.

条件(1):由数轴可知 $c<b<0<a$,故待求等式绝对值内 $b-a<0, c-b<0, c<0$,根据绝对值定义有 $|b-a|+|c-b|-|c|=(a-b)+(b-c)+c=a$,条件(1)充分.

条件(2):由数轴可知 $a<0<b<c$,故待求等式绝对值内 $b-a>0, c-b>0, c>0$,根据绝对值定义有 $|b-a|+|c-b|-|c|=(b-a)+(c-b)-c=-a$,条件(2)不充分.

【答案】A

（一）　给出算式去掉绝对值后的形式，求未知量取值范围

1. 必备知识点

【标志词汇】题目中给出带未知量的算式去掉绝对值后的形式,求未知量的取值范围. 这是考查根据定义去掉绝对值的逆推,即

若已知 $|a|=a$,则一定有 $a \geq 0$;若已知 $|a|=-a$,则一定有 $a \leq 0$.

注　由于零的相反数仍是零,因此上式中两个等号均可以取到.

2. 典型例题

【例题 3】若 $|x-3|=3-x$,则 x 的取值范围是(　　　).

A. $x>0$　　　　B. $x=3$　　　　C. $x<3$　　　　D. $x \leq 3$　　　　E. $x>3$

【解析】已知 $|x-3|=-(x-3)$,根据绝对值定义可知 $x-3 \leq 0$,解得 $x \leq 3$.

【答案】D

（二）　平方法去掉绝对值

1. 必备知识点

平方法去绝对值,即将方程移项整理使等号一边为包含绝对值的部分,另一边为不含绝对值的部分,两边平方,利用 $|a|^2=a^2$ 以去掉绝对值. 但这种方法的缺点是平方后算式往往比较烦琐,且次数增加,因此多用于一次方程. 需要注意的是,在求解过程中可能产生增根,所以对所求解必须进行检验,舍去增根.

例如在方程 $|x-1|=-1$ 中,由于绝对值的非负性,此方程无解(没有实根). 但两边平方后 -1 变为 1,即 $(|x-1|)^2=x^2-2x+1=(-1)^2=1$,$x^2-2x=x(x-2)=0$,解得 $x=0$ 或 $x=2$,这两个根均为方程的增根,应舍去.

在不等式中,由于平方前负数小于正数,如 $-2<1$,但是如果负数的绝对值大于正数,即 $|-2|>|1|$,则负数的平方大于正数,即 $(-2)^2>1^2$. 这改变了原来的不等关系,就会产生增根.

2. 典型例题

【例题 4】解方程 $|x-1|=|x-3|$.

【解析】两边平方得:$x^2-2x+1=x^2-6x+9$,解得 $x=2$. 经检验,$x=2$ 是原方程的根.

【答案】$x=2$

模块二 常见标志词汇及解题入手方向

在联考真题中,常出现固定的标志词汇,对应固定的解题入手方向,现总结如下:

标志词汇 一 完全平方数

题目中限定讨论范围为【标志词汇】完全平方数 ⇒ ①穷举法,②凑配完全平方式.

或题目中出现的数均为完全平方数或几个完全平方数的和、差,一般入手思路如下:

(1)对于纯数字的完全平方数采用穷举法,因此我们需要熟记常用的 1~20 的完全平方数,并对简单的和、差有一定敏感度:

$1^2=1$	$2^2=4$	$3^2=9$	$4^2=16$	$5^2=25$
$6^2=36$	$7^2=49$	$8^2=64$	$9^2=81$	$10^2=100$
$11^2=121$	$12^2=144$	$13^2=169$	$14^2=196$	$15^2=225$
$16^2=256$	$17^2=289$	$18^2=324$	$19^2=361$	$20^2=400$

(2)带有未知数或者字母表达式的题目,一般通过配方法凑出完全平方式(配方法详见第三章:整式、分式).

【真题 2019.19】(条件充分性判断)能确定小明年龄.

(1)小明年龄是完全平方数

(2)20 年后小明年龄是完全平方数.

【解析】穷举符合一般人类寿命的完全平方数:1,4,9,16,25,36,49,64,81,100,121,可知仅单独知道小明年龄是完全平方数或 20 年后年龄是完全平方数,均不能唯一确定小明年龄,即两条件单独都不充分,因此考虑联合.

在 121 以内,有且仅有一对完全平方数相差为 20,即当小明年龄为 16 时,20 年后为 36,均为完全平方数.因此条件(1)(2)联合充分,可唯一确定小明年龄.

【答案】C

【真题 2019.19 拓展】(条件充分性判断)能确定小明年龄.

(1)小明年龄是完全平方数

(2)15 年后小明年龄是完全平方数

【解析】穷举符合一般人类寿命的完全平方数:1,4,9,16,25,36,49,64,81,100,121,可知仅单独知道小明年龄是完全平方数或 15 年后年龄是完全平方数,均不能唯一确定小明年龄,即两条件单独都不充分,因此考虑联合.

在这些完全平方数中,相差等于 15 的有 2 组,即 1 和 16 以及 49 和 64.所以有可能小明今年 1 岁,15 年后 16 岁;也有可能小明今年 49 岁,15 年后 64 岁,因此不能唯一确定.故联合也不充分,E 选项正确.

【答案】E

注 条件充分性判断题目中要求"可确定"某数值,要求同时满足唯一性和可确定性,只有可求出唯一具体值才意味着条件充分.

标志词汇 二　质数

题目中出现【标志词汇】质数⇒①穷举法；

②结合奇偶性及其四则运算；

③[一个数]=[某些数的乘积]⇒将此数因数分解.

①穷举：如果有明确讨论范围限制，在讨论 20 或 30 以内的质数时，一般用穷举法列出所有质数代入.

②结合奇偶性：2 是最小的质数也是唯一的偶数质数，其余质数均为奇数.

若两质数之和或差为奇数，则其中一个质数一定为 2. 若两质数之积为偶数，则其中一个质数一定为 2.

③因式分解：给定一个较大的数，并且它是某些数的乘积，入手方向为将这个数因数分解为多个质数的乘积，再根据题意讨论.

若给定一个含有字母的表达式值为质数，利用质数只有 1 和它本身两个因数，先因式分解为两因式相乘的形式，则其中一个因式值为 1，另一个因式值等于它本身.（因式分解详见第三章：整式、分式）

求因数的个数：①分解质因数；②指数分别+1 后相乘.

标志词汇 三　必有因数/必能被某数整除

题目中出现【标志词汇】某数必有因数/必能被某数整除⇒被几整除写作几 k.

一般入手方向如下：

首先将待求式化为连续数之积.

任意两个连续自然数，必为一奇一偶，故任意两个连续自然数之积一定是偶数.

任意三个连续自然数，至少有一个是 2 的倍数，一定有一个是 3 的倍数，所以任意三个连续自然数之积一定是 2×3＝6 的倍数.

任意四个连续自然数，至少有一个是 2 的倍数，至少有一个是 3 的倍数，一定有一个是 4 的倍数，所以任意四个连续自然数之积一定是 2×3×4＝24 的倍数.

结论：任意连续的 n 个正整数中，有且仅有一个数能被 n 整除.

任意 n 个连续正整数之积一定能被 $n! = 1×2×3×\cdots×n$ 整除.

标志词汇 四　整数 a 除以整数 b，余数为 r

题目中出现【标志词汇】整数 a 除以整数 b，余数为 r⇒存在等式 $a=bk+r$（其中 k 为整数，$0 \leqslant r < b$）.

标志词汇 五　带有根号的分式

题目中出现【标志词汇】分数的分母或分子中带有根号，要求化简或求值⇒分母或分子有理化.

分母有理化：常用于分数化简，如：

$$\frac{1}{1+\sqrt{2}}=\frac{1-\sqrt{2}}{(1+\sqrt{2})(1-\sqrt{2})}=\frac{1-\sqrt{2}}{1-2}=\sqrt{2}-1.$$

分子有理化:常用于大小比较,如比较$\sqrt{7}-\sqrt{6}$与$\sqrt{6}-\sqrt{5}$大小有:

$$\frac{(\sqrt{7}-\sqrt{6})(\sqrt{7}+\sqrt{6})}{\sqrt{7}+\sqrt{6}}=\frac{1}{\sqrt{7}+\sqrt{6}};\frac{(\sqrt{6}-\sqrt{5})(\sqrt{6}+\sqrt{5})}{\sqrt{6}+\sqrt{5}}=\frac{1}{\sqrt{6}+\sqrt{5}}.$$

两式分子相同分母不同,比较可知$\sqrt{7}-\sqrt{6}<\sqrt{6}-\sqrt{5}$.

标志词汇 六 绝对值的性质

【标志词汇1】题目中出现根号下代数式可配方的情况,入手方向为利用$\sqrt{a^2}=|a|$化为绝对值.

【标志词汇2】题目中出现形如$\frac{|a|}{a}$或$\frac{a}{|a|}$,即一个代数式与其绝对值之比的形式,考虑将这个比看作一个整体,利用绝对值的自比性求值.

$$\frac{|a|}{a}=\frac{a}{|a|}=\begin{cases}1,a>0\\-1,a<0\end{cases}.$$

某些题目中给出的算式包含多个未知字母且运算关系较复杂,需从给定算式中求出关于未知字母一个算式的具体值,此时题目往往具有【标志词汇3】几个具有非负性的算式之和等于(或小于等于)零,如:

$$|(\quad)|+\sqrt{(\quad)}+(\quad)^2=0,$$
$$|(\quad)|+\sqrt{(\quad)}+(\quad)^2\leq0;$$

令这些算式分别为零.从而得到关于未知字母的方程组,进而解方程得到答案.

注 在联考中需要考生掌握的具有非负性的算式有三种,它们分别是:绝对值、二次根式和平方,即有$|a|\geq0$,$\sqrt{a}\geq0(a\geq0)$,$a^2\geq0$,常联合考查.

标志词汇 七 去掉绝对值

【标志词汇】题目中给出带未知量的算式去掉绝对值后的形式,需要求未知量的取值范围.

这是考查根据定义去掉绝对值的逆推,即:

若已知$|a|=a$,则一定有$a\geq0$;若已知$|a|=-a$,则一定有$a\leq0$.

注 由于零的相反数仍是零,因此上式中两个等号均可以取到.

模块三 习题自测

1. 设 $\dfrac{\sqrt{5}+1}{\sqrt{5}-1}$ 的整数部分为 a，小数部分为 b，则 $ab-\sqrt{5}=($).

   A. 3 　　　　B. 2 　　　　C. -1 　　　　D. 1 　　　　E. 0

2. 从 1 到 120 的自然数中，能被 3 整除或被 5 整除的数共有( )个.

   A. 64 　　　　B. 48 　　　　C. 56 　　　　D. 5 　　　　E. 8

3. n 为大于 1 的任意正整数，则 $n^4+2n^3-n^2-2n$ 必有因数( ).

   A. 10 　　　　B. 15 　　　　C. 20 　　　　D. 24 　　　　E. 48

4. 1373 除以某质数，余数为 8，则这个质数为( ).

   A. 7 　　　　B. 11 　　　　C. 13 　　　　D. 17 　　　　E. 19

5. 整数 1080 有多少个正因数(包括 1 和 1080 本身)( ).

   A. 8 　　　　B. 9 　　　　C. 16 　　　　D. 18 　　　　E. 32

6. 两个正整数 x 和 y 的最大公因数是 4，最小公倍数是 20，则 $x^2y^2+3xy+1=($).

   A. 1000 　　　　B. 6640 　　　　C. 6641 　　　　D. 6642 　　　　E. 7801

7. 设 a,b,c 是小于 12 的三个不同的质数(素数)，且 $|a-b|+|b-c|+|c-a|=8$，则 $a+b+c=($).

   A. 10 　　　　B. 12 　　　　C. 14 　　　　D. 15 　　　　E. 19

8. (条件充分性判断) $p=mq+1$ 不是质数.

   (1) m 为正整数，q 为质数.

   (2) m,q 均为质数.

9. $\dfrac{1}{x(x+2)}+\dfrac{1}{(x+2)(x+4)}+\cdots+\dfrac{1}{(x+998)(x+1000)}=($).

   A. $\dfrac{1}{x}$

   B. $\dfrac{1}{x}-\dfrac{1}{x+1000}$

   C. $\dfrac{1}{x+1000}$

   D. $\dfrac{1}{2x}-\dfrac{1}{2x+2000}$

   E. $\dfrac{1}{2x}+\dfrac{1}{2x+2000}$

10. 设 x,y,z 满足条件 $|x^2+4xy+5y^2|+\sqrt{z+\dfrac{1}{2}}=-2y-1$，则 $(4x-10y)^z=($ 　　 $)$.

　A. 1　　　　　B. $\sqrt{2}$　　　　C. $\dfrac{\sqrt{2}}{6}$　　　　D. 2　　　　E. $\dfrac{1}{2}$

11. 设 x,y,z 满足 $|3x+y-z-2|+(2x+y-z)^2=\sqrt{x+y-2002}+\sqrt{2002-x-y}$，则 $(y-z)^x$ 的值为

　（　　）.

　A. 0　　　　　B. 1　　　　C. 16　　　　D. 20　　　　E. 24

12. 已知 $\left|\dfrac{5x-3}{2x+5}\right|=\dfrac{3-5x}{2x+5}$，则实数 x 的取值范围是（　　 ）.

　A. $x<-\dfrac{5}{2}$ 或 $x\geqslant\dfrac{3}{5}$　　　　　B. $-\dfrac{5}{2}\leqslant x\leqslant\dfrac{3}{5}$　　　　　C. $-\dfrac{5}{2}<x\leqslant\dfrac{3}{5}$

　D. $-\dfrac{3}{5}\leqslant x<\dfrac{5}{2}$　　　　　E. 以上结论均不正确

13. 若方程 $|x-1|=2x+1$，则 $x=($ 　　 $)$.

　A. 0　　　　　B. 1　　　　C. 2　　　　D. 3　　　　E. 4

答案速查
1-5：CCDCE　　　　　　6-10：CDEDC　　　　　　11-13：CCA

习题详解

1. 【答案】C

【解析】对于题目中出现带根号的分数，首先考虑将其分母有理化化简：$\dfrac{\sqrt{5}+1}{\sqrt{5}-1}=$

$\dfrac{(\sqrt{5}+1)(\sqrt{5}+1)}{(\sqrt{5}-1)(\sqrt{5}+1)}=\dfrac{\sqrt{5}+3}{2}$. 现讨论其取值范围进而分离出整数部分 a 和小数部分 b.

因为 $2=\sqrt{4}<\sqrt{5}<\sqrt{9}=3$，故有 $\dfrac{2+3}{2}<\dfrac{\sqrt{5}+3}{2}<\dfrac{3+3}{2}$，即 $\dfrac{\sqrt{5}+3}{2}$ 是一个介于 2.5 和 3 之间的

数. 整数部分 $a=2$，小数部分为 $b=\dfrac{\sqrt{5}+3}{2}-2=\dfrac{\sqrt{5}-1}{2}$.

因此 $ab-\sqrt{5}=2\times\dfrac{\sqrt{5}-1}{2}-\sqrt{5}=-1$.

【技巧】考生需要记住常用根号数的近似值，$\sqrt{5}\approx2.236,\sqrt{3}\approx1.732,\sqrt{2}\approx1.414$，则

$\dfrac{\sqrt{5}+3}{2}\approx\dfrac{2.236+3}{2}=2.618$

2. 【答案】C

【解析】能被 3 整除的数可表示为 $3k$，由于 $120\div3=40$，故 k 可从 1 取到 40，即能被 3 整除的数有 40 个.

能被 5 整除的数可表示为 $5k$，由于 $120\div5=24$，故 k 可从 1 取到 24，即能被 5 整除的数有 24 个.

但是有一部分数既可以被 3 整除又可以被 5 整除，它们既是 3 的倍数又是 5 的倍数，即它们是 3 和 5 最小公倍数 $3\times5=15$ 的倍数. 这些数被计算了两次，需要减去重复计算的部分.

能被 15 整除的数可表示为 $15k$，由于 $120\div15=8$，即能被 15 整除的数有 8 个，它们被重复计算，需减去.

所以总个数为 $40+24-8=56$（个）.

3. 【答案】D

【解析】本题为代数式必有因数问题，首先将其因式分解为乘积形式：

$$n^4+2n^3-n^2-2n$$

提取公因式

$$=n\times(n^3+2n^2-n-2)$$

分组分解

$$=n\times[n^2(n+2)-1(n+2)]$$

$$=n\times(n+2)(n^2-1)$$

平方差公式因式分解

$$=(n-1)\times n\times(n+1)\times(n+2)$$

可以看出,$n^4+2n^3-n^2-2n$ 可以表示为 4 个连续正整数相乘的形式.

任意两个连续正整数,一定有一个是 2 的倍数;任意三个连续正整数,一定有一个是 3 的倍数;任意四个连续正整数,一定有一个是 4 的倍数.所以任意四个连续正整数的乘积必然含有因数 $2\times3\times4=24$.

【技巧】由于本题是选择题,可以选特值 $n=2$ 进行验证,此时 $n^4+2n^3-n^2-2n=24$,仅 D 选项符合.

4. 【答案】C

【解析】设这个质数为 p.1373 除以 p 余数为 8,意味着 1373 可以表示为 $kp+8(k\in Z)$ 的形式,并且除数 p 一定大于余数 8,即有

$$1373=kp+8(p\text{ 为质数且 }p>8)$$

整理可得 $kp=1365$,即 p 为 1365 的大于 8 的质因数.此时有两种解题思路:

思路一:竖式除法寻找质因数(用 1365 由小到大依次去除各质数,可以整除的即为 1365 的质因数).

$$
\begin{array}{r|l}
3 & 1365 \\ \hline
5 & 455 \\ \hline
7 & 91 \\ \hline
& 13
\end{array}
$$

即可将 1365 因数分解为 $1365=3\times5\times7\times13$,其中大于 8 的质因数仅有 13. 故 $p=13$.

思路二:观察特征找质因数(根据上文可被 $1\sim10$ 整除的数的特征).

1365 末位为 5,可知它可以被 5 整除.各位数字之和为:$1+3+6+5=15$,可知它亦可以被 3 整除.用因数 3 和 5 去除 1365 可得 $\dfrac{1365}{3\times5}=91=7\times13$.

故 $1365=3\times5\times7\times13$,其中大于 8 的质因数仅有 13. 故 $p=13$.

5. 【答案】E

【解析】【标志词汇】求因数的个数⇒①分解质因数;②指数分别+1 后相乘.

因为

$$
\begin{array}{r|l}
2 & 1080 \\ \hline
2 & 540 \\ \hline
2 & 270 \\ \hline
3 & 135 \\ \hline
3 & 45 \\ \hline
3 & 15 \\ \hline
& 5
\end{array}
$$

所以 1080 分解质因数为 $1080=2^3\times3^3\times5^1$,

则有 $(3+1)\times(3+1)\times(1+1)=32$ 个正因数.

6. 【答案】C

【解析】$(x,y)=4,[x,y]=20,xy=4\times20=2\times2\times2\times2\times5.$

因为 x,y 的最大公因数为4,所以 x,y 最小也要是4的倍数,即 x,y 均至少含有两个因数2,故 x,y 的取值有如下两种可能:

$$\begin{cases} x=2\times2\times5=20 \\ y=2\times2=4 \end{cases} 或 \begin{cases} x=2\times2=4 \\ y=2\times2\times5=20 \end{cases}.$$

观察所求式子 $x^2y^2+3xy+1$ 可以发现,式中若将 x,y 互换,所得结果与原式相同,表达式不变,我们称它为关于 x,y 的对称多项式.因此 $x=20,y=4$ 与 $x=4,y=20$ 计算出的数值相同.任选一组值代入即可:$x^2y^2+3xy+1=6641.$

【技巧】$x^2y^2+3xy+1=(xy)^2+3xy+1$,根据 $xy=(x,y)[x,y]$ 可得 $xy=4\times20=80$,原式 $=80^2+3\times80+1=6641.$

7.【答案】D

【解析】穷举12以内的质数:2,3,5,7,11.对于带绝对值的算式 $|a-b|+|b-c|+|c-a|=8$ 有两种解题思路:

思路一:设定大小关系后,根据定义去掉绝对值.$|a-b|+|b-c|+|c-a|=8$ 具有对称性,即任意对调两个字母的位置(如 a 和 c 对调),原式仍保持不变.此时我们可任意假设其大小顺序,如设 $a<b<c$.故 $|a-b|+|b-c|+|c-a|=-a+b-b+c+c-a=2c-2a=8,c-a=4$.对比12以内质数,可得 $a=3,b=5,c=7,a+b+c=15.$

思路二:利用绝对值的几何意义求解.如图1-4所示,$|a-b|+|b-c|+|c-a|=8$ 表示数轴上 a 到 b 的距离、b 到 c 的距离、a 到 c 的距离之和为8.而 a 到 b 的距离加 b 到 c 的距离即为 a 到 c 的距离.因此 $|a-b|+|b-c|+|c-a|=2|a-c|=8$,则 $|a-c|=4$.对比12以内质数,可得 $a=3,b=5,c=7,a+b+c=15.$

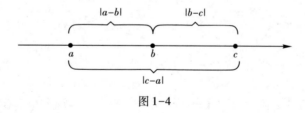

图1-4

8.【答案】E

【解析】条件(1):取 $m=3,q=2$ 满足条件,$mq+1=2\times3+1=7$ 是质数,条件(1)不充分.

条件(2):取 $m=5,q=2$ 满足条件,$mq+1=2\times5+1=11$ 是质数.条件(2)不充分.

联合条件(1)条件(2)同样不充分.

【总结】当判断质数和奇偶性问题的时候,一定要考虑到特殊的质数2,因它是质数中唯一的偶数.

9.【答案】D

【解析】原式 $=\dfrac{1}{2}\left[\dfrac{2}{x(x+2)}+\dfrac{2}{(x+2)(x+4)}+\cdots+\dfrac{2}{(x+998)(x+1000)}\right]$

$$= \frac{1}{2}\left[\left(\frac{1}{x}-\frac{1}{x+2}\right)+\left(\frac{1}{x+2}-\frac{1}{x+4}\right)+\cdots+\left(\frac{1}{x+998}-\frac{1}{x+1000}\right)\right]$$

$$= \frac{1}{2x}-\frac{1}{2x+2000}.$$

10.【答案】C

【解析】移项得 $|x^2+4xy+5y^2|+2y+1+\sqrt{z+\frac{1}{2}}=0$,其中 $x^2+4xy+5y^2=(x+2y)^2+y^2\geqslant0$,故

可以根据定义直接去掉绝对值. 方程变为 $(x+2y)^2+y^2+2y+1+\sqrt{z+\frac{1}{2}}=(x+2y)^2+(y+$

$1)^2+\sqrt{z+\frac{1}{2}}=0$. 至此我们把原方程整理为符合非负性【标志词汇】的形式,故有

$\begin{cases} x+2y=0 \\ y+1=0 \\ z+\frac{1}{2}=0 \end{cases}$,解得 $\begin{cases} x=2 \\ y=-1 \\ z=-\frac{1}{2} \end{cases}$. 故 $(4x-10y)^z=(4\times2+10)^{-\frac{1}{2}}=\frac{1}{\sqrt{18}}=\frac{\sqrt{2}}{6}$.

【总结】待求式 $(4x-10y)^z$ 很难化简变形,因此为了得到该式的值,我们需要求出 $x,y,$
z 的具体值. 题干中仅给出包含三个未知数的一个方程,因此需要根据方程特点分离
出更多信息. 由于方程中含有绝对值和根号,提示我们向【标志词汇】具有非负性式子
之和的形式进行转化.

11.【答案】C

【解析】等式中每一项均为有非负性的算式,但无法移项化为几个非负性的算式之和
等于零的形式,故不能直接套用非负性【标志词汇】. 经过观察发现右侧根号内的算式
互为相反数,即 $x+y-2002=-(2002-x-y)$,由于根号内的算式必须非负,即 $x+y-$
$2002\geqslant0$,且 $2002-x-y\leqslant0$,故有且仅有 $x+y-2002=0$,$x+y=2002$.

此时原式变为 $|3x+y-z-2|+(2x+y-z)^2=0$,符合【标志词汇】,故有 $3x+y-z-2=0$,
$2x+y-z=0$. 与 $x+y=2002$ 联立解得 $x=2,y=2000,z=2004$,$(y-z)^x=(2000-2004)^2=16$.

12.【答案】C

【解析】由 $\left|\frac{5x-3}{2x+5}\right|=-\frac{5x-3}{2x+5}$ 可知 $\frac{5x-3}{2x+5}\leqslant0$,说明 $5x-3$ 和 $2x+5$ 异号或者 $5x-3=0$.

即有两种可能情况,情况① $\begin{cases} 5x-3\geqslant0 \\ 2x+5<0 \end{cases}\Rightarrow\begin{cases} x\geqslant\frac{3}{5} \\ x<-\frac{5}{2} \end{cases}$,此情况无解.

情况② $\begin{cases} 5x-3\leqslant0 \\ 2x+5>0 \end{cases}\Rightarrow-\frac{5}{2}<x\leqslant\frac{3}{5}$,所以选 C.

注 根据分式不等式的等价变形,也可以直接快速解出 $-\frac{5}{2}<x\leqslant\frac{3}{5}$,这部分内容会在
方程与不等式中详细讲解.

13.【答案】A

【解析】两边平方得$(|x-1|)^2 = x^2 - 2x + 1 = (2x+1)^2 = 4x^2 + 4x + 1$，$3x^2 + 6x = 3x(x+2) = 0$，解得$x = 0$或$x = -2$. 由于绝对值具有非负性，所以$2x+1 \geq 0$，即$x \geq -\frac{1}{2}$，故$x = -2$舍去，答案为$x = 0$.

数学考点精讲·基础篇

第2部分

代　数

第二章　代数式

> **大纲分析**　对于本章的学习,要求考生能够理解用字母表示数的意义,熟悉符号运算.近年来,本章考点较少单独出题,主要作为解题工具,用以求解方程、应用题、数列、几何等章节的题目.本章的特点为:需记忆的公式多、表达式多变,因此需要考生具有逆向思维、整体思维的能力,以及对于数字和固定表达式的敏感度.

模块一　考点剖析

考点一　整式的运算

1. 必备知识点

1) 代数式

由数字和表示数字的字母经过有限次加、减、乘、除、乘方和开方运算所得到的式子叫作代数式.代数式可以分为有理式和无理式,其中有理式又分为整式和分式.

2) 整式

整式可分为单项式和多项式.

单项式　由数或字母的积组成的代数式叫作单项式.

多项式　几个单项式的代数和叫作多项式.一个多项式里含有几项就叫作几项式.

注　多项式中的各项,应包括它前面的正负号,如 $x-y$ 的两项分别是 x 和 $(-y)$,而不是 x 和 y.

3) 分式

一般地,若 A,B(B 中含有字母且 $B \neq 0$)表示两个整式,那么 $\dfrac{A}{B}$ 就叫作分式,其中 A 称为分式的分子,B 称为分式的分母.

注　分式有意义的条件是分式的分母不为零.

2. 典型例题

1) 整式的加法/减法/乘法运算

【例题1】$f(x)=3x^2-x+1$;$g(x)=5x-7$,试写出下列算式的具体表达式:

(1) $f(x)+g(x)$;　　　　　(2) $f(x)-g(x)$;　　　　　(3) $f(x)g(x)$.

【解析】对于多项式的加减法,直接合并同类项即可得到结果.

(1) $f(x)+g(x)=3x^2+(-1+5)x+(1-7)=3x^2+4x-6$.

（2）$f(x)-g(x)=3x^2+(-1-5)x+(1+7)=3x^2-6x+8$.

对于多项式的乘法，先展开，然后合并同类项，即可得到结果.

（3）$f(x)g(x)=(3x^2-x+1)\times 5x+(3x^2-x+1)\times(-7)$

$$=(15x^3-5x^2+5x)+(-21x^2+7x-7)$$

$$=15x^3-26x^2+12x-7.$$

【例题2】已知$(x^2+px+8)(x^2-3x+q)$的展开式中不含x^2，x^3项，则p，q的值分别为（　　）.

A. $p=2,q=1$　　　　　　B. $p=3,q=2$　　　　　　C. $p=3,q=-1$

D. $p=1,q=3$　　　　　　E. $p=3,q=1$

【解析】展开式中不含x^2，x^3项，意味着展开式中x^2，x^3项的系数为零，即：

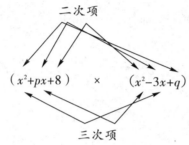

二次项

(x^2+px+8) × (x^2-3x+q)

三次项

从图2-1中可以看出，在展开式中最终乘积为二次的项有三对，分别为qx^2，$px\cdot(-3x)$和$8x^2$. 所以最终展开式中x^2项的系数为$q+8+(-3p)=0$；同理可知，展开式中x^3项的系数为$-3+p=0$. 联立解得$p=3$，$q=1$.

【答案】E

2）整式的除法运算

【例题3】用竖式除法计算下面几个表达式的值：

（1）$129\div 4$；

（2）$2x^3-5x^2+3x-7$ 除以 x^2-x+2；

（3）$2x^3+5x^2+1$ 除以 x^2-1.

【解析】（1）

```
       32
   4)129
      12
       9
       8
       1
```

故 $129=32\times 4+1$.

（2）

```
                    2x-3
x²-x+2)2x³-5x²+3x-7
       2x³-2x²+4x
       ─────────────
          -3x² - x-7
          -3x²+3x-6
          ──────────
               -4x-1
```

故 $2x^3-5x^2+3x-7=(2x-3)(x^2-x+2)-4x-1$.

（3）如果有缺项，那么等同于此项系数为零，做竖式除法的时候补上即可.

$$
\require{enclose}
\begin{array}{r}
2x+5 \\
x^2+0x-1 \enclose{longdiv}{2x^3+5x^2+0x+1} \\
\underline{2x^3+0x^2-2x} \\
5x^2+2x+1 \\
\underline{5x^2+0x-5} \\
2x+6 \\
\end{array}
$$

故 $2x^3+5x^2+1=(2x+5)(x^2-1)+2x+6$.

考点二　恒等变形

恒等变形是代数式的一种变换，即把一个代数式变成另一个与它恒等的代数式. 比如合并同类项，展开多项式，以及乘法公式，都是对代数式做恒等变形的方式.

恒等变形是多项式的重要考点，主要从两个方向考查.

（1）求因式.

考查同学们因式分解的能力，即把多项式从一般形式转化为几个整式乘积的形式.

（2）求系数.

常见出题形式为：给出几个多项式连乘形式的表达式，求展开后某项的系数；或者给出此多项式除以某式的余数，求多项式的系数详见本书强化篇.

（一）　求因式——因式分解

1. 必备知识点

1）因式分解

因式分解是把一个多项式恒等变形分解成几个整式的积的形式.

联考中因式分解的方法主要有以下 4 种：

（1）乘法公式逆应用；

（2）十字相乘法；

（3）待定系数法详见本书强化篇；

（4）因式定理法详见本书强化篇.

其中，十字相乘法属于数学基础能力，决定了做题的速度；而乘法公式逆应用、因式定理法的题目可以非常灵活，技巧性较强，往往是考官出题时的考查重点；待定系数法要求对于因式分解后整式的形式有较透彻的理解.

2）因式分解题目的入手方向

因式分解类题目一般有如下四个入手方向，可依次尝试或联合运用.

（1）提：观察多项式中有没有共同的因式（公因式），若有，优先提取公因式.

（2）看：观察多项式是否符合乘法公式，这个需要我们对常见的乘法公式非常熟悉.

（3）代：如果多项式 $f(x)$ 的系数都是已知数字，那么可以先试着代入 $x=\pm 1$，$x=\pm 2$，$x=\pm 3$. 如果代入后发现多项式的值为 0，那么根据因式定理可以迅速确定多项式的一个因式.

(4)算:如果题干中的多项式既不契合常见的乘法公式,也无法迅速找到使多项式值为零的 x 值.说明该题考点侧重基础计算能力而不仅仅是考查解题技巧.这时只能通过十字相乘、待定系数等方法运算求解.

3)因式分解常用公式

因式分解常用乘法公式(一元、二元):

$x^2+ax+b=\left(x+\dfrac{a}{2}\right)^2+b-\dfrac{a^2}{4}$(此即二次多项式配平方,简称配方).

$a^2-b^2=(a+b)(a-b)$;

$a^2\pm2ab+b^2=(a\pm b)^2$;

$x^2+\dfrac{1}{x^2}\pm2=x^2\pm2x\cdot\dfrac{1}{x}+\dfrac{1}{x^2}=\left(x\pm\dfrac{1}{x}\right)^2$;

$a^3\pm b^3=(a\pm b)(a^2\mp ab+b^2)$;

$a^3\pm3a^2b+3ab^2\pm b^3=(a\pm b)^3$.

因式分解常用乘法公式(三元):

$(a+b+c)^2=a^2+b^2+c^2+2ab+2bc+2ac$;

$2ab+2bc+2ac=(a+b+c)^2-(a^2+b^2+c^2)$;

$a^2+b^2+c^2=(a+b+c)^2-2(ab+bc+ac)$,

联考主要考查 $(a+b+c)^2$,$ab+bc+ac$ 和 $a^2+b^2+c^2$ 三个多项式的互相转化,我们可以把其中任意的一个,转化为用其他两个多项式表达的形式.

$\dfrac{1}{2}\left[(a-b)^2+(a-c)^2+(b-c)^2\right]=a^2+b^2+c^2-ab-bc-ac$;

$ab+bc+ac=a^2+b^2+c^2-\dfrac{1}{2}\left[(a-b)^2+(a-c)^2+(b-c)^2\right]$;

$a^2+b^2+c^2=\dfrac{1}{2}\left[(a-b)^2+(a-c)^2+(b-c)^2\right]+(ab+bc+ac)$,

联考主要考查 $(a-b)^2+(a-c)^2+(b-c)^2$,$ab+bc+ac$ 和 $a^2+b^2+c^2$ 三个多项式的互相转化,可以把其中任意的一个,转化为用其他两个多项式表达的形式.

$a^3+b^3+c^3-3abc=(a+b+c)(a^2+b^2+c^2-ab-bc-ac)$;

$a^3+b^3+c^3-3abc=(a+b+c)\left[(a+b+c)^2-3ab-3bc-3ac\right]$.

4)求最值——凑配完全平方公式

对于代数式求最值,常见的方法有完全平方求最值、二次函数求最值(详见第三章)、均值定理求最值(详见第三章)和线性规划(详见第七章),标志词汇总结如下:

【标志词汇】代数式求最值

(1)符合乘法公式的⇒凑配完全平方求最值.

(2)可变形为二次函数的⇒利用二次函数求最值.

(3)限制为正的⇒均值定理求最值.

(4)限制条件为坐标平面内某一区域(常用两变量不等式描述)⇒线性规划.

利用完全平方公式求最值时,需要把代数式变形为$[$常数$+(\qquad)^2]$或$[$常数$-(\qquad)^2]$的形式,常数即为所求最小值或最大值.

2. 典型例题

1) 乘法公式逆应用

【例题 1】已知 x^2-3x+a 是一个完全平方式,则 $a=$ ( ).

A. $2\frac{2}{3}$ B. 2 C. 3 D. $2\frac{1}{4}$ E. 4

【解析】配方得: $x^2-3x+a=\left(x-\frac{3}{2}\right)^2+a-\frac{9}{4}$,因为这是一个完全平方式,说明 $a-\frac{9}{4}=0$,

即 $a=\frac{9}{4}=2\frac{1}{4}$.

【答案】D

【例题 2】已知 $(2020-a)(2019-a)=2000$,那么 $(2020-a)^2+(2019-a)^2=$ ( ).

A. 3998 B. 4000 C. 4001 D. 4002 E. 5000

【解析】设 $2020-a=m$, $2019-a=n$. 已知 $mn=(2020-a)(2019-a)=2000$,且有 $m-n=1$,所求多项式等价为 m^2+n^2 ,所以入手方向是利用 $(m-n)^2=m^2+n^2-2mn$ 进行凑配,故有 $(2020-a)^2+(2019-a)^2=m^2+n^2=(m-n)^2+2mn=1+2mn=4001$.

【总结】当括号内的项或者平方项不是简单的字母而是一个表达式的时候,往往首先要运用整体思维,将括号内的表达式看作一个整体,再运用乘法公式进行计算.

【答案】C

【例题 3】已知非零实数 x 满足 $x^2-5x+1=0$,则 $\left|x-\frac{1}{x}\right|=$ ( ).

A. 2 B. 4 C. $2\sqrt{7}$ D. $\sqrt{21}$ E. $\sqrt{19}$

【解析】原方程两边同除以 x 得 $x-5+\frac{1}{x}=0$,即有 $x+\frac{1}{x}=5$. 两边平方得 $\left(x+\frac{1}{x}\right)^2=x^2+\frac{1}{x^2}+2=25$, $x^2+\frac{1}{x^2}=25-2=23$,则 $\left|x-\frac{1}{x}\right|=\sqrt{\left(x-\frac{1}{x}\right)^2}=\sqrt{x^2+\frac{1}{x^2}-2}=\sqrt{21}$.

【总结】当题目中给定形如 $x^2-ax+1=0$ 的方程,待求式包含互为倒数的 x 和 $\frac{1}{x}$ 时,往往需要将方程两边同除以 x 转化为 $x+\frac{1}{x}=a$ (由于待求式中有 $\frac{1}{x}$,故默认 $x\neq0$,可作为除式).

【答案】D

【例题 4】(条件充分性判断)设 a,b 为非负实数,则 $a+b\leqslant\frac{5}{4}$.

(1) $ab\leqslant\frac{1}{16}$.   (2) $a^2+b^2\leqslant1$.

【解析】条件(1):当 $a=0,b=2$ 时满足 $ab=0\leqslant\frac{1}{16}$,但 $a+b=2>\frac{5}{4}$,故条件(1)单独不充分. 条件(2):当 $a=\frac{\sqrt{2}}{2},b=\frac{\sqrt{2}}{2}$ 时满足 $a^2+b^2\leqslant1$,但 $a+b=\sqrt{2}>\frac{5}{4}$,故条件(2)单独亦不充分.

联合条件(1)与条件(2)：$a^2+b^2\leqslant 1$，$ab\leqslant\dfrac{1}{16}$，$2ab\leqslant\dfrac{1}{8}$．故 $(a+b)^2=a^2+b^2+2ab\leqslant 1+\dfrac{1}{8}=\dfrac{9}{8}=\dfrac{18}{16}<\dfrac{25}{16}=\left(\dfrac{5}{4}\right)^2$．条件推出的范围在题干结论成立所需要的范围内，故两条件联合充分．

【技巧】事实上，对于两项乘积的不等式的特值选取（如条件(1)），常取一个极大和一个极小的特值，通过凑配使其乘积满足条件，但若结论不成立，即可使用此特值排除条件．本题条件(1)中满足要求的极小值为0，设 $a=0$．此时无论 b 取何值均可满足 $ab=0\leqslant\dfrac{1}{16}$，故任取 $b>\dfrac{5}{4}$ 的特值（常取整数）即可将条件(1)证伪．

【总结】本题考查了整体与部分思维，需要对完全平方公式 $(a+b)^2=a^2+b^2+2ab$ 的各部分均非常熟悉，可以观察出题干与两条件分别是此公式的一部分．

【答案】C

【例题5】（条件充分性判断）已知 $f(x,y)=x^2-y^2-x+y+1$，则 $f(x,y)=1$．

(1) $x=y$．　　　　　　　　　　　　　　(2) $x+y=1$．

【解析】**思路一**：题干要求 $f(x,y)=1$，即 $f(x,y)-1=x^2-y^2-x+y=(x-y)(x+y)-(x-y)=(x-y)(x+y-1)=0$，故条件(1) $x=y$ 和条件(2) $x+y=1$ 均可以保证题干结论成立，均充分．

思路二：两条件已给定未知量 x,y 的关系式，求关于未知量的代数式 $f(x,y)$ 的取值，只需将给定的条件代入待求代数式即可．

条件(1)：代入 $x=y$，得 $f(x,y)=y^2-y^2-y+y+1=1$，条件(1)充分．

条件(2)：$x+y=1$，即 $x=1-y$，代入得 $f(x,y)=(1-y)^2-y^2-(1-y)+y+1=y^2-2y+1-y^2-1+y+y+1=1$．条件(2)亦充分．

【答案】D

【例题6】若 $\triangle ABC$ 的三边 a,b,c 满足 $a^2+b^2+c^2=ab+ac+bc$，则 $\triangle ABC$ 为（　　　）．

A. 等腰三角形　　　　　　　B. 直角三角形　　　　　　　C. 等边三角形

D. 等腰直角三角形　　　　E. 以上都不是

【解析】由 $a^2+b^2+c^2=ab+ac+bc$，移项整理得 $a^2+b^2+c^2-(ab+ac+bc)=0$，根据乘法公式有 $\dfrac{1}{2}\left[(a-b)^2+(b-c)^2+(a-c)^2\right]=a^2+b^2+c^2-(ab+ac+bc)=0$．根据平方项的非负性可得 $(a-b)^2,(b-c)^2,(a-c)^2$ 每一项均为零，即 $a-b=0,b-c=0,a-c=0,a=b=c$．故 $\triangle ABC$ 为等边三角形．

【答案】C

【例题7】设 x,y 为实数，且 $f(x,y)=x^2+4xy+5y^2-2y+2$，则 $f(x,y)$ 的最小值为（　　　）．

A. 1　　　　　　B. $\dfrac{1}{2}$　　　　　　C. 2　　　　　　D. $\dfrac{3}{2}$　　　　　　E. 3

【解析】标志词汇 利用完全平方公式求代数最值$\Rightarrow$①变形为 $[$常数$+($　　$)^2]$ 求最小值，$f(x,y)=x^2+4xy+5y^2-2y+2=x^2+4xy+4y^2+y^2-2y+1+1=(x+2y)^2+(y-1)^2+1\geqslant 1$．故所求代数式最小值为1，当 $x+2y=0$ 且 $y-1=0$，即 $x=-2,y=1$ 时，可取到此最小值．

【答案】A

【例题8】设实数 x,y 适合等式 $x^2-4xy+4y^2+\sqrt{3}x+\sqrt{3}y-6=0$，则 $x+y$ 的最大值为（　　）.

A. $\dfrac{\sqrt{3}}{2}$ 　　　B. $\dfrac{2\sqrt{3}}{3}$ 　　　C. $2\sqrt{3}$ 　　　D. $3\sqrt{2}$ 　　　E. $3\sqrt{3}$

【解析】$x^2-4xy+4y^2+\sqrt{3}x+\sqrt{3}y-6=(x-2y)^2+\sqrt{3}(x+y)-6=0$，$\sqrt{3}(x+y)=6-(x-2y)^2\le6$，故 $x+y=\dfrac{6-(x-2y)^2}{\sqrt{3}}\le\dfrac{6}{\sqrt{3}}=2\sqrt{3}$.

【总结】对于整式最值求取常采用凑配完全平方式的方法，利用其非负性进行求解，如本题中利用完全平方式 $(x-2y)^2\ge0$，得到 $6-(x-2y)^2\le6$ 进而求得最值.

【答案】C

【例题9】已知 a,b,c 是不完全相等的任意实数，若 $x=a^2-bc,y=b^2-ac,z=c^2-ab$，则 x,y,z（　　）.

A. 都大于 0 　　　　　　　　B. 至少有一个大于 0

C. 至少有一个小于 0 　　　　D. 都不小于 0

E. 以上均不正确

【解析】三式相加得 $x+y+z=a^2+b^2+c^2-ab-bc-ac=\dfrac{1}{2}\left[(a-b)^2+(b-c)^2+(a-c)^2\right]\ge0$，由于 a,b,c 不完全相等，故 $(a-b)^2,(b-c)^2,(c-a)^2$ 不可能同时为 0，无法取到等号，即有 $x+y+z>0$，因此 x,y,z 至少有一个大于 0.

【答案】B

知识点

1. 观察选项可知，题目并不需要得出 x,y,z 每一项的正负性，而只需要得出它们中至少有几个为正/负. 对于这类问题，我们只需要将讨论的几个数相加，利用结论：几个数之和大于零，则至少有一个大于零；几个数之和小于零，则至少有一个小于零.

2. 证明三个任意实数 a,b,c 中至少有一个大于零一般有两种方法：

（1）若 $a+b+c>0$，则这三个数中至少有一个大于零；否则若三个数全部小于或等于零，则一定有 $a+b+c\le0$.

（2）若 $abc>0$，则这三个数均为正或两负一正，即至少有一个大于零.

3. 这种方法不仅可以讨论关于零的比较，还可拓展到：

（1）若 n 个数之和大于（大于等于）m，则其中至少有一个大于（大于等于）$\dfrac{m}{n}$.

（2）若 n 个数之和小于（小于等于）m，则其中至少有一个小于（小于等于）$\dfrac{m}{n}$.

例如：若三个数之和大于 3，则这三个数中至少有一个大于 1；若三个数之和大于 6，则这三个数中至少有一个大于 2，依此类推.

2）十字相乘法

若一个二次多项式能表示为两个一次多项式相乘的形式：

$$ax^2+bx+c=(a_1x+c_1)(a_2x+c_2)=a_1a_2x^2+(a_1c_2+a_2c_1)x+c_1c_2.$$

根据对应项系数相等，则一定有：$a=a_1a_2$，$b=a_1c_2+a_2c_1$，$c=c_1c_2$.

【例题10】用十字相乘法将下列多项式因式分解：

(1) x^2-5x+6；

(2) x^2-5x-6；

(3) $x^2+(a+b)x+ab$；

(4) $x^2-(a+b)x+ab$；

(5) $6x^2+19x+15$；

(6) $2x^2-7xy+3y^2$.

【解析】

(1) $a_1a_2=1$，$a_1c_2+a_2c_1=-5$，$c_1c_2=6$，则有

$a_1a_2=1 \qquad c_1c_2=6$

$a_1=1 \qquad c_1=-2$

$a_2=1 \qquad c_2=-3$

$a_1c_2+a_2c_1=-5$

故 $x^2-5x+6=(x-2)(x-3)$.

(2) $a_1a_2=1$，$a_1c_2+a_2c_1=-5$，$c_1c_2=-6$，则有

$a_1a_2=1 \qquad c_1c_2=-6$

$a_1=1 \qquad c_1=-6$

$a_2=1 \qquad c_2=1$

$a_1c_2+a_2c_1=-5$

故 $x^2-5x-6=(x-6)(x+1)$.

(3) $a_1a_2=1$，$a_1c_2+a_2c_1=a+b$，$c_1c_2=ab$，则有

$a_1a_2=1 \qquad c_1c_2=ab$

$a_1=1 \qquad c_1=a$

$a_2=1 \qquad c_2=b$

$a_1c_2+a_2c_1=a+b$

故 $x^2+(a+b)x+ab=(x+a)(x+b)$.

(4) $a_1a_2=1$，$a_1c_2+a_2c_1=-(a+b)$，$c_1c_2=ab$，则有

$a_1a_2=1 \qquad c_1c_2=ab$

$a_1=1 \qquad c_1=-a$

$a_2=1 \qquad c_2=-b$

$a_1c_2+a_2c_1=-(a+b)$

故 $x^2-(a+b)x+ab=(x-a)(x-b)$.

(5) $a_1a_2=6$，$a_1c_2+a_2c_1=19$，$c_1c_2=15$，则有

$a_1a_2=6 \qquad c_1c_2=15$

$a_1=2 \qquad c_1=3$

$a_2=3 \qquad c_2=5$

$a_1c_2+a_2c_1=19$

故 $6x^2+19x+15=(2x+3)(3x+5)$.

(6) $a_1a_2=2$, $a_1c_2+a_2c_1=-7$, $c_1c_2=3$, 则有

$$a_1a_2=2 \qquad c_1c_2=3$$

$$a_1=2 \qquad c_1=-1$$

$$a_1c_2+a_2c_1=-7$$

$$a_2=1 \qquad c_2=-3$$

故 $2x^2-7xy+3y^2=(2x-y)(x-3y)$.

【例题 11】已知 $x^2+xy+y=24$, $y^2+xy+x=32$, 则 $x+y=$ (　　).

A. 7   B. 8   C. 7 或 8   D. 7 或 -8 E. 8 或 -7

【解析】两式相加可得 $(x^2+xy+y)+(y^2+xy+x)=56$, 整理得 $(x^2+2xy+y^2)+(x+y)-56=(x+y)^2+(x+y)-56=0$, 此时可将 $x+y$ 当作整体进行因式分解, 得 $(x+y-7)(x+y+8)=0$, 故 $x+y=7$ 或 $x+y=-8$.

【总结】在因式分解时, 常将某些简单表达式当作一个整体来看待, 这就是整体思维.

【答案】D

（二）求系数

本考点常见的出题形式为给出几个多项式连乘形式的表达式, 求展开后某项的系数; 或者给出一个多项式除以某式的余数, 求此多项式的系数. 题目的重点在于给出两个多项式的恒等关系, 求解时往往需要使用: 恒等式的对应项系数相等.

1. 必备知识点

恒等式的对应项系数相等

【标志词汇】两多项式恒等 $\Leftrightarrow$ 对应项系数相等.

2. 典型例题

【例题 12】若 $x^2-3x+2xy+y^2-3y-40=(x+y+m)(x+y+n)$, 则 $m^2+n^2=$ (　　).

A. 69   B. 79   C. 89   D. 106   E. 120

【解析】$x^2-3x+2xy+y^2-3y-40=(x+y+m)(x+y+n)=x^2+(m+n)x+y^2+(m+n)y+2xy+mn$, 以上变形均为恒等变形, 所得等号左右两边多项式恒等, 根据对应项系数相等有: $m+n=-3$, $mn=-40$, 所以

$$m^2+n^2=(m+n)^2-2mn=9+80=89.$$

【技巧】本题亦可采用特值法求解, 详见本章考点四.

【答案】C

考点三 分式

1. 必备知识点

1) 分式

一般地, 若 A、B（B 中含有字母且 $B\neq0$）表示两个整式, 那么 $\dfrac{A}{B}$ 就叫作分式, 其中 A 称

为分式的分子,B 称为分式的分母.

分式有意义的条件:$B \neq 0$.

分式无意义的条件:$B = 0$.

分式值为零的条件:$B \neq 0$ 且 $A = 0$.

2)分式的基本性质

分式与分数类似,分子分母同乘以不为零的数字或者不为零的多项式,分式的值不变.

$$\frac{A}{B} = \frac{m \cdot A}{m \cdot B} = \frac{A \cdot f(x)}{B \cdot f(x)} \quad (B \neq 0, m \text{ 为非零实数}, \text{多项式} f(x) \neq 0)$$

2. 典型例题

1)分式的通分与化简

在算术中,求几个分数之和的处理方式一般是利用所有分母的最小公倍数,把分数转化为同分母分数后计算.

【例题1】当 $x = \sqrt{2}$ 时,分式 $\frac{1}{x-1} - \frac{1}{x+1} - \frac{1}{x^2+1}$ 的值为(   ).

A. $\frac{5}{3}$ B. $-\frac{5}{3}$ C. 1 D. -1 E. 2

【解析】$\frac{1}{x-1} - \frac{1}{x+1} - \frac{1}{x^2+1} = \frac{(x+1)(x^2+1)}{(x-1)(x+1)(x^2+1)} - \frac{(x-1)(x^2+1)}{(x-1)(x+1)(x^2+1)} - \frac{(x+1)(x-1)}{(x-1)(x+1)(x^2+1)}$

$$= \frac{(x+1)(x^2+1)}{x^4-1} - \frac{(x-1)(x^2+1)}{x^4-1} - \frac{x^2-1}{x^4-1}$$

$$= \frac{x^2+3}{x^4-1},$$

代入 $x = \sqrt{2}$ 可得原式 $= \frac{(\sqrt{2})^2+3}{(\sqrt{2})^4-1} = \frac{2+3}{4-1} = \frac{5}{3}$.

【答案】A

【例题2】(条件充分性判断)已知 p, q 为非零实数,则能确定 $\frac{p}{q(p-1)}$ 的值.

(1)$p+q=1$.   (2)$\frac{1}{p} + \frac{1}{q} = 1$.

【解析】条件(1):$p+q=1, q=1-p$,代入得 $\frac{p}{q(p-1)} = \frac{p}{(1-p)(p-1)} = \frac{p}{-(p-1)^2}$,其取值随着 p 值的变化而变化,无法唯一确定,故条件(1)不充分.

条件(2):$\frac{1}{p} + \frac{1}{q} = 1$,通分得 $\frac{p+q}{pq} = 1, p+q=pq$,代入待求式得 $\frac{p}{q(p-1)} = \frac{p}{pq-q} = \frac{p}{p+q-q} = 1$,为定值,故条件(2)充分.

【说明】条件充分性判断题目中要求"能确定"(或者"可确定")某数值,要求同时满足唯一性和可确定性,只有根据条件可求出唯一具体的值才意味着条件充分.本题中要求确定一个带未知字母的分式的值,意味着需要在代入条件后将所有未知字母消去,

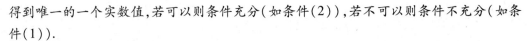

得到唯一的一个实数值,若可以则条件充分(如条件(2)),若不可以则条件不充分(如条件(1)).

【答案】B

2)裂项相消

类似于具有固定特征的分数求和中的裂项相消,对于多个具有固定特征的分式求和也可以使用裂项相消的方法.

【举例】对于分数有 $\dfrac{1}{1\times2}=\dfrac{1}{1}-\dfrac{1}{2}$; $\quad\dfrac{1}{2\times4}=\dfrac{1}{2}\times\left(\dfrac{1}{2}-\dfrac{1}{4}\right)$; $\quad\dfrac{1}{2\times5}=\dfrac{1}{3}\times\left(\dfrac{1}{2}-\dfrac{1}{5}\right)$.

对于分式有 $\dfrac{1}{(x+1)(x+2)}=\dfrac{(x+2)-(x+1)}{(x+1)(x+2)}=\dfrac{1}{x+1}-\dfrac{1}{x+2}$;

$\dfrac{1}{(x+1)(x+3)}=\dfrac{1}{2}\times\dfrac{(x+3)-(x+1)}{(x+1)(x+3)}=\dfrac{1}{2}\times\left(\dfrac{1}{x+1}-\dfrac{1}{x+3}\right)$.

【例题 3】化简 $\dfrac{1}{x^2+3x+2}+\dfrac{1}{x^2+5x+6}+\dfrac{1}{x^2+7x+12}+\cdots+\dfrac{1}{x^2+201x+10100}$.

【解析】原式 $=\dfrac{1}{(x+1)(x+2)}+\dfrac{1}{(x+2)(x+3)}+\dfrac{1}{(x+3)(x+4)}+\cdots+\dfrac{1}{(x+100)(x+101)}$

$=\left(\dfrac{1}{x+1}-\dfrac{1}{x+2}\right)+\left(\dfrac{1}{x+2}-\dfrac{1}{x+3}\right)+\cdots+\left(\dfrac{1}{x+100}-\dfrac{1}{x+101}\right)$

$=\dfrac{1}{x+1}-\dfrac{1}{x+101}$.

3)倒数和

当题目中出现互为倒数的两数之和的形式时,如【标志词汇】$a+\dfrac{1}{a}$,$x^2+\dfrac{1}{x^2}$,$\dfrac{a}{b}+\dfrac{b}{a}$,

$\sqrt{\dfrac{\alpha}{\beta}}+\sqrt{\dfrac{\beta}{\alpha}}$ 等,由于互为倒数的两数乘积为1,一部分乘法公式形态将有改变,如:

完全平方:$\left(a\pm\dfrac{1}{a}\right)^2=a^2\pm2+\dfrac{1}{a^2}$(逆向应用:$a^2+\dfrac{1}{a^2}=\left(a\pm\dfrac{1}{a}\right)^2\mp2$),

立方和与立方差:$a^3\pm\dfrac{1}{a^3}=\left(a\pm\dfrac{1}{a}\right)\left(a^2\mp1+\dfrac{1}{a^2}\right)$,

因此,若已知 $x+\dfrac{1}{x}=m$,则可求出 $x^2+\dfrac{1}{x^2}$,$x^3+\dfrac{1}{x^3}$ 与 $x^4+\dfrac{1}{x^4}$ 的值:

$x^2+\dfrac{1}{x^2}=\left(x+\dfrac{1}{x}\right)^2-2=m^2-2$.

$x^3+\dfrac{1}{x^3}=\left(x+\dfrac{1}{x}\right)\left(x^2+\dfrac{1}{x^2}-1\right)=m(m^2-3)$.

$x^4+\dfrac{1}{x^4}=\left(x^2+\dfrac{1}{x^2}\right)^2-2=(m^2-2)^2-2$.

需要注意的是,已知 $x^2+\dfrac{1}{x^2}$ 的值,无法唯一确定 $x+\dfrac{1}{x}$ 的值.

【例题4】若 $x+\dfrac{1}{x}=3$，则 $\dfrac{x^2}{x^4+x^2+1}=$（　　）.

A. $-\dfrac{1}{8}$ 　　　　 B. $\dfrac{1}{6}$ 　　　　 C. $\dfrac{1}{4}$ 　　　　 D. $-\dfrac{1}{4}$ 　　　　 E. $\dfrac{1}{8}$

【解析】将待求式向倒数和形式凑配，分子分母同除 x^2 得 $\dfrac{x^2}{x^4+x^2+1}=\dfrac{1}{x^2+1+\dfrac{1}{x^2}}$. 已知 $x+$

$\dfrac{1}{x}=3$，等式两边平方得 $\left(x+\dfrac{1}{x}\right)^2=x^2+\dfrac{1}{x^2}+2=3^2=9$，故 $x^2+\dfrac{1}{x^2}=7$，代入待求式得 $\dfrac{x^2}{x^4+x^2+1}=$

$\dfrac{1}{x^2+1+\dfrac{1}{x^2}}=\dfrac{1}{7+1}=\dfrac{1}{8}$.

【答案】E

【例题5】（条件充分性判断）设 x 是非零实数，则 $x^3+\dfrac{1}{x^3}=18$.

（1）$x+\dfrac{1}{x}=3$. 　　　　　　　　　　　　　　（2）$x^2+\dfrac{1}{x^2}=7$.

【解析】条件（1）：$x+\dfrac{1}{x}=3$，则 $x^2+\dfrac{1}{x^2}=\left(x+\dfrac{1}{x}\right)^2-2=7$，故 $x^3+\dfrac{1}{x^3}=\left(x+\dfrac{1}{x}\right)\left(x^2-1+\dfrac{1}{x^2}\right)=$

$3\times(7-1)=18$，故条件（1）充分.

条件（2）：$x^2+\dfrac{1}{x^2}=7$，$x^2+\dfrac{1}{x^2}+2=\left(x+\dfrac{1}{x}\right)^2=9$，则 $x+\dfrac{1}{x}=\pm3$，当 $x+\dfrac{1}{x}=-3$ 时，$x<0$，则 x^3+

$\dfrac{1}{x^3}<0$，故条件（2）不充分.

【答案】A

4）齐次分式

齐次结构与齐次分式　　一般地，如果在一个分式结构或者方程中，所含各项的次数是一样的，就称之为一个齐次结构. 例如：$a^2=bc+c^2$ 等号两端各项都是二次，又如 $\dfrac{b^2}{ac}$ 的分子和分母的次数都是二次. 其中分式形式的齐次结构称为齐次分式. 典型齐次分式化简求值题目如下所示：

【举例】已知 $a:b:c=2:3:6$，求 $\dfrac{a^2+b^2}{a(b+c)}$ 的值.

【解析】设 $a=2k,b=3k,c=6k$，则 $\dfrac{a^2+b^2}{a(b+c)}=\dfrac{4k^2+9k^2}{2k(3k+6k)}=\dfrac{4k^2+9k^2}{6k^2+12k^2}=\dfrac{13}{18}$. 事实上，由于齐次分式分子分母中的 k 终将被完全消去，故可令 $k=1$，使用特值法将未知字母直接赋值为：$a=2,b=3,c=6$，则 $\dfrac{a^2+b^2}{a(b+c)}=\dfrac{4+9}{2\times(3+6)}=\dfrac{13}{18}$.

故可总结齐次分式求值【标志词汇】对于仅给定未知字母间比例关系，求未知字母组成的齐次分式值，入手方向为：化为整数连比后，比值即特值，代入求出齐次分式值即可.

【例题6】$a:b=\dfrac{1}{3}:\dfrac{1}{4}$，则$\dfrac{12a+16b}{12a-8b}=($　　$)$.

A.2　　　　　　B.3　　　　　　C.4　　　　　　D.-3　　　　　　E.-2

【解析】本题符合齐次分式求值【标志词汇】.

第一步:将a,b关系化整数连比形式,即$a:b=\dfrac{1}{3}:\dfrac{1}{4}=4:3$.

第二步:比值即特值,故将a,b直接赋值为$a=4,b=3$,代入得$\dfrac{12a+16b}{12a-8b}=\dfrac{12\times4+16\times3}{12\times4-8\times3}=\dfrac{96}{24}=4$.

【答案】C

【例题7】(条件充分性判断)设x,y,z为非零实数,则$\dfrac{2x+3y-4z}{-x+y-2z}=1$.

(1)$3x-2y=0$.　　　　　　　　　　　　　(2)$2y-z=0$.

【解析】条件(1)条件(2)单独成立的情况下,待求分式仍含有未知字母,非定值.因此两条件均不充分,考虑联合.联合后符合齐次分式求值【标志词汇】.

第一步:将x,y,z关系化整数连比形式:

$$\begin{cases}3x-2y=0\\2y-z=0\end{cases}\Rightarrow\begin{cases}x:y=2:3\\y:z=1:2=3:6\end{cases}\Rightarrow x:y:z=2:3:6.$$

第二步:比值即特值,故将x,y,z直接赋值为$x=2,y=3,z=6$,代入得$\dfrac{2x+3y-4z}{-x+y-2z}=\dfrac{4+9-24}{-2+3-12}=1$.故联合充分.

【另解】本题也可联合条件(1)条件(2),将x,y均用z表示,代入待求式中求解.

【答案】C

考点四　特值法在整式、分式中的应用

特值法在求取选择题答案时经常使用,可以快速解题,甚至秒杀.它是在满足题目所给的范围内将某些未知量设为特殊的固定值直接代入,从而通过简单的运算,得出最终答案.我们学习特值法的关键在于学习准确分辨出可以使用特值法的题目以及选取怎样的特值.

(一)　对任意x恒成立

1.必备知识点

【标志词汇】恒等式问题:关于x的两个多项式相等,此等式对所有/任意实数x恒成立,求这两个多项式系数相关算式的值.

在恒等式问题中,常考求多项式系数,常取特值为$x=0,\pm1$.

【举例】对于多项式$f(x)=a_0+a_1x+\cdots+a_{n-1}x^{n-1}+a_nx^n$有:

常数项$a_0=f(0)$,

各项系数之和 $a_0+\cdots+a_n=f(1)$,

$a_0-a_1+a_2\cdots=f(-1)$,

奇次项系数之和 $a_1+a_3+a_5+\cdots=\dfrac{f(1)-f(-1)}{2}$,

偶次项系数之和 $a_0+a_2+a_4+\cdots=\dfrac{f(1)+f(-1)}{2}$.

2. 典型例题

【例题 1】对任意实数 x,等式 $ax-5x+6+b=0$ 恒成立,则 $(a+b)^{2019}$ 为(   ).

A. 0   B. 1   C. -1

D. 2^{2019} E. -2^{2019}

【解析】由于对任意实数 x,等式 $ax-5x+6+b=0$ 恒成立,而所求多项式为 $(a+b)^{2019}$,故我们需要找到能提取出 $a+b$ 的 x 的特值. 观察知当 $x=1$ 时,有 $a-5+6+b=0$,即 $a+b=-1$,故 $(a+b)^{2019}=-1$.

【答案】C

【例题 2】若 $x^2-3x+2xy+y^2-3y-40=(x+y+m)(x+y+n)$,则 $m^2+n^2=$(   ).

A. 69   B. 79   C. 89

D. 106   E. 120

【解析】给定两多项式相等,它对于任意的 x,y 取值均成立,故可使用特值法. 令 $x=0,y=0$,得 $mn=-40$;令 $x=0,y=1$,得 $-42=(m+1)(n+1)$,两式联立可得 $m+n=-3$,故 $m^2+n^2=(m+n)^2-2mn=9+80=89$.

【答案】C

【例题 3】多项式 x^3+ax^2+bx-6 的两个因式是 $x-1$ 和 $x-2$,则其第三个一次因式为(   ).

A. $x-6$ B. $x-3$ C. $x+1$

D. $x+2$ E. $x+3$

【解析】因为三次项 x^3 系数为 1,所以第三个一次因式中 x 的系数也一定为 1,设第三个一次因式为 $x+m$,故可得恒等式 $x^3+ax^2+bx-6=(x-1)(x-2)(x+m)$. 取特值 $x=0$ 以消去未知字母 a,b,得 $(-1)\times(-2)\times m=-6$,$m=-3$,故所求因式为 $x-3$.

【答案】B

【例题 4】若 $(1+x)+(1+x)^2+\cdots+(1+x)^n=a_1(x-1)+2a_2(x-1)^2+\cdots+na_n(x-1)^n$,则 $a_1+2a_2+3a_3+\cdots+na_n=$(   ).

A. $\dfrac{3^n-1}{2}$ B. $\dfrac{3^{n+1}-1}{2}$ C. $\dfrac{3^{n+1}-3}{2}$

D. $\dfrac{3^n-3}{2}$ E. $\dfrac{3^n-3}{4}$

【解析】取特值 $x=2$,等式右边恰变为待求式,即 $a_1(2-1)+2a_2(2-1)^2+\cdots+na_n(2-1)^n=a_1+2a_2+3a_3+\cdots+na_n$. 故 $a_1+2a_2+3a_3+\cdots+na_n=(1+2)+(1+2)^2+\cdots+(1+2)^n=3+3^2+\cdots+3^n=\dfrac{3(1-3^n)}{1-3}=\dfrac{3^{n+1}-3}{2}$.

$3+3^2+\cdots+3^n$ 为首项 $a_1=3$,公比 $q=3$ 的等比数列前 n 项和,用了等比数列求和公式:

$$S_n=\frac{a_1(1-q^n)}{1-q}$$

等比数列知识点详见第五章考点三.

【答案】C

【例题5】若 $(1+x)+(1+x)^2+\cdots+(1+x)^n=a_1(x-1)+2a_2(x-1)^2+\cdots+na_n(x-1)^n$,

则 $2a_1+8a_2+24a_3+\cdots+n2^na_n=($　　　).

　A. $\dfrac{4^n-1}{3}$　　　　　　　　B. $\dfrac{4^{n+1}-1}{3}$　　　　　　　　C. $\dfrac{4^{n+1}-4}{3}$

　D. $\dfrac{4^n-4}{3}$　　　　　　　　E. $\dfrac{4^n-4}{3}$

【解析】取特值 $x=3$,给定等式右边恰变为待求式,故 $a_1(x-1)+2a_2(x-1)^2+\cdots+na_n(x-1)^n=2a_1+8a_2+\cdots+n2^na_n=(1+x)+(1+x)^2+\cdots+(1+x)^n=4+4^2+\cdots+4^n=\dfrac{4(1-4^n)}{1-4}=\dfrac{4^{n+1}-4}{3}.$

【答案】C

（二）　化简求值

1.必备知识点

【标志词汇】题目给定关于某几个未知量的一个或多个等式,求另一个关于相同未知量的代数式的具体的值.只需找到满足题干条件的任一组未知量的特值,代入待求式即可.

此类特值常选取 $0,\pm1,\pm2,10$ 以内整数的平方,5 以内整数的立方,$2^n(n=0,1,2,\cdots)$ 以及它们的常见和、差,因此需要有一定的数字敏感度,如:

$1^2=1$	$2^2=4$	$3^2=9$	$4^2=16$	$5^2=25$
$1^3=1$	$2^3=8$	$3^3=27$	$4^3=64$	$5^3=125$

注　注意逆向思维应用,如不仅要熟记 $5^3=125$,更需只要看到 125 就可以联想到 5^3.

2.典型例题

【例题6】已知 $x-y=5,z-y=10$,则 $x^2+y^2+z^2-xy-yz-zx$ 的值为(　　　).

A. 50　　　　B. 75　　　　C. 100　　　　D. 105　　　　E. 110

【解析】取特值 $x=5,y=0,z=10$,代入得 $x^2+y^2+z^2-xy-yz-zx=25+0+100-0-0-50=75.$

【答案】B

模块二 常见标志词汇及解题入手方向

标志词汇 一 裂项相消

类似分数求和中裂项相消,在求解和化简多个分式之和时,若每一个分母均可以因式分解,并且两因式之差为常数(一般为 1 或者 2),可以将待求式中每一个分式裂项为两个分式相减的形式,从而相互抵消,即为裂项相消.

$$\frac{1}{2\times3}=\frac{1}{2}-\frac{1}{3};$$ 　　　　　　(分母的两因数相差为 1)

$$\frac{1}{3\times5}=\frac{1}{2}\times\left(\frac{1}{3}-\frac{1}{5}\right);$$ 　　　　(分母的两因数相差为 2)

$$\frac{1}{(x+1)(x+2)}=\frac{1}{x+1}-\frac{1}{x+2};$$ 　　(分母的两因式相差为 1)

$$\frac{1}{x(x+2)}=\frac{1}{2}\times\left(\frac{1}{x}-\frac{1}{x+2}\right).$$ 　　(分母的两因式相差为 2)

标志词汇 二 倒数和

【标志词汇】题目中出现互为倒数的两数之和的形式,如 $a+\frac{1}{a}$,$x^2+\frac{1}{x^2}$,$\frac{a}{b}+\frac{b}{a}$,$\sqrt{\frac{\alpha}{\beta}}+$

$\sqrt{\frac{\beta}{\alpha}}$ 等,一般考虑从乘法公式的运用入手,即若已知 $x+\frac{1}{x}=m$,有:

$$x-\frac{1}{x}=\sqrt{\left(x-\frac{1}{x}\right)^2}=\sqrt{x^2+\frac{1}{x^2}-2}=\sqrt{\left(x+\frac{1}{x}\right)^2-4}=\sqrt{m^2-4}\left(\text{设 }x>\frac{1}{x}\right);$$

$$x^2+\frac{1}{x^2}=\left(x+\frac{1}{x}\right)^2-2=m^2-2;$$

$$x^3+\frac{1}{x^3}=\left(x+\frac{1}{x}\right)\left(x^2+\frac{1}{x^2}-1\right)=m(m^2-3);$$

$$x^4+\frac{1}{x^4}=\left(x^2+\frac{1}{x^2}\right)^2-2=(m^2-2)^2-2.$$

标志词汇 三 齐次分式

【标志词汇】题目中给定多个未知字母间比例关系,求由这些未知字母组成的齐次分式的具体数值. 入手思路如下:

第一步:将未知字母的比例关系整理为整数连比的形式.

第二步:比值即特值,代入分式中求值即可.

标志词汇 四 特值法

若题目中给定关于未知量的恒成立的等式作为约束条件,或直接说明等式对所有或

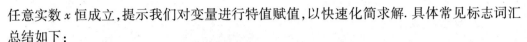

任意实数 x 恒成立,提示我们对变量进行特值赋值,以快速化简求解. 具体常见标志词汇总结如下:

【标志词汇1】恒等式问题:关于 x 的两多项式相等,此等式对所有或任意实数 x 都成立,求两多项式系数相关算式的值.

恒等式问题中,常考求多项式系数,常取特值为 $x=0,\pm1$.

【标志词汇2】题目给定关于某几个未知量的一个或多个等式,求另一个关于相同未知量的代数式的具体的值. 只需找到满足题干条件的任一组未知量特值,代入待求式即可.

模块三 习题自测

1. 若 $x^2+x+1=0$,则 $x^4+2x^3-3x^2-4x+3$ 的值为(   ).

   A.7　　　　　　B.8　　　　　　C.9　　　　　　D.10　　　　　　E.12

2. 已知 $(99-a)(101+a)=2$,那么 $(99-a)^2+(101+a)^2=($ $)$.

   A.39990　　　　B.39996　　　　C.40000　　　　D.40002　　　　E.40004

3. 若实数 a,b,c 满足 $a^2+b^2+c^2=9$,则代数式 $(a-b)^2+(b-c)^2+(c-a)^2$ 的最大值是(   ).

   A.21　　　　　　　　　　B.27　　　　　　　　　　C.29

   D.32　　　　　　　　　　E.39

4. 多项式 x^2-2x+a 可分解为 $(x-3)(x-b)$,则 a,b 的值分别为(   ).

   A.3 和-2　　　　　　　B.-3 和2　　　　　　　C.3 和1

   D.-3 和-1　　　　　　E.1 和-3

5. 若分式 $\dfrac{3}{x^2+x-6}+\dfrac{2}{x^2+5x+6}$ 与 $\dfrac{4}{x^2-4}$ 相等,则 $x=($ $)$.

   A.3　　　　　　B.4　　　　　　C.6　　　　　　D.8　　　　　　E.10

6. 已知 $f(x)=\dfrac{1}{(x+1)(x+2)}+\dfrac{1}{(x+2)(x+3)}+\cdots+\dfrac{1}{(x+9)(x+10)}$,则 $f(8)=($ $)$.

   A.$\dfrac{1}{9}$　　　　　　　　B.$\dfrac{1}{10}$　　　　　　　　C.$\dfrac{1}{16}$

   D.$\dfrac{1}{17}$　　　　　　　　E.$\dfrac{1}{18}$

7. 已知实数 x 满足 $x^2+\dfrac{1}{x^2}-3x-\dfrac{3}{x}+2=0$,则 $x^3+\dfrac{1}{x^3}=($ $)$.

   A.12　　　　　　　　　B.15　　　　　　　　　C.18

   D.24　　　　　　　　　E.27

8. (条件充分性判断)$\dfrac{a+2b+c}{a-b-3c}=-1$.

   (1)$a:b:c=3:4:5$.　　　　　　　　　(2)$a:b:c=\dfrac{1}{3}:\dfrac{1}{4}:\dfrac{1}{5}$.

9. 多项式 $f(x)=2x-7$ 与 $g(x)=a(x-1)^2+b(x+2)+c(x^2+x-2)$ 相等，则 a,b,c 分别等于（　　）.

A. $a=\dfrac{11}{3}, b=\dfrac{5}{3}, c=-\dfrac{11}{3}$　　　　　　　B. $a=-11, b=15, c=11$

C. $a=\dfrac{11}{9}, b=\dfrac{5}{3}, c=-\dfrac{11}{9}$　　　　　　　D. $a=11, b=-15, c=-11$

E. $a=-\dfrac{11}{9}, b=-\dfrac{5}{3}, c=\dfrac{11}{9}$

10. 设实数 a,b 满足 $|a-b|=2$，$|a^3-b^3|=26$，则 $a^2+b^2=$（　　）.
   A. 30　　　　　　B. 22　　　　　　C. 15　　　　　　D. 13　　　　　　E. 10

习题详解

1. 【答案】B

【解析】做竖式除法：

$$
\begin{array}{r}
x^2+\ x-5 \\
x^2+x+1\overline{\big)x^4+2x^3-3x^2-4x+3} \\
\underline{x^4+\ x^3+\ x^2} \\
x^3-4x^2-4x \\
\underline{x^3+\ x^2+\ x} \\
-5x^2-5x+3 \\
\underline{-5x^2-5x-5} \\
8
\end{array}
$$

所以有恒等式 $x^4+2x^3-3x^2-4x+3=(x^2+x+1)(x^2+x-5)+8$

由于已知 $x^2+x+1=0$，则 $(x^2+x+1)(x^2+x-5)=0$，故所求多项式的值为 8.

2. 【答案】B

【解析】设 $99-a=m,101+a=n$，则 $m+n=(99-a)+(101+a)=200$，且有 $mn=2$，所求多项式为 m^2+n^2，因此入手方向是利用 $(m+n)^2=m^2+n^2+2mn$ 进行凑配，故有
$$(99-a)^2+(101+a)^2=m^2+n^2=(m+n)^2-2mn=40000-4=39996$$

3. 【答案】B

【解析】已知下面几个乘法公式：
$$(a-b)^2+(b-c)^2+(c-a)^2=2a^2+2b^2+2c^2-2ab-2bc-2ca,$$
$$(a+b+c)^2=a^2+b^2+c^2+2ab+2bc+2ca,$$
$$2ab+2bc+2ca=(a+b+c)^2-(a^2+b^2+c^2),$$

因为 $(a+b+c)^2$ 为完全平方式，最小值为零，且已知 $a^2+b^2+c^2=9$，因此考生解题的入手方向为将待求多项式用 $(a+b+c)^2$ 和 $a^2+b^2+c^2$ 表达，即有：
$$(a-b)^2+(b-c)^2+(c-a)^2$$
$$=2a^2+2b^2+2c^2-2ab-2bc-2ca$$
$$=2(a^2+b^2+c^2)-[(a+b+c)^2-(a^2+b^2+c^2)]$$
$$=3(a^2+b^2+c^2)-(a+b+c)^2$$
$$=27-(a+b+c)^2$$

当 $a+b+c=0$ 时，$(a-b)^2+(b-c)^2+(c-a)^2$ 可取得最大值 27.

4. 【答案】D

【解析】$x^2-2x+a=(x-3)(x-b)=x^2-(3+b)x+3b$，

则有 $\begin{cases}3+b=2 \\ a=3b\end{cases}$，解得 $\begin{cases}a=-3 \\ b=-1\end{cases}$.

5. 【答案】E

【解析】由题意知 $\dfrac{3}{x^2+x-6}+\dfrac{2}{x^2+5x+6}=\dfrac{4}{x^2-4}$，将分母因式分解得 $\dfrac{3}{(x+3)(x-2)}+\dfrac{2}{(x+3)(x+2)}=$

$\dfrac{4}{(x+2)(x-2)}$，方程两边同乘以分母的所有因式之积 $(x+3)(x+2)(x-2)$ 得 $3(x+2)+2$

$(x-2)=4(x+3)$，解得 $x=10$.

6. 【答案】E

【解析】考虑使用裂项相消. 首先将表达式化简：$f(x)=\dfrac{1}{(x+1)(x+2)}+\dfrac{1}{(x+2)(x+3)}+$

$\cdots+\dfrac{1}{(x+9)(x+10)}=\dfrac{1}{x+1}-\dfrac{1}{x+2}+\dfrac{1}{x+2}-\dfrac{1}{x+3}+\cdots+\dfrac{1}{x+9}-\dfrac{1}{x+10}=\dfrac{1}{x+1}-\dfrac{1}{x+10}$，$f(8)$ 即为当 $x=8$

时 $f(x)$ 的值，故 $f(8)=\dfrac{1}{9}-\dfrac{1}{18}=\dfrac{1}{18}$.

7. 【答案】C

【解析】$x^2+\dfrac{1}{x^2}-3x-\dfrac{3}{x}+2=\left(x^2+\dfrac{1}{x^2}+2\right)-3x-\dfrac{3}{x}=\left(x+\dfrac{1}{x}\right)^2-3\left(x+\dfrac{1}{x}\right)=\left(x+\dfrac{1}{x}\right)\left(x+\dfrac{1}{x}-3\right)=$

0，将 $x+\dfrac{1}{x}$ 看作一个整体可得，$x+\dfrac{1}{x}=3$ 或 $x+\dfrac{1}{x}=0$（由于分母 x 非零，故 $x+\dfrac{1}{x}\neq0$，舍）.

由立方和公式可得 $x^3+\dfrac{1}{x^3}=\left(x+\dfrac{1}{x}\right)\left(x^2-1+\dfrac{1}{x^2}\right)=\left(x+\dfrac{1}{x}\right)\left[\left(x+\dfrac{1}{x}\right)^2-3\right]=3\times6=18$.

8. 【答案】A

【解析】条件（1），取特值 $a=3$，$b=4$，$c=5$，代入 $\dfrac{a+2b+c}{a-b-3c}=\dfrac{3+2\times4+5}{3-4-3\times5}=-1$，故条件（1）

充分.

条件（2）符合齐次分式求值【标志词汇】.

　　第一步：将 a，b，c 的关系化为整数连比形式，

即 $a:b:c=\dfrac{1}{3}:\dfrac{1}{4}:\dfrac{1}{5}=\dfrac{20}{60}:\dfrac{15}{60}:\dfrac{12}{60}=20:15:12$.

　　第二步：比值即特值，故将 a，b，c 直接赋值为 $a=20$，$b=15$，$c=12$，

代入 $\dfrac{a+2b+c}{a-b-3c}=\dfrac{20+2\times15+12}{20-15-3\times12}=-2\neq-1$，故条件（2）不充分.

9. 【答案】E

【解析】由题意得恒等式 $2x-7=a(x-1)^2+b(x+2)+c(x^2+x-2)=a(x-1)^2+b(x+2)+c$

$(x-1)(x+2)$，取特值 $x=1$，则 $-5=3b$，即 $b=-\dfrac{5}{3}$，可直接选 E.

【说明】①x 的特值选取方向为尽可能消去更多的未知字母以便于计算；②本题进一步

取特值 $x=-2$ 可求得 $a=-\dfrac{11}{9}$，再取特值 $x=0$ 可求得 $c=\dfrac{11}{9}$，但在选择题求解时，不需要

算出全部未知字母的值，只要能够通过最少的未知字母值锁定答案即可.

10. 【答案】E

　　【解析】设实数 $a>b>0$，则有 $|a-b|=a-b=2$，$|a^3-b^3|=a^3-b^3=26$. 观察题目特征可知

　　$26=27-1=3^3-1^3$，故可取特值 $a=3$，$b=1$，代入得 $a^2+b^2=3^2+1^2=10$.

第三章 方程、函数与不等式

大纲分析 本章主要内容包括函数,函数是两个变量关系约束的表达式,集合主要涉及基本概念和运算,详见《数学基本功》4.1 相关内容,重点在于掌握二次函数——抛物线,常结合应用题中的最值问题进行考查,指数函数、对数函数考查较少,可不作为考试重点,在拔高篇中进行讲解;另外的核心主要围绕相等关系(方程)和不等关系(不等式),重要考点为一元二次方程、韦达定理、均值不等式、一元二次不等式等.

模块一 考点剖析

考点一 一元二次函数

(一) 二次函数及其图像

在联考中,主要有四种求取最值的方法:凑完全平方、均值定理、二次函数及线性规划求最值. 在求取某些算式最值时,常常可以在求解过程中将待求式转化为二次函数的形式,进而求取最值.

注 联考数学中讨论的二次函数、二次方程、二次不等式均为一元的,故本章中提到的二次函数、二次方程、二次不等式分别表示一元二次函数、一元二次方程、一元二次不等式.

1. 必备知识点

1)定义

一般地,形如 $y = ax^2 + bx + c$(a, b, c 是常数,$a \neq 0$)的函数叫作二次函数,二次函数的图像是一条抛物线.

2)开口方向

由 a 决定,当 $a > 0$ 时,图像的开口向上,如图 3-1(a)所示;当 $a < 0$ 时,图像的开口向下,如图 3-1(b)所示.

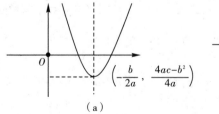
(a)

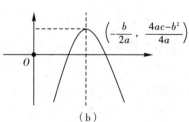
(b)

图 3-1

3）对称轴

由 a 和 b 共同决定，对称轴是直线 $x=-\dfrac{b}{2a}$.

若 $a>0$，当 $x<-\dfrac{b}{2a}$ 时，y 随 x 的增大而减小；当 $x>-\dfrac{b}{2a}$ 时，y 随 x 的增大而增大；当 $x=-\dfrac{b}{2a}$ 时，y 有最小值，$y_{\min}=\dfrac{4ac-b^2}{4a}$，无最大值.

若 $a<0$，当 $x<-\dfrac{b}{2a}$ 时，y 随 x 的增大而增大；当 $x>-\dfrac{b}{2a}$ 时，y 随 x 的增大而减小；当 $x=-\dfrac{b}{2a}$ 时，y 有最大值，$y_{\max}=\dfrac{4ac-b^2}{4a}$，无最小值.

4）顶点坐标

$$顶点坐标为\left(-\dfrac{b}{2a},\dfrac{4ac-b^2}{4a}\right).$$

5）y 轴截距

由 c 决定，当 $x=0$ 时，$y=c$，c 为抛物线与 y 轴截距，截距可正可负，也可为零，代表抛物线与 y 轴交点的位置.

6）最值

当 $a>0$ 时，有最小值 $\dfrac{4ac-b^2}{4a}$；

当 $a<0$ 时，有最大值 $\dfrac{4ac-b^2}{4a}$.

2. 典型例题

【例题1】设二次函数 $f(x)=ax^2+bx+c$ 且 $f(2)=f(0)$，则 $\dfrac{f(3)-f(2)}{f(2)-f(1)}=(\quad)$.

A. 2　　　　B. 3　　　　C. 4　　　　D. 5　　　　E. 6

【解析】本题仅描述函数形态，未确定具体值，且所求的是比值的关系，故可采用特值法求解.

思路一：设 $f(2)=f(0)=0$，根据两根式设函数为 $f(x)=(x-2)(x-0)=x(x-2)$，则 $f(3)=3$，$f(1)=-1$，$\dfrac{f(3)-f(2)}{f(2)-f(1)}=\dfrac{3-0}{0-(-1)}=3$.

思路二：因为 $f(2)=f(0)$，所以抛物线关于 $x=\dfrac{0+2}{2}=1$ 对称. 设函数为 $f(x)=(x-1)^2$，则 $f(3)=2^2=4$，$f(2)=1$，$f(1)=0$，则 $\dfrac{f(3)-f(2)}{f(2)-f(1)}=\dfrac{4-1}{1-0}=3$.

【答案】B

【例题2】已知二次方程 $x^2-2ax+10x+2a^2-4a-2=0$ 有实根，则其两根之积的最小值是(　　).

A. -4　　　　B. -3　　　　C. -2　　　　D. -1　　　　E. -6

【解析】根据考点二:根的判别式Δ【标志词汇1】可知,方程有实根意味着根的判别式$\Delta=(-2a+10)^2-4(2a^2-4a-2)\geq0$,解得$-9\leq a\leq3$.又由韦达定理(详见本章考点二)可知,两根之积$x_1x_2=2a^2-4a-2$.

此时题目转化为求$-9\leq a\leq3$范围内关于a的二次函数$f(a)=2a^2-4a-2$的最小值.它为开口向上的抛物线,当$a=1$时(对称轴),抛物线可取得最小值-4,且$a=1$在$-9\leq a\leq3$范围内,满足方程有实根.故选A.

注 当给出二次方程系数中有未知数(即方程含参)时,需要先通过计算$\Delta>0$或$\Delta\geq0$来限定未知数的取值范围,再在此范围内计算待求式的最小值或者最大值.本题中,若抛物线对称轴取值不满足有实根限制条件,则需重新在$-9\leq a\leq3$范围内寻找抛物线最值,由抛物线图像可知,对于开口向上的抛物线,自变量取值越远离对称轴,函数值越大;越接近对称轴,函数值越小.

【答案】A

【拓展】如果本题所求结果为计算两根之积的最大值,那么答案应该为多少?(答:196.)

【例题3】已知x_1,x_2是二次方程$x^2-(k-2)x+k^2+3k+5=0$的两实根,则$x_1^2+x_2^2$的最大值为( ).

A. 15　　　　B. 19　　　　C. 18　　　　D. $\dfrac{19}{4}$　　　　E. 24

【解析】根据考点二:根的判别式Δ【标志词汇1】可知,方程有两实根意味着$\Delta=(k-2)^2-4(k^2+3k+5)=-(3k+4)(k+4)\geq0$,解得$k$的取值范围为$-4\leq k\leq-\dfrac{4}{3}$.由韦达定理可知$x_1+x_2=k-2,x_1x_2=k^2+3k+5$,故代入待求式得$x_1^2+x_2^2=(x_1+x_2)^2-2x_1x_2=(k-2)^2-2(k^2+3k+5)=-k^2-10k-6$.

此时题目转化为求$-4\leq k\leq-\dfrac{4}{3}$范围内关于$k$的二次函数$f(k)=-k^2-10k-6$的最大值,函数图像为开口向下的抛物线,对称轴为$k=-5$.在$-4\leq k\leq-\dfrac{4}{3}$范围内,越靠近对称轴,函数值越大;越远离对称轴,函数值越小.故$k=-4$时,$x_1^2+x_2^2$可取到最大值18.

【答案】C

（二） 给出抛物线相关信息

1.必备知识点

该类题目中往往同时给出方程的根、对称轴、与坐标轴或某直线交点等多个条件,以求取二次函数系数的具体数值.需要解读出各个条件所代表的数学含义和等价关系,代入原函数即可解出.为此,我们总结出以下标志词汇及对应的解题入手方向.

【标志词汇1】题目给出抛物线图像过点(m,n),入手方向:直接将$x=m,y=n$代入函数式,得到一个关于系数的等式.

【举例】抛物线图像过点$(1,2)$的数学含义是:将$x=1,y=2$代入,能够使得$y=ax^2+$

$bx+c$ 成立,由此可以得到一个关于方程系数的关系式 $2=a\times1^2+b\times1+c=a+b+c$. 所以,当二次函数 $y=ax^2+bx+c(a\neq0)$ 的三个系数均为未知数时,只需要知道抛物线上三个点的坐标,就可以解出全部系数,进而确定抛物线.

注 特别地,若题目给出的抛物线图像所过点为 x 轴上的点,如 $(m,0)$,则利用其对应方程有实根,且其中一个根的值为 m 求解更为便捷.

【标志词汇2】题目给出抛物线对称轴、方程两根之和、方程两根之积、方程两根之差为 m 等,入手方向如下:

(1) 对称轴为 $x=m$,等同于给出关于系数的等式: $-\dfrac{b}{2a}=m$.

(2) 给出方程的两根之和为 $x_1+x_2=m$,等同于给出关于系数的等式: $-\dfrac{b}{a}=m$.

(3) 给出方程的两根之积为 $x_1x_2=m$,等同于给出关于系数的等式: $\dfrac{c}{a}=m$.

(4) 给出方程的两根之差为 $x_1-x_2=m$,由 $(x_1-x_2)^2=(x_1+x_2)^2-4x_1x_2$ 可知,等同于给出关于系数的等式: $\left(-\dfrac{b}{a}\right)^2-\dfrac{4c}{a}=\dfrac{b^2-4ac}{a^2}=m^2$.

方程两根之和、方程两根之积、方程两根之差详见本章考点二.

2.典型例题

【例题4】已知抛物线 $y=x^2+bx+c$ 的对称轴为 $x=1$,且过点 $(-1,1)$,则(   ).

A. $b=-2,c=-2$ B. $b=2,c=2$ C. $b=-2,c=2$

D. $b=-1,c=-1$ E. $b=1,c=1$

【解析】本题符合【标志词汇1】与【标志词汇2】. 代入 $x=-1,y=1$,得到关于系数的等式 $1=1-b+c$,即 $b=c$. 由对称轴 $x=1$,得到关于系数的等式 $-\dfrac{b}{2a}=-\dfrac{b}{2}=1$,故 $b=c=-2$.

【答案】A

【例题5】已知抛物线 $y=x^2+bx+c$ 与 x 轴相交于两点,以这两点为对角线的正方形的面积为6,且抛物线过点 $(-1,1)$,则(   ).

A. $b=-2$ 或 $b=6$ B. $b=2$ 或 $b=-2$ C. $b=-2$ 或 $b=-6$

D. $b=-1$ 或 $b=2$ E. $b=1$ 或 $b=-2$

【解析】函数二次项系数为正,抛物线开口向上,如图 3-2 所示,满足题干条件的抛物线有两种可能:

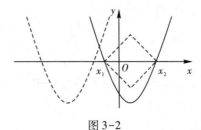

图 3-2

以两实根为对角线的正方形面积为6,说明该正方形的边长为$\sqrt{6}$,对角线的边长即两根之间的距离为$\sqrt{\left(\sqrt{6}\right)^2+\left(\sqrt{6}\right)^2}=\sqrt{12}$,故$(x_1-x_2)^2=(x_1+x_2)^2-4x_1x_2=b^2-4c=\left(\sqrt{12}\right)^2=$

12.由曲线过$(-1,1)$点,可得$1=(-1)^2+b\times(-1)+c$,联立有$\begin{cases}b^2-4c=12\\c=b\end{cases}$,即$b^2-4b-12=$

0,解得$b=6$或$b=-2$.

【答案】A

考点二　一元二次方程

只含有一个未知数,且未知数的最高次数为2的整式方程叫作一元二次方程,一般形式为$ax^2+bx+c=0(a\neq0)$.

（一）　根的判别式 Δ

1.必备知识点

$ax^2+bx+c=0$的求根公式为$x=\dfrac{-b\pm\sqrt{b^2-4ac}}{2a}$,其中令$\Delta=b^2-4ac$,一元二次方程是否有实数根取决于$b^2-4ac$的正负性,故称之为一元二次方程根的判别式.

仅给出二次方程根的数量,求二次方程的系数总结如下:

【标志词汇1】二次方程有实根$\Leftrightarrow\Delta\geq0$.

二次方程有两个相等的实根$\Leftrightarrow\Delta=0$.

二次方程有两个不相等的根$\Leftrightarrow\Delta>0$.

【标志词汇2】二次方程无实根$\Leftrightarrow\Delta<0$.

注　由于$\Delta=b^2-4ac$恰由三个系数决定,故本知识点常结合三项构成的数列、三角形基础知识等进行考查.当题目中含有以上两个标志词汇时,一般情况只需要通过根的判别式判断系数的范围即可找到答案.该类考题属于联考中最简单的"送分"题,要求考生能够快速解答.

2.典型例题

【例题1】(条件充分性判断)一元二次方程$x^2+bx+1=0$有两个不同实根.

(1)$b<-2$.　　　　　　　　　　　　　　　(2)$b>2$.

【解析】题干符合【标志词汇1】.要使二次方程有两个不相等的根,意味着根的判别式$\Delta=b^2-4>0$,即$b^2>4$,$b>2$或$b<-2$.

所以条件(1) $b<-2$,充分;条件(2)$b>2$,亦充分.

【答案】D

【例题2】(条件充分性判断)方程$x^2+2(a+b)x+c^2=0$有实根.

(1)a,b,c是一个三角形的三边长.

(2)实数a,c,b成等差数列.

【解析】题干符合【标志词汇1】.要使二次方程有实根,意味着根的判别式$\Delta=$

$4(a+b)^2-4c^2=4(a+b+c)(a+b-c)\geqslant0.$

条件(1)：a,b,c 是一个三角形的三边长，则它们均为正，即有 $a+b+c>0$. 又由三角形任意两边长大于第三边，可知 $a+b-c>0$，则 $\Delta=4(a+b+c)(a+b-c)>0$，故条件(1)充分.

条件(2)：实数 a,c,b 成等差数列 $\Leftrightarrow a+b=2c$，$\Delta=4(2c)^2-4c^2=12c^2\geqslant0$，故条件(2)亦充分.

【答案】D

【拓展】若把题干改为：方程 $x^2+2(a+b)x+c^2=0$ 有两个不同的实根，那么答案应该选什么？（答：选 A）

【例题 3】（条件充分性判断）一元二次方程 $ax^2+bx+c=0$ 无实根.

(1) a,b,c 成等比数列，且 $b\neq0$.

(2) a,b,c 成等差数列.

【解析】题干符合【标志词汇 2】，要使二次方程无实根，即意味着根的判别式 $\Delta=b^2-4ac<0$.

条件(1)：a,b,c 成等比数列，且 $b\neq0\Leftrightarrow b^2=ac(b\neq0)$. 代入根的判别式得 $\Delta=b^2-4ac=-3b^2$，由于 $b\neq0$，$\Delta=-3b^2<0$，故条件(1)充分.

条件(2)：取特值 $a=1,b=0,c=-1$，此时 a,b,c 成等差数列，代入方程变为 $x^2-1=(x+1)(x-1)=0$，有实根，故条件(2)不充分.

【答案】A

（二）　根与系数的关系（韦达定理）

1. 必备知识点

若 x_1,x_2 为二次方程 $ax^2+bx+c=0(a\neq0)$ 的两实根 $\Leftrightarrow\begin{cases}x_1+x_2=-\dfrac{b}{a}\\[2mm]x_1x_2=\dfrac{c}{a}\end{cases}.$

1）韦达定理的拓展

$(1)\ x_1^2+x_2^2=(x_1+x_2)^2-2x_1x_2=\dfrac{b^2-2ac}{a^2}.$

$(2)\ x_1^3+x_2^3=(x_1+x_2)(x_1^2-x_1x_2+x_2^2)=(x_1+x_2)\left[(x_1+x_2)^2-3x_1x_2\right].$

$(3)\ \dfrac{1}{x_1}+\dfrac{1}{x_2}=\dfrac{x_1+x_2}{x_1x_2}=-\dfrac{b}{c}.$

$(4)\ \dfrac{1}{x_1^2}+\dfrac{1}{x_2^2}=\dfrac{x_1^2+x_2^2}{x_1^2x_2^2}=\dfrac{(x_1+x_2)^2-2x_1x_2}{(x_1x_2)^2}.$

$(5)\ |x_1-x_2|=\sqrt{(x_1+x_2)^2-4x_1x_2}=\sqrt{\dfrac{b^2}{a^2}-\dfrac{4c}{a}}=\dfrac{\sqrt{\Delta}}{|a|}.$

$(6)\ x_1^2-x_2^2=(x_1+x_2)(x_1-x_2).$

2）韦达定理的应用

韦达定理的一般应用，即已知两根求系数，或已知系数求两根. 但直接考查难度较低,一般考查可分解为 x_1+x_2 和 x_1x_2 的算式与系数的关系.

【标志词汇1】给出二次方程,求关于两根的算式.

给定方程,且限定有根,即给定 x_1+x_2 和 x_1x_2 的值,求由 x_1 和 x_2 组成算式的值.入手方向为将待求式凑配为由 x_1+x_2 和 x_1x_2 表示的形式,代入韦达定理即可.

【标志词汇2】给出关于两根的算式,求二次方程系数.

题目中给出含有未知系数(待求)的方程及关于两根 x_1 和 x_2 的算式的值,求未知系数.入手方向为将关于两根的算式凑配为由 x_1+x_2 和 x_1x_2 表示的形式,根据韦达定理的逆定理反求系数.

2.典型例题

【例题4】已知 x_1,x_2 是方程 $x^2+ax-1=0$ 的两个实根,则 $x_1^2+x_2^2=($ $).$

A. a^2+2 B. a^2+1 C. a^2-1 D. a^2-2 E. $a+2$

【解析】本题符合【标志词汇1】.给出 x_1,x_2 是已知方程的两个根,等价于给出下面两个条件: $x_1+x_2=-a,x_1x_2=-1$.将待求式凑配为由 x_1+x_2 和 x_1x_2 表示的形式,代入韦达定理可得 $x_1^2+x_2^2=(x_1+x_2)^2-2x_1x_2=(-a)^2-2\times(-1)=a^2+2$.

【答案】A

【例题5】已知方程 $3x^2+5x+1=0$ 的两个根为 α,β ,则 $\sqrt{\dfrac{\beta}{\alpha}}+\sqrt{\dfrac{\alpha}{\beta}}=($ $).$

A. $-\dfrac{5\sqrt{3}}{3}$ B. $\dfrac{5\sqrt{3}}{3}$ C. $\dfrac{\sqrt{3}}{5}$ D. $-\dfrac{\sqrt{3}}{5}$ E. $\pm\dfrac{5\sqrt{3}}{3}$

【解析】本题符合【标志词汇1】.方程 $3x^2+5x+1=0$ 的两个根为 α,β ,根据韦达定理得 $\alpha+\beta=-\dfrac{5}{3},\alpha\beta=\dfrac{1}{3}$.代入得 $\sqrt{\dfrac{\beta}{\alpha}}+\sqrt{\dfrac{\alpha}{\beta}}=\sqrt{\left(\sqrt{\dfrac{\beta}{\alpha}}+\sqrt{\dfrac{\alpha}{\beta}}\right)^2}=\sqrt{\dfrac{\beta}{\alpha}+\dfrac{\alpha}{\beta}+2}=\sqrt{\dfrac{(\alpha+\beta)^2}{\alpha\beta}}=$

$\sqrt{\dfrac{\left(-\dfrac{5}{3}\right)^2}{\dfrac{1}{3}}}=\dfrac{5\sqrt{3}}{3}$.

【技巧】本题待求式为两个二次根式之和,由于二次根式具有非负性,因此结果一定非负,可直接排除 A、D、E 三项.再根据两项互为倒数的均值定理可知 $\sqrt{\dfrac{\beta}{\alpha}}+\dfrac{1}{\sqrt{\dfrac{\beta}{\alpha}}}\geq2$,可

排除 C,故选 B.

【易错点】典型错误解法为 $\sqrt{\dfrac{\beta}{\alpha}}+\sqrt{\dfrac{\alpha}{\beta}}=\dfrac{\sqrt{\beta}}{\sqrt{\alpha}}+\dfrac{\sqrt{\alpha}}{\sqrt{\beta}}=\dfrac{\alpha+\beta}{\sqrt{\alpha\beta}}=-\dfrac{5\sqrt{3}}{3}$,原因在于只有当 $\alpha>0$

且 $\beta>0$ 时,才有 $\sqrt{\dfrac{\beta}{\alpha}}=\dfrac{\sqrt{\beta}}{\sqrt{\alpha}}$ 成立,而事实上本题中两根均为负,不可如此变换.

【答案】B

【例题6】解某个一元二次方程,甲看错了常数项,解得两根为 8 和 2,乙看错了一次项,解得两根为 -9 和 -1,则正确的解为(   ).

A. -8 和 -2　　　B. 1 和 9　　　C. -1 和 9　　　D. 3 和 -3　　　E. -1 和 -9

【解析】本题符合【标志词汇2】给出关于两根的算式,求二次方程系数.一元二次方程 $ax^2+bx+c=0(a\neq0)$ 中,ax^2 为二次项,bx 为一次项,c 为常数项.根据韦达定理有 $x_1+x_2=-\dfrac{b}{a}$;$x_1x_2=\dfrac{c}{a}$.故甲看错了常数项 c,不影响关于两根之和的计算,故有 $x_1+x_2=-\dfrac{b}{a}=8+2=10$;乙看错了一次项 bx,不影响两根之积的计算,故有 $x_1x_2=\dfrac{c}{a}=(-9)\times(-1)=9$.

设 $a=1,b=-10,c=9$.故正确方程为 $x^2-10x+9=(x-1)(x-9)=0,x_1=1,x_2=9$.

【答案】B

考点三　一元二次不等式

形如 $ax^2+bx+c>0(\geq0,<0$ 或 $\leq0)(a\neq0)$ 的不等式为一元二次不等式. 一元二次不等式要结合二次函数图像来分析. 二次函数、一元二次方程、一元二次不等式的关系见表 3.1.

表 3.1　二次函数、一元二次方程、一元二次不等式的关系

	$\Delta>0$	$\Delta=0$	$\Delta<0$
一元二次方程	两相异实根	两相同实根	无实根
二次函数图像			
不等式解集 $ax^2+bx+c>0$	$x<x_1$ 或 $x>x_2(x_2>x_1)$	$x\neq-\dfrac{b}{2a}$	$(-\infty,+\infty)$
不等式解集 $ax^2+bx+c<0$	$x_1<x<x_2(x_2>x_1)$	无解	无解

注　表中仅列出了 $a>0$ 的情况.

由表可知,二次方程的根⇔抛物线与 x 轴的交点⇔不等式解集范围的临界点.

（一）　给定一元二次不等式，求解集

1. 必备知识点

对于题目中出现【标志词汇】给定一元二次不等式,求解集,一般解题步骤如下:

(1)对于非标准形式的二次不等式,化为标准形式 $ax^2+bx+c>0(<0)$ 且将二次项系数 a 化成正数.

(2)对于能够进行十字相乘因式分解的,将二项式因式分解求出两根.

x_1,x_2 是方程 $f(x)=0$ 的两个根 $(x_1<x_2)$,那么 $f(x)>0$ 的解集是 $(-\infty,x_1)\cup(x_2,+\infty)$;$f(x)<0$ 的解集是 (x_1,x_2),此即"大于取两边,小于取中间".

（3）若不能快速因式分解,则常因二次函数对应的抛物线与 x 轴无交点（无法因式分解）,解集为空集或全体实数,此时考虑验证根的判别式 Δ.

第一步已将二次项系数 a 化为正数,当 $\Delta<0$ 时,图像为开口向上的抛物线,全部位于 x 轴上方,故 $ax^2+bx+c>0$ 的解集为全体实数. 而 $ax^2+bx+c<0$ 的解集为空集.

注 当解集端点含有未知字母时,需要先讨论字母的取值范围,以确定左右端点（如例题3）.

2.典型例题

【例题 1】 $x^2+x-6>0$ 的解集是(   ).

A. $(-\infty,-3)$　　　　B. $(-3,2)$　　　　C. $(2,+\infty)$

D. $(-\infty,-3)\cup(2,+\infty)$　　　　E. 以上结论均不正确

【解析】 将原不等式左边十字相乘因式分解,得 $x^2+x-6=(x+3)(x-2)>0$,根据"大于取两边"可知,解集为 $x>2$ 或 $x<-3$.

【技巧】 因为 x^2+x-6 的二次项系数为正,所以对应抛物线开口方向向上,故原不等式解集只可能为两根之外的形式,只有 D 选项符合.

【答案】 D

【拓展】 若所求不等式为 $x^2+x-6<0$,则哪个选项正确?（答:因式分解后根据"小于取中间"可知,解集为 $-3<x<2$,为两根之间的形式,则选 B 项.）

【例题 2】 满足不等式 $(x+4)(x+6)+3>0$ 的所有实数 x 的集合是(   ).

A. $[4,+\infty)$　　　　B. $(4,+\infty)$　　　　C. $(-\infty,-2]$

D. $(-\infty,-1)$　　　　E. $(-\infty,+\infty)$

【解析】 将原不等式整理成一元二次不等式标准形式得 $x^2+10x+27>0$,该不等式对应方程根的判别式 $\Delta=100-108=-8<0$,说明该方程无实根,即与 x 轴无交点,且抛物线开口方向向上,故不等式解集为全体实数,即 $(-\infty,+\infty)$.

【答案】 E

【例题 3】 一元二次不等式 $3x^2-4ax+a^2<0(a<0)$ 的解集是(   ).

A. $\dfrac{a}{3}<x<a$　　　　B. $x>a$ 或 $x<\dfrac{a}{3}$　　　　C. $a<x<\dfrac{a}{3}$

D. $x>\dfrac{a}{3}$ 或 $x<a$　　　　E. $a<x<3a$

【解析】 将原不等式 $3x^2-4ax+a^2<0$ 十字相乘变形得 $(3x-a)(x-a)<0$. 对应方程的两根分别为 a 和 $\dfrac{a}{3}$,它们为不等式解集的端点. 由于 $a<0$,故 $a<\dfrac{a}{3}$,解集区间左侧端点为 a,右侧端点为 $\dfrac{a}{3}$,根据"小于取中间"可知,解集为 $a<x<\dfrac{a}{3}$.

【技巧】 $3x^2-4ax+a^2$ 图形为开口向上的抛物线, $3x^2-4ax+a^2<0$ 代表抛物线在 x 轴下方的部分,由图形可知解集为两根之间的形式,因此排除 B,D 两项. 又由 $a<0$ 可知选项中各解集端点大小为 $3a<a<\dfrac{a}{3}$,故排除 A,E 两项,应选 C 项.

【答案】 C

（二） 已知二次不等式解集，求系数

1. 必备知识点

1）一般解集

【标志词汇1】已知一元二次不等式解集，求不等式系数.

由于不等式的解集本质为解集区间端点值为对应方程的根，因此给定二次不等式解集相当于给定二次方程的两根求方程系数. 此时转化为一元二次方程问题，代入两根或使用韦达定理求解即可.

【举例】给定一元二次不等式解集为 $x<m$ 或 $x>n$ 或一元二次不等式解集为 $m<x<n$，均可转化为 $x=m$，$x=n$ 是方程 $ax^2+bx+c=0$ 的两个根，则根据韦达定理有 $m+n=-\dfrac{b}{a}$，$mn=\dfrac{c}{a}$. 进而求取 a,b,c 的值，从而确定一元二次方程.

注 此时我们仅关注解集的区间端点值即可，并不用区分一元二次不等式表达式为大于等于零或小于等于零. 同时也可借助系数所代表的图像形状进行快速判断，如 ax^2+bx+c 中 a 代表抛物线开口方向，c 代表抛物线在 y 轴上的截距等.

2）空集或全体实数类解集

【标志词汇2】题目出现一元二次不等式"对任意 x 恒成立""对所有 x 恒成立""解集为全体实数""解集为空集"等，意味着把不等式转化为方程后，该方程没有实数根，即实际需要我们利用根的判别式 $\Delta<0$ 结合抛物线开口方向进行求解，解题时应注意空集与全集的转化.

（1）$ax^2+bx+c>0$ 对任意 x 恒成立，或 $ax^2+bx+c\le0$ 的解集为空集，意味着一定有 $a>0$ 且 $\Delta<0$，如图 3-3（a）所示.

（2）$ax^2+bx+c<0$ 对任意 x 恒成立，或 $ax^2+bx+c\ge0$ 的解集为空集，意味着一定有 $a<0$ 且 $\Delta<0$，如图 3-3（b）所示.

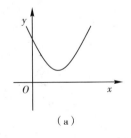
（a）

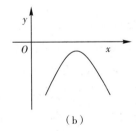
（b）

图 3-3

2. 典型例题

【例题4】已知 $-2x^2+5x+c\ge0$ 的解集为 $-\dfrac{1}{2}\le x\le3$，则 $c=(\qquad)$.

A. $\dfrac{1}{3}$ B. 3   C. $-\dfrac{1}{3}$ D. -3 E. $\dfrac{1}{2}$

【解析】解集的区间端点为 $-\dfrac{1}{2}$ 和 3，意味着 $-\dfrac{1}{2}$ 和 3 是方程 $-2x^2+5x+c=0$ 的两个根，由韦达定理可知 $x_1 x_2=\dfrac{c}{-2}=-\dfrac{3}{2}$，故 $c=3$.

【答案】B

【例题 5】已知对任意实数 x，不等式 $(a+2)x^2+4x+(a-1)>0$ 都成立，则 a 的取值范围是(   ).

A. $(-\infty,2)\cup(2,+\infty)$　　　　　　B. $(-\infty,-2)\cup[2,+\infty)$　　　　　C. $(-2,2)$

D. $(2,+\infty)$　　　　　　　　　　　E. 以上结论均不正确

【解析】本题符合【标志词汇 2】一元二次不等式大于零对任意 x 恒成立，意味着它对应的方程没有实数根，并且抛物线开口向上，即有

$$\begin{cases} a+2>0 \\ 4^2-4(a+2)(a-1)<0 \end{cases} \Rightarrow \begin{cases} a>-2 \\ (a+3)(a-2)>0 \end{cases} \Rightarrow a>2.$$

【答案】D

【例题 6】（条件充分性判断）实数 k 的取值范围是 $(-\infty,2)\cup(5,+\infty)$.

(1)关于 x 的方程 $kx+2=5x+k$ 的根是非负实数.

(2)对于任意的 x，有 $x^2-2kx+(7k-10)>0$.

【解析】条件(1)：关于 x 的一次方程 $kx+2=5x+k$ 的根为非负实数，即 $x=\dfrac{k-2}{k-5}\geq 0$，解得 k 的取值范围为 $k\leq 2$ 或 $k>5$. 当 $k=2$ 时，其值不在 $(-\infty,2)\cup(5,+\infty)$ 范围内，故条件(1)不充分.

条件(2)符合【标志词汇 2】一元二次不等式大于零对任意 x 恒成立，意味着抛物线开口向上，且它对应的方程没有实数根，即 $\Delta=(-2k)^2-4(7k-10)<0$，整理得 $k^2-7k+10<0$，解得 $2<k<5$，故条件(2)不充分.

两条件无法联合，即 k 无法满足既在 $k\leq 2$ 或 $k>5$ 范围内，又在 $2<k<5$ 范围内，故联合亦不充分，应选 E 项.

【答案】E

【拓展】思考如果题目进行如下修改，答案应该选什么？

①题目改为：实数 k 的取值范围是 $[2,5]$.（答：选 B.）

②题目改为：实数 k 的取值范围是 $(-\infty,2]\cup(5,+\infty)$.（答：选 A.）

③条件(1)改为：关于 x 的方程 $kx+2=5x+k$ 的根是正实数.（答：选 A.）

考点四　特殊方程、特殊不等式

（一）　高次方程、高次不等式

1.必备知识点

联考中对于高次方程或不等式（即最高次项次数超过二次的方程或不等式），主要有两种考查方式：①高次式可以通过因式分解化为多个二次及以下算式相乘的形式，则可

使用数轴穿根法求解;②若不能因式分解,此时求解的核心思路是降次,将其转化为二次及以下方程/不等式求解.

1)数轴穿根法

数轴穿根法解不等式的一般步骤如下:

(1)把不等式移项化为标准形式,即所有代数式置于不等号左侧,不等号右侧为零. 因式分解为多个低次式子相乘的形式(注意要保证每一个式子中 x 前的系数均为正,若为负,则在不等式两边同乘-1 化为正.).

(2)将不等号写为等号,解出对应方程的所有根,并在数轴上依次标出各根(若因式分解出恒为正的式子,它所对应的图像与 x 轴无交点,不产生根,故对不等式解集无影响).

(3)从数轴的右上方开始,由上至下,由右至左画线,依次穿过数轴上所有代表方程根的点. 其中奇数次根穿过,偶数次根不穿过,即"奇过偶不过".

(4)线在数轴上方的公共区域,代表 $f(x) > 0$ 的不等式的解集. 线在数轴下方的区域,代表 $f(x) < 0$ 的不等式的解集.

注 若所求不等式的不等号包含相等,即"≥"或"≤",则解集的不等号就也包含相等,为"≥"或"≤",图像上对应为实心点. 若所求不等式的不等号不包含相等,为">"或"<",则解集的不等号也与之一致,为">"或"<",图像上对应为空心点.

2)替换降次法

题目中给出关于未知量的较高次项和较低次项间等量变换关系式,如 $x^2 - 3x + 1 = 0$,则可根据关系式将较高次项用较低次多项式替换,如将所有 x^2 用 $3x - 1$ 替换.

【标志词汇】[高次方程]and[高低次之间关系式]⇒替换降次法.

【换元法】题目中未知量的所有次数为倍乘关系,将最低次幂的未知量当作一个整体进行换元.

若未知量形式为 x^3 和 x^6,则令 $x^3 = t$,故 $x^6 = t^2$,原式变形为二次方程;

若未知量形式为 x^2 和 x^4,则令 $x^2 = t$,故 $x^4 = t^2$,原式变形为二次方程,注意 $t = x^2$ 为完全平方式,$t \geq 0$.

【标志词汇】方程中所有未知量的幂次为倍乘关系⇒换元

2. 典型例题

【例题1】求不等式 $(x-1)(x-2)(x-3) > 0$ 和 $(x-1)(x-2)(x-3) < 0$ 的解集.

【解析】不等式对应的方程为 $(x-1)(x-2)(x-3) = 0$,三个根分别是 1,2 和 3. 如图 3-4 所示,将所有根在数轴上标出得:

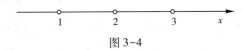

图3-4

如图 3-5 所示,由上至下,从右向左穿根得:

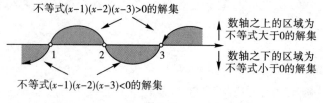

图 3-5

故 $(x-1)(x-2)(x-3)>0$ 的解集为 $1<x<2$ 或 $x>3$；

$(x-1)(x-2)(x-3)<0$ 的解集为 $x<1$ 或 $2<x<3$.

【答案】$1<x<2$ 或 $x>3$；$x<1$ 或 $2<x<3$.

【例题2】(条件充分性判断) $(2x^2+x+3)(-x^2+2x+3)<0$.

(1) $x\in[-3,-2]$. 　　　　　　　　　　(2) $x\in(4,5)$.

【解析】由于 $2x^2+x+3$ 对应方程的判别式 $\Delta=1-24=-23<0$, 对应抛物线开口方向向上, 与 x 轴无交点, 故 $2x^2+x+3$ 的值恒大于零, 原不等式解集等价于 $-x^2+2x+3<0$ 的解集, 将 x 系数化为正, $x^2-2x-3>0$ 因式分解整理得 $(x-3)(x+1)>0$, 故题干成立要求的解集范围为 $x>3$ 或 $x<-1$.

故条件(1)条件(2)均可以确保 x 的范围在解集内, 均充分.

【答案】D

【拓展】如果把题干改为 $(2x^2+x-3)(-x^2+2x+3)<0$, 应选什么?

答: 由于此时 $2x^2+x-3$ 对应方程的判别式 $\Delta=1+24=25>0$, 对应抛物线开口方向向上, 与 x 轴有交点, 故 $2x^2+x-3$ 对解集有影响, 不能忽略. 采用数轴穿根法整理原不等式得 $(2x+3)(x-1)(x-3)(x+1)>0$, 解集为 $x<-\dfrac{3}{2}$ 或 $-1<x<1$ 或 $x>3$. 故条件(1)条件(2)均可以确保 x 的取值范围在解集内, 均充分, 应选 D 项.

【例题3】(条件充分性判断) $2a^2-5a-2+\dfrac{3}{a^2+1}=-1$.

(1) a 是方程 $x^2-3x+1=0$ 的根. 　　　　(2) $|a|=1$.

【解析】由条件(1)：由根的定义可知, $a^2-3a+1=0$, 即 $a^2=3a-1$. 符合【标志词汇】[高次方程]and[高低次之间关系式] $\Rightarrow$ 替换降次法. 将待求式中的 a^2 用 $3a-1$ 替换, 得 $2a^2-5a-2+\dfrac{3}{a^2+1}=2(3a-1)-5a-2+\dfrac{3}{3a-1+1}=a-4+\dfrac{1}{a}=\dfrac{a^2+1}{a}-4=\dfrac{3a}{a}-4=-1$, 故条件(1)充分.

条件(2)：$|a|=1$, 则 $a^2=1$, $a=\pm1$. 代入得

$$2a^2-5a-2+\dfrac{3}{a^2+1}=2-5a-2+\dfrac{3}{2}=-5a+\dfrac{3}{2},$$

计算结果随着 a 的取值变化而变化, 不为定值 -1, 故条件(2)不充分.

【答案】A

【例题4】(条件充分性判断)关于 x 的一元方程 $x^4-2x^2+k=0$ 有四个相异的实根.

(1) $0<k<\dfrac{1}{2}$. 　　　　　　　　　　(2) $1<k<2$.

【解析】令 $t=x^2$, 则原方程化为 $t^2-2t+k=0(t>0)$.

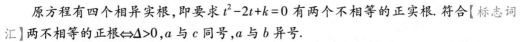

原方程有四个相异实根,即要求 $t^2-2t+k=0$ 有两个不相等的正实根.符合【标志词汇】两不相等的正根$\Leftrightarrow \Delta>0$,a 与 c 同号,a 与 b 异号.

所以 $\begin{cases} \Delta=4-4k>0, \\ t_1+t_2=2>0 \\ t_1t_2=k>0, \end{cases}$,解得 $0<k<1$.

故条件(1)充分,条件(2)不充分.

【答案】A

(二)　分式方程/不等式

1.必备知识点

分母中含有未知量的方程或不等式叫作分式方程或分式不等式,如 $\dfrac{1}{x-2}+3=\dfrac{x+1}{x-2}$.求解分式方程/不等式的主要方式为通过等价变形将其转化为整式方程/不等式,进而求解,注意限制分母不为零.

1)分式不等式的等价变形

不等式两边同乘 $[g(x)]^2$ 可将分式不等式的等价变形如下:

$\dfrac{f(x)}{g(x)}\geqslant 0\Leftrightarrow \begin{cases} f(x)\cdot g(x)\geqslant 0 \\ g(x)\neq 0 \end{cases}$; 　　　$\dfrac{f(x)}{g(x)}\leqslant 0\Leftrightarrow \begin{cases} f(x)\cdot g(x)\leqslant 0 \\ g(x)\neq 0 \end{cases}$;

$\dfrac{f(x)}{g(x)}>0\Leftrightarrow f(x)\cdot g(x)>0$; 　　　$\dfrac{f(x)}{g(x)}<0\Leftrightarrow f(x)\cdot g(x)<0$;

分式不等式与等价变形后的不等式(组)同解.

注　对于分式不等式,推荐采用等价变形去掉分母,等价变形时两边同乘 $[g(x)]^2>0$,不影响不等号方向.只有可以确定分母的正负取值时,才可采用两边同乘分母的方式去掉分母.

2)数轴穿根法在分式不等式中的应用

将分式不等式等价变形后,一般可得到多个因式相乘形式的高次不等式,此时可用数轴穿根法求不等式解集.

【标志词汇】分式不等式,分子分母均可化为多个因式相乘形式,求解集.

【举例】求不等式 $\dfrac{(x-1)(x-2)(x-3)}{(x-4)(x-5)}\geqslant 0$ 的解集.

【解析】等价变形可得 $\dfrac{(x-1)(x-2)(x-3)}{(x-4)(x-5)}\geqslant 0\Leftrightarrow \begin{cases} (x-1)(x-2)(x-3)(x-4)(x-5)\geqslant 0 \\ (x-4)(x-5)\neq 0 \end{cases}$

将对应方程的所有根在数轴上标出,注意分式中分母不为零的限制,即根1,2,3可以取到,以实心点表示;根4,5不可以取到,以空心圈表示,如图3-6所示.

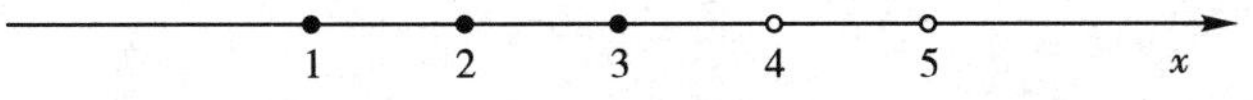

图3-6

根据数轴穿根法,如图3-7所示可求得:

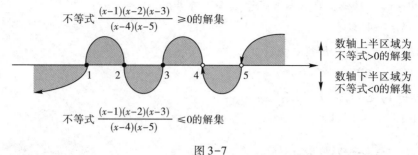

不等式 $\dfrac{(x-1)(x-2)(x-3)}{(x-4)(x-5)} \geqslant 0$ 的解集

数轴上半区域为不等式>0的解集

数轴下半区域为不等式<0的解集

不等式 $\dfrac{(x-1)(x-2)(x-3)}{(x-4)(x-5)} \leqslant 0$ 的解集

图3-7

【答案】解集为 $[1,2] \cup [3,4) \cup (5,+\infty)$

2.典型例题

【例题5】不等式 $\dfrac{x(x+2)}{x-3} < 0$ 的解集为( ).

A. $x < -2$ 或 $0 < x < 3$ B. $-2 \leqslant x < 0$ 或 $x > 3$ C. $-2 < x < 0$

D. $x < 0$ 或 $x > 3$ E. 以上结论均不正确

【解析】根据不等式的等价变形, $\dfrac{x(x+2)}{x-3} < 0$ 与 $x(x+2)(x-3) < 0$ 同解,利用数轴穿根法,如图3-8所示得不等式的解集为 $x < -2$ 或 $0 < x < 3$.

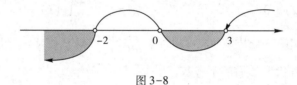

图3-8

【技巧】本题符合数轴穿根法【标志词汇】,三个根分别为-2,0,3.故解集的区间端点一定包含这三个点,故排除C,D两项,且无法取到等号,故排除B项,应选A项.

【答案】A

【例题6】若 $\dfrac{2x^2+2kx+k}{4x^2+6x+3} < 1$ 对一切实数 x 均成立,则 k 的取值范围为( ).

A. $1 < k < 3$ B. $1 < k < 2$ C. $2 < k < 3$

D. $0 < k < 3$ E. $-3 < k < 3$

【解析】观察分母可知 $4x^2+6x+3 = x^2+3(x+1)^2 > 0$,或验证分母根的判别式 $\Delta = 6^2 - 4 \times 12 = -12 < 0$,且对应抛物线开口方向向上,故分母恒大于零.因此不等式两边可以同乘以恒大于零的分母,可得 $2x^2+2kx+k < 4x^2+6x+3$,整理得题干条件等价于 $2x^2+2(3-k)x+3-k > 0$ 对一切实数 x 恒成立,它对应的抛物线开口向上,即题目为求对应方程 $2x^2+2(3-k)x+3-k=0$ 无实根即可,即 $\Delta = 4(3-k)^2 - 8(3-k) < 0$,整理得 $4(k-3)(k-1) < 0$,解得 $1 < k < 3$.

【答案】A

【例题7】若不等式 $\dfrac{(x-a)^2+(x+a)^2}{x} > 4$ 对 $x \in (0,+\infty)$ 恒成立,则常数 a 的取值范围是( ).

A. $(-\infty,-1)$ B. $(1,+\infty)$ C. $(-1,1)$

D. $(-1,+\infty)$ E. $(-\infty,-1)\cup(1,+\infty)$

【解析】思路一：标准解法. 将原不等式去括号整理得 $\dfrac{(x-a)^2+(x+a)^2}{x}>4 \Rightarrow \dfrac{x^2+a^2}{x}>2$. 由于本题讨论范围为 $x\in(0,+\infty)$，故不等式两边同乘 x 去掉分母得 $x^2-2x+a^2=(x-1)^2+a^2-1>0$ 对 $x\in(0,+\infty)$ 恒成立. 它所对应的图形为开口向上的抛物线，在 $x\in(0,+\infty)$ 的范围内，$(x-1)^2$ 最小值可以取到 0，所以不等式成立需要保证 $a^2-1>0$，解得 $a>1$ 或 $a<-1$.

注 对于分式不等式，只有分母符号确定时，才可以两边同乘分母变为整式不等式.

思路二：对称秒杀法. 观察可知，将题干不等式中的 a 和 $-a$ 互换之后，不等式不变，故常数 a 的取值范围一定关于 0 对称，满足 a 的取值范围关于 0 对称的选项只有 C 选项和 E 选项.

代入验证 $a=0$ 的情况，原不等式变为 $2x>4$，无法满足在 $x\in(0,+\infty)$ 的范围内恒成立，故排除 C 选项，直接选择 E 选项.

【答案】E

【拓展】如果把题干改为：若不等式 $\dfrac{(x-a)^2+(x+a)^2}{x}>4$ 对 $x\in(2,+\infty)$ 恒成立，则常数 a 的取值范围是？（答：$a\in\mathbf{R}$）.

考点五 均值不等式

（一）算术平均值与几何平均值的基本计算

本考点较为简单，只需要熟练掌握算术平均值和几何平均值的计算公式即可.

1. 必备知识点

1）算术平均值

算术平均值就是日常中说到的"平均值".

设 $x_1,x_2,\cdots,x_n$ 为 n 个实数，称 $\dfrac{x_1+x_2+\cdots+x_n}{n}$ 为这 n 个实数的算术平均值，记为 $\bar{x}=\dfrac{1}{n}\sum\limits_{i=1}^{n}x_i$. 其中，$\bar{x}$ 读作"x 拔"（累加后除以个数）.

2）几何平均值

设 $x_1,x_2,\cdots,x_n$ 为 n 个正实数，则称 $\sqrt[n]{x_1\cdot x_2\cdots\cdots x_n}$ 为这 n 个正实数的几何平均值，记为 $x_g=\sqrt[n]{\prod\limits_{i=1}^{n}x_i}$（累乘后开个数次方）.

3）算术平均值与总和

算术平均值考查的主要是 n 个实数的总和，算术平均值 $\bar{x}$ 以及元素个数 n 这三个概念的相互转化：

$$总和=平均值\ \bar{x}\times元素数量\ n$$

注 在求多个数之和时可多观察数据,寻找规律,借助数列(第四章)等知识快速求和.

4)算术平均值的改变量

个体值的增加或者减少,会同时导致算术平均值的增加或者减少,增加或者减少的量取决于个体改变量之和与元素数量.

$$\bar{x} \text{ 的改变量} = \frac{\text{个体改变量之和}}{\text{元素数量} n}$$

【举例】若 x_1, x_2, x_3, x_4, x_5 的平均值为 $\bar{x}$,那么 $x_1+1, x_2+2, x_3+3, x_4+4, x_5+5$ 的个体增量一共为 $1+2+3+4+5=15$,元素个数为 5,故平均值的增加量为 $\frac{15}{5}=3$.

2.典型例题

【例题1】求 3,8,9 这三个数的算术平均值和几何平均值( ).

A. 3 和 6   B. 20 和 6   C. $\frac{20}{3}$ 和 5   D. $\frac{20}{3}$ 和 6   E. 7 和 8

【解析】算术平均值 $=\frac{3+8+9}{3}=\frac{20}{3}$;几何平均值 $=\sqrt[3]{3\times8\times9}=\sqrt[3]{3^3\times2^3}=2\times3=6$.

【答案】D

【例题2】已知 $x_1, x_2, \cdots, x_n$ 的几何平均值为 3,前 $n-1$ 个数的几何平均值为 2,则 x_n 的值为( ).

A. $\frac{9}{2}$ B. $\left(\frac{3}{2}\right)^n$ C. $2\left(\frac{3}{2}\right)^{n-1}$ D. $3\left(\frac{3}{2}\right)^{n-1}$ E. $\left(\frac{3}{2}\right)^{n-1}$

【解析】$x_1, x_2, \cdots, x_n$ 的几何平均值为 3,即有 $\sqrt[n]{x_1 x_2 \cdots x_n}=3$,$x_1 x_2 \cdots x_n=3^n$;前 $n-1$ 个数的几何平均值为 2,即有 $\sqrt[n-1]{x_1 x_2 \cdots x_{n-1}}=2$,$x_1 x_2 \cdots x_{n-1}=2^{n-1}$. 两式相除即有

$$\frac{x_1 x_2 \cdots x_n}{x_1 x_2 \cdots x_{n-1}}=x_n=\frac{3^n}{2^{n-1}}=3\times\frac{3^{n-1}}{2^{n-1}}=3\left(\frac{3}{2}\right)^{n-1}.$$

【答案】D

【例题3】(条件充分性判断)三个实数 x_1, x_2, x_3 的算术平均值为 $\bar{x}=4$.

(1) x_1+6, x_2-2, x_3+5 的算术平均值为 4.

(2) x_2 为 x_1, x_3 的等差中项,且 $x_2=4$.

【解析】条件(1):**思路一**:x_1+6, x_2-2, x_3+5 的算术平均值为 4,意味着 $(x_1+6)+(x_2-2)+(x_3+5)=4\times3=12$,整理得 $x_1+x_2+x_3=3$,$\bar{x}=1$,故条件(1)不充分.

思路二:x_1, x_2, x_3 这 3 个数相比 x_1+6, x_2-2, x_3+5 的个体改变量之和为 $-6+2-5=-9$,共有 3 个元素参与运算,故所求算术平均值相比 x_1+6, x_2-2, x_3+5 的算术平均值的变化量为 $\frac{-9}{3}=-3$,而非均为 4 且不变,故条件(1)不充分.

条件(2):由第六章数列知识可知,x_2 为 x_1, x_3 的等差中项意味着 $2x_2=x_1+x_3$,代入 $x_2=4$ 可得 $2x_2=8=x_1+x_3$,故 $x_1+x_2+x_3=12$,$\bar{x}=4$. 故条件(2)充分

【答案】B

（二） 均值不等式

均值不等式又叫均值定理,在求最值、比较大小、求变量的取值范围、证明不等式等方面有广泛的应用.

1.必备知识点

1)均值定理

对于任意 n 个正实数 $x_1,x_2,\cdots,x_n$,有:

$$\frac{x_1+x_2+\cdots+x_n}{n} \geqslant \sqrt[n]{x_1 x_2 \cdots x_n}(x_i>0,i=1,2,\cdots,n)$$

当且仅当 $x_1=x_2=\cdots=x_n$ 时,等号成立.

即:n 个正实数的算术平均值大于等于它们的几何平均值,且当这些数全部相等时,它们的算术平均值与几何平均值相等.

2)均值定理常见应用

【应用1】两项时,有 $a+b \geqslant 2\sqrt{ab}$;$ab \leqslant \left(\dfrac{a+b}{2}\right)^2(a,b>0,$ 当 $a=b$ 时取等号).

简要代数证明:完全平方式 $(\sqrt{a}-\sqrt{b})^2 \geqslant 0$,当 $\sqrt{a}=\sqrt{b}$,即 $a=b$ 时,完全平方式取到最小值零,等号成立.展开得 $a+b-2\sqrt{ab} \geqslant 0$,即有 $a+b \geqslant 2\sqrt{ab}$.

【应用2】$2(a^2+b^2) \geqslant (a+b)^2 \geqslant 4ab(a,b>0,$ 当 $a=b$ 时取等号).

简要代数证明:$2(a^2+b^2)=a^2+b^2+(a^2+b^2) \geqslant a^2+b^2+2ab=(a+b)^2 \geqslant (2\sqrt{ab})^2=4ab$,当 $a=b$ 时取等号.

【应用3】三项时,有 $a+b+c \geqslant 3 \cdot \sqrt[3]{abc}$;$abc \leqslant \left(\dfrac{a+b+c}{3}\right)^3(a,b,c>0,$ 当 $a=b=c$ 时取等号).

【应用4】当均值定理中参与运算的两项互为倒数时,有 $a+\dfrac{1}{a} \geqslant 2(a>0)$.

简要代数证明:完全平方式 $\left(\sqrt{a}-\dfrac{1}{\sqrt{a}}\right)^2 \geqslant 0$ 恒成立,当 $\sqrt{a}=\dfrac{1}{\sqrt{a}}$,即 $a=1$ 时,完全平方式取到最小值零,等号成立.展开得 $a+\dfrac{1}{a}-2 \geqslant 0$,即有 $a+\dfrac{1}{a} \geqslant 2$.

【应用5】逆应用:如果几个正数(常为两个或者三个)的算术平均值等于它们的几何平均值,那么这几个数相等,如:

若 $\dfrac{a+b}{2}=\sqrt{ab}$,则 $a=b(a,b>0)$.

若 $\dfrac{a+b+c}{3}=\sqrt[3]{abc}$,则 $a=b=c(a,b,c>0)$.

2)均值定理标志词汇及解题入手方向

均值定理告诉我们:如果几个式子的乘积为定值,则它们的和有最小值(当且仅当每个式子均相等时等号成立,且取到最小值);如果几个式子的和为定值,则它们的积有最大值(当且仅当每个式子均相等时等号成立,且取到最大值).但在解题时,往往需要逆向应用,常见题目中的标志词汇及入手方向如下:

【标志词汇1】求几个正项之和的最小值.

入手方向:凑配使它们的乘积为常数.

两项时 $a+b \geqslant 2\sqrt{ab}$;三项时 $a+b+c \geqslant 3\sqrt[3]{abc}$ $(a,b,c>0)$.

【标志词汇2】求几个正项乘积的最大值.

入手方向:凑配使它们的和为常数.

两项时 $ab \leqslant \left(\dfrac{a+b}{2}\right)^2$;三项时 $abc \leqslant \left(\dfrac{a+b+c}{3}\right)^3$ $(a,b,c>0)$.

3)利用均值定理求最值

利用均值定理求最值的一般解题流程如图 3-9 所示.

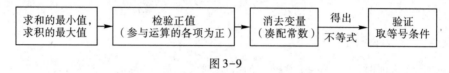

图 3-9

2. 典型例题

【例题4】已知 $x,y \in \mathbf{R}$,且 $x+y=4$,则 3^x+3^y 的最小值是(　　).

A. $3\sqrt{2}$ 　　　B. 18 　　　C. 9 　　　D. $2\sqrt{2}$ 　　　E. $\sqrt{6}$

【解析】由于指数函数值域为正,即 $3^x>0,3^y>0$,满足均值定理前提条件,故由均值定理【应用1】可知 $3^x+3^y \geqslant 2\sqrt{3^x \times 3^y}=2\sqrt{3^{x+y}}=2 \times \sqrt{3^4}=18$. 当 $3^x=3^y$,即 $x=y$ 时等号成立,取到最小值18.

【答案】B

【例题5】设函数 $f(x)=2x+\dfrac{a}{x^2}$ $(a>0)$ 在 $(0,+\infty)$ 的最小值为 $f(x_0)=12$,则 $x_0=$

(　　).

A. 5 　　　B. 4 　　　C. 3 　　　D. 2 　　　E. 1

【解析】由于 $x \in (0,+\infty)$ 且 $a>0$,满足均值定理前提条件. 此算式符合均值定理【标志词汇1】求几项之和的最小值→凑配使它们的乘积为常数(即完全消去 x). 即有 $f(x)=x+$

$x+\dfrac{a}{x^2} \geqslant 3\sqrt[3]{x \cdot x \cdot \dfrac{a}{x^2}}=3\sqrt[3]{a}=12$,解得 $a=4^3$. 当且仅当参与运算的各项均相等,即 $x=x=\dfrac{a}{x^2}$

时等号成立,且取到最小值. 故有 $x_0^3=a=4^3$,解得 $x_0=4$.

【答案】B

【例题6】(条件充分性判断) $\dfrac{1}{a}+\dfrac{1}{b}+\dfrac{1}{c}>\sqrt{a}+\sqrt{b}+\sqrt{c}$.

(1) $abc=1$. 　　　　　　　　　　　　　　(2) a,b,c 为不全相等的正数.

【解析】条件(1):取特值 $a=b=c=1$,可知条件(1)不充分.

条件(2):取特值 $a=b=1,c=2$,可知条件(2)不充分. 考虑联合条件(1)和条件(2),将 $abc=1$ 代入题干可得

$$\frac{1}{a}+\frac{1}{b}+\frac{1}{c}=bc+ac+ab$$

$$=\frac{ab}{2}+\frac{bc}{2}+\frac{ac}{2}+\frac{bc}{2}+\frac{ab}{2}+\frac{ac}{2}$$

分别两两使用均值定理

$$\geqslant 2\sqrt{\frac{ab}{2}\cdot\frac{bc}{2}}+2\sqrt{\frac{ac}{2}\cdot\frac{bc}{2}}+2\sqrt{\frac{ab}{2}\cdot\frac{ac}{2}}$$

$$=\sqrt{abbc}+\sqrt{acbc}+\sqrt{abac}$$

再次代入 $abc=1$

$$=\sqrt{b}+\sqrt{c}+\sqrt{a}$$

上式中取等号条件为每对使用均值定理的项均相等,即 $ab=bc$,$ac=bc$,$ab=ac$ 同时成立,整理得 $a=b=c$.但条件(2)a,b,c 为不完全相等的正整数,故等号不成立,只能取到大于号,即 $\frac{1}{a}+\frac{1}{b}+\frac{1}{c}>\sqrt{a}+\sqrt{b}+\sqrt{c}$,故条件(1)与条件(2)联合充分.

【总结】事实上,在条件充分性判断题目中,若一个条件给出定量条件(如本题中条件(1)$abc=1$),另一个条件给出定性限制(如本题中条件(2)a,b,c 为不全相等的正数),则往往单独均无法充分,需要联合考虑.

【答案】C

模块二 常见标志词汇及解题入手方向

标志词汇 一 给出抛物线相关信息

对于题目同时给出方程的根、对称轴、与 x 轴 y 轴或某直线交点等多个条件,要求二次函数系数的具体数值时,常见标志词汇及解题入手方向如下:

【标志词汇1】题目给出抛物线图像过点 (m,n),入手方向:直接将 $x=m$,$y=n$ 代入函数式,得到一个关于系数的等式.

【标志词汇2】题目给出抛物线对称轴、方程两根之和、方程两根之积、方程两根之差等,入手方向依次如下:

(1)对称轴为 $x=m$,等同于给出关于系数的等式: $-\dfrac{b}{2a}=m$.

(2)给出方程的两根之和为 $x_1+x_2=m$,等同于给出关于系数的等式: $-\dfrac{b}{a}=m$.

(3)给出方程的两根之积为 $x_1x_2=m$,等同于给出关于系数的等式: $\dfrac{c}{a}=m$.

(4)给出方程的两根之差为 $x_1-x_2=m$,由 $(x_1-x_2)^2=(x_1+x_2)^2-4x_1x_2$ 可知 ,等同于给出关于系数的等式: $\left(-\dfrac{b}{a}\right)^2-\dfrac{4c}{a}=\dfrac{b^2-4ac}{a^2}=m^2$.

标志词汇 二 给出根的数量,求方程

【标志词汇1】二次方程有实根 $\Leftrightarrow \Delta \geqslant 0$.
二次方程有两个相等的实根 $\Leftrightarrow \Delta = 0$.
二次方程有两个不相等的根 $\Leftrightarrow \Delta > 0$.
【标志词汇2】二次方程无实根 $\Leftrightarrow \Delta < 0$.

注 由于根的判别式 $\Delta = b^2-4ac$ 恰由三个系数决定,故本知识点常结合三项构成的数列、三角形基础知识等进行考查.

标志词汇 三 韦达定理的应用

【标志词汇1】给出二次方程,求关于两根的算式 $\Rightarrow$ ①韦达定理,②由两根式设出方程.

【标志词汇2】给出关于两根的算式,求二次方程系数 $\Rightarrow$ 凑配为由 x_1+x_2 和 x_1x_2 表达的算式.

标志词汇 四 一元二次不等式

【标志词汇1】给定一元二次不等式,求解集.
(1)变形:将不等式变形为二次项系数为正的标准形式 $ax^2+bx+c>0(<0)$;

（2）求根：常使用因式分解求根（无法因式分解的，验证 Δ，若有根则使用求根公式求出）；

（3）写解集：大于取两边，小于取中间.

【标志词汇2】已知一元二次不等式解集，求不等式系数. 入手方向为：转化为一元二次方程问题，代入两根或使用韦达定理求解.

【标志词汇3】题目出现一元二次不等式"对任意 x 恒成立""对所有 x 恒成立""解集为全体实数""解集为空集"等，意味着把不等式转化为方程后，该方程没有实数根，即实际需要我们利用根的判别式 $\Delta<0$ 结合抛物线开口方向进行求解，解题时注意空集与全集的转化.

（1）$ax^2+bx+c>0$ 对任意 x 均成立，或 $ax^2+bx+c\leq0$ 的解集为空集，意味着一定有 $a>0$ 且 $\Delta<0$.

（2）$ax^2+bx+c<0$ 对任意 x 均成立，或 $ax^2+bx+c\geq0$ 的解集为空集，意味着一定有 $a<0$ 且 $\Delta<0$.

标志词汇 五　数轴穿根法

最高次项次数超过二次的高次整式方程/不等式，以及可等价变形化为高次不等式的分式不等式，若可将其因式分解化为多个二次及以下算式相乘的形式，则可使用数轴穿根法求解，题目中常见标志词汇及入手方向如下：

【标志词汇1】多个算式相乘，求解集. 即在化为标准形式后的高次不等式中，若高次式可以因式分解化为多个二次及以下算式相乘的形式，则可使用数轴穿根法求解.

【标志词汇2】几个算式相除，求解集. 即分子分母都可以化为因式相乘形式的分式不等式，将其分式不等式等价变形后，利用数轴穿根法求不等式解集.

数轴穿根法解不等式的步骤为：

（1）分式不等式等价变形为标准整式形式；高次整式不等式移项化为标准形式.

（2）因式分解为多个低次整式相乘的形式（x 的系数要求均为正）.

（3）解出对应方程的所有根，并在数轴上依次标出各根.

（4）从数轴的右上方开始，由上至下，由右至左画线，依次穿过数轴上所有代表方程根的点. 其中奇数次根穿过，偶数次根不穿过，即"奇过偶不过".

（5）线在数轴上方的公共区域，代表 $f(x)>0$ 的不等式的解集. 线在数轴下方的区域，代表 $f(x)<0$ 的不等式的解集.

注　若所求不等式的不等号包含相等，即"$\geq$"或"$\leq$"，则解集的不等号就也包含相等，为"$\geq$"或"$\leq$". 若所求不等式的不等号不包含相等，为"$>$"或"$<$"，则解集的不等号也与之一致，为"$>$"或"$<$".

标志词汇 六　降次

对于不能因式分解的高次方程或不等式，求解的核心思路是降次，通过降次使其转化为二次及以下方程或不等式求解. 题目中常见标志词汇及入手方向如下：

【标志词汇1】题目中直接或间接给出根的值.

入手方向：使用求根降次法，即题目中给出方程的一个根，就可提出一个一次因式，从而将方程次数下降一次,直至变为二次及以下.

【标志词汇2】[高次方程]and[高低次之间关系式]⇒替换降次法.

入手方向:使用替换降次法,即根据给定关系式将较高次项用较低次多项式替换,如 $x^2-3x+1=0$,则 x^2 可用 $3x-1$ 表示.

【标志词汇3】题目中所有未知量的幂次成倍数.

入手方向:使用换元法,如出现成倍数的幂次 x^2,x^4 或 x^3,x^6 等,将 x^2 或 x^3 当作一个整体进行换元.

【标志词汇4】题目中算式可因式分解出恒为正/负的式子.

入手方向:利用恒为正的算式不影响解集,即将算式因式分解为几个式子相乘的形式,其中若有恒为正的式子(开口向上且 $\Delta<0$),则它不影响不等式解集,原不等式解集等同于剩余算式解集(恒为负的式子也可消去,注意消去时不等号变向).

标志词汇 七 均值定理

【标志词汇1】求几个正项之和的最小值.

入手方向:凑配使它们的乘积为常数.

两项时 $a+b\geq 2\sqrt{ab}$;三项时 $a+b+c\geq 3\sqrt[3]{abc}$ $(a,b,c>0)$.

【标志词汇2】求几个正项乘积的最大值.

入手方向:凑配使它们的和为常数.

两项时 $ab\leq \left(\dfrac{a+b}{2}\right)^2$;三项时 $abc\leq \left(\dfrac{a+b+c}{3}\right)^3$ $(a,b,c>0)$.

模块三 习题自测

1. 设抛物线 $y=x^2+2ax+b$ 与 x 轴相交于 A,B 两点,点 C 坐标为 $(0,2)$,若 $\triangle ABC$ 的面积等于 6,则(   ).
   A. $a^2-b=9$ B. $a^2+b=9$ C. $a^2-b=36$
   D. $a^2+b=36$ E. $a^2-4b=9$

2. (条件充分性判断)已知二次函数 $f(x)=ax^2+bx+c$,则方程 $f(x)=0$ 有两个不同实根.
   (1)$a+c=0$.   (2)$a+b+c=0$.

3. (条件充分性判断)a,b 为实数,则 $a^2+b^2=16$.
   (1)a 和 b 是方程 $2x^2-8x-1=0$ 的两个根.
   (2)$|a-b+3|$ 与 $|2a+b-6|$ 互为相反数.

4. 若方程 $x^2+px+37=0$ 恰有两个正整数解 x_1 和 x_2,则 $\dfrac{(x_1+1)(x_2+1)}{p}$ 的值是(   ).
   A. -2 B. -1 C. $-\dfrac{1}{2}$ D. 1 E. 2

5. 若 $x^2+bx+1=0$ 的两个根为 x_1 和 x_2,且 $\dfrac{1}{x_1}+\dfrac{1}{x_2}=5$,则 b 的值是(   ).
   A. -10 B. -5 C. 3 D. 5 E. 10

6. (条件充分性判断)一元二次方程 $x^2+bx+c=0$ 的两根之差的绝对值为 4.
   (1)$b=4,c=0$.   (2)$b^2-4c=16$.

7. 不等式 $x^2+3x-4\leq 0$ 的解集是(   ).
   A. $[-4,1]$ B. $(-\infty,-4]\cup[1,+\infty)$ C. $[-4,-1]$
   D. $(-\infty,-4]\cup[-1,+\infty)$ E. $(-\infty,-4)$

8. 关于 x 的不等式 $x^2-2ax-8a^2<0$($a>0$)的解集是 (x_1,x_2),且 $|x_1-x_2|=18$,则 $a=$(   ).
   A. 1 B. 2 C. 3 D. 4 E. 5

9. 一元二次不等式 $(k-2)x^2+2(k-2)x-4<0$ 对任意实数 x 恒成立,则 k 的取值范围是(   ).
   A. $(-\infty,2]$ B. $(-2,2]$ C. $(-2,2)$ D. $(-\infty,2)$ E. $[-2,+\infty)$

10. 不等式 $(x^4-4)-(x^2-2) \geq 0$ 的解集是(　　).

   A. $x \geq \sqrt{2}$ 或 $x \leq -\sqrt{2}$　　　　　　B. $-\sqrt{2} \leq x \leq \sqrt{2}$

   C. $x > \sqrt{3}$ 或 $x < -\sqrt{3}$　　　　　　D. $-\sqrt{2} < x < \sqrt{2}$

   E. 空集

11. (条件充分性判断) $(x^2-2x-8)(2-x)(2x-2x^2-6) > 0$.

   (1) $x \in (-3, -2)$.　　　　　　　　(2) $x \in [2, 3]$.

12. 不等式 $\dfrac{x^2-5x+6}{x^2-2x+3} \geq 0$ 的解集是(　　).

   A. $(2, 3)$　　　　　　B. $(-\infty, 2]$　　　　　　C. $[3, +\infty)$

   D. $(-\infty, 2] \cup [3, +\infty)$　　　E. $(-\infty, 2) \cup (3, +\infty)$

13. (条件充分性判断) $\dfrac{2x^2+9x+1}{x^2+6x+5} < 1$ 成立.

   (1) $x^2 < 1$.　　　　　　　　　　(2) $x^2+9x+20 < 0$.

14. 三个实数 $1, x-2$ 和 x 的几何平均值等于 $4, 5$ 和 -3 的算术平均值,则 x 的值为(　　).
   A. -2　　　　B. 4　　　　C. 2　　　　D. -2 或 4　　　　E. 2 或 4

15. 如果 x_1, x_2, x_3 三个数的算术平均值为 5,则 x_1+2, x_2-3, x_3+6 与 8 这四个数的算术平均值为(　　).

   A. $3\dfrac{1}{4}$　　　　B. 6　　　　C. 7　　　　D. $9\dfrac{1}{5}$　　　　E. $7\dfrac{1}{2}$

16. (条件充分性判断) $x_1, x_2+1, x_3+2, x_4+3, x_5+4$ 的算术平均值是 $\bar{x}+2$.

   (1) x_1, x_2, x_3, x_4, x_5 的算术平均值是 $\bar{x}$.

   (2) $x_1+1, x_2+2, x_3-3, x_4-4, x_5-1$ 的算术平均值是 $\bar{x}-1$.

17. 已知 $x>0, y>0$,点 (x, y) 在曲线 $xy=2$ 上移动,则 $\dfrac{1}{x}+\dfrac{1}{y}$ 的最小值是(　　).

   A. $\sqrt{3}$　　　　B. $\sqrt{5}$　　　　C. $\sqrt{6}$　　　　D. $\sqrt{2}$　　　　E. 2

18. 矩形周长为 2,将它绕其一边旋转一周,所得圆柱体体积最大时的矩形面积是(　　)

   A. $\dfrac{4\pi}{27}$　　　　　　　　B. $\dfrac{2}{3}$　　　　　　　　C. $\dfrac{2}{9}$

   D. $\dfrac{27}{4}$　　　　　　　　E. 以上都不对

19. a,b 的算术平均值为 3，几何平均值也为 3，则 $a-1$ 和 b^2+9（$a>1,b>0$）的算术平均值和几何平均值分别为（　　）．

    A. 10 和 6　　　　　B. 9 和 6　　　　　C. 8 和 8　　　　　D. 3 和 6　　　　　E. 6 和 8

答案速查

1-5：AAEAB	6-10：DACCA	11-15：EDDBC
16-19：DDCA		

习题详解

1.【答案】A

【解析】根据抛物线图像与对应二次方程根的关系,抛物线 $y = x^2 + 2ax + b$ 与 x 轴相交于 A,B 两点的横坐标即为对应方程两根. 设两交点坐标为 $A(x_1, 0), B(x_2, 0)(x_2 > x_1)$, 如图 3-10 所示. 根据韦达定理有 $x_1 + x_2 = -2a, x_1 x_2 = b$. 对于 $\triangle ABC$, 点 C 的纵坐标 2 为三角形的高, 底边长为 $AB = x_2 - x_1$. 因此三角形面积为 $S = \frac{1}{2} |AB| \cdot |OC| = \frac{1}{2} \times (x_2 - x_1) \times 2 = \sqrt{(x_1 + x_2)^2 - 4x_1 x_2} = \sqrt{4a^2 - 4b} = 2\sqrt{a^2 - b} = 6$, 则 $a^2 - b = 9$.

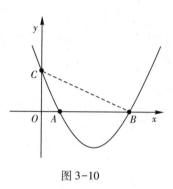

图 3-10

2.【答案】A

【解析】题干符合【标志词汇】二次方程有两个不相等的根 $\Leftrightarrow \Delta > 0$.

要使二次方程有两个不相等的根,意味着根的判别式 $\Delta = b^2 - 4ac > 0$, 且由于给定 $f(x)$ 是二次函数,一定有 $a \ne 0$.

条件(1): $a + c = 0, a = -c$, 代入根的判别式得 $\Delta = b^2 - 4ac = b^2 + 4a^2$, 由于 $a \ne 0$, 则一定有 $\Delta = b^2 + 4a^2 > 0$, 故条件(1)充分.

条件(2): $a + b + c = 0, b = -(a + c)$, 代入根的判别式得 $\Delta = b^2 - 4ac = (a + c)^2 - 4ac = (a - c)^2 \ge 0$. 当 $a = c$ 时, $\Delta = 0$, 不能保证一定有 $\Delta > 0$, 故条件(2)不充分.

3.【答案】E

【解析】条件(1): 符合【标志词汇】给出二次方程,求关于两根的算式.

根据韦达定理得 $a + b = 4, ab = -\frac{1}{2}$, 则 $a^2 + b^2 = (a + b)^2 - 2ab = 16 + 1 = 17$, 故条件(1)不充分.

条件(2): 两个具有非负性的式子 $|a - b + 3|$ 与 $|2a + b - 6|$ 互为相反数,说明它们各自分别为零,即 $\begin{cases} a - b + 3 = 0 \\ 2a + b - 6 = 0 \end{cases} \Rightarrow \begin{cases} a = 1 \\ b = 4 \end{cases}$, 代入得 $a^2 + b^2 = 1 + 16 = 17$, 故条件(2)亦不充分. 联合亦不充分,故选 E.

4.【答案】A

【解析】本题符合【标志词汇】给出二次方程,求关于两根的算式.

根据韦达定理得 $x_1 x_2 = 37$, 由于 x_1 和 x_2 为两个正整数,它们分别是 37 的因数,而 37 为质数,有且仅有两个因数 1 和 37. 因此一个根为 1, 另一根为 37. 再次根据韦达定理,有 $x_1 + x_2 = 1 + 37 = 38 = -p$, 故 $\frac{(x_1 + 1)(x_2 + 1)}{p} = \frac{2 \times 38}{-38} = -2$.

5.【答案】B

【解析】本题符合【标志词汇】给出关于两根的算式,求二次方程系数.

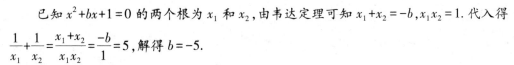

已知 $x^2+bx+1=0$ 的两个根为 x_1 和 x_2，由韦达定理可知 $x_1+x_2=-b$，$x_1x_2=1$. 代入得 $\dfrac{1}{x_1}+\dfrac{1}{x_2}=\dfrac{x_1+x_2}{x_1x_2}=\dfrac{-b}{1}=5$，解得 $b=-5$.

6.【答案】D

【解析】条件（1）：代入 $b=4$，$c=0$，一元二次方程变为 $x^2+4x=0$，因此两根为 $x_1=0$，$x_2=-4$，则 $|x_1-x_2|=4$，故条件（1）充分.

　　条件（2）：由韦达定理有 $x_1+x_2=-b$，$x_1x_2=c$. 题干要求两根之差的绝对值为 4，即 $|x_1-x_2|=\sqrt{(x_1-x_2)^2}=\sqrt{(x_1+x_2)^2-4x_1x_2}=\sqrt{b^2-4c}=\sqrt{16}=4$，故条件（2）充分.

7.【答案】A

【解析】将原不等式左边十字相乘因式分解得 $(x+4)(x-1)\le 0$，根据"小于取中间"可知，解集为 $-4\le x\le 1$.

8.【答案】C

【解析】解集的区间端点为 x_1 和 x_2，意味着 x_1，x_2 是方程 $x^2-2ax-8a^2=0$ 的两根. 根据韦达定理有 $\begin{cases}x_1+x_2=2a\\x_1x_2=-8a^2\end{cases}$，$|x_1-x_2|=\sqrt{(x_1+x_2)^2-4x_1x_2}=\sqrt{4a^2+32a^2}=6a=18\Rightarrow a=3$.

9.【答案】C

【解析】一元二次不等式小于零对任意实数 x 恒成立，意味着它对应的方程没有实数根，并且抛物线开口向下，即有 $\begin{cases}k-2<0\\4(k-2)^2+4\times 4(k-2)<0\end{cases}\Rightarrow\begin{cases}k<2\\-2<k<2\end{cases}\Rightarrow -2<k<2$.

　　提示：因为 $(k-2)x^2+2(k-2)x-4<0$ 为一元二次不等式，所以二次项系数 $k-2$ 不能为 0，即 $k\ne 2$.

10.【答案】A

【解析】将原不等式 $(x^4-4)-(x^2-2)\ge 0$ 因式分解整理得 $(x^2-2)(x^2+2)-(x^2-2)=(x^2-2)(x^2+1)=(x+\sqrt{2})(x-\sqrt{2})(x^2+1)\ge 0$，由于 x^2+1 恒为正，不影响不等式解集，故原不等式解集等同于 $(x+\sqrt{2})(x-\sqrt{2})\ge 0$ 的解集，解得 $x\ge\sqrt{2}$ 或 $x\le-\sqrt{2}$.

11.【答案】E

【解析】将原不等式因式分解整理得 $(x-4)(x+2)(x-2)(2x^2-2x+6)>0$.

　　其中 $2x^2-2x+6$ 对应方程的判别式 $\Delta=4-48=-44<0$，对应抛物线开口方向向上，与 x 轴无交点，所以 $2x^2-2x+6$ 的值恒大于零. 原不等式解集等价于 $(x-4)(x+2)(x-2)>0$ 的解集. 利用数轴穿根法求得能够使题干成立的解集范围是 $x>4$ 或 $-2<x<2$.

　　条件（1）和条件（2）单独或联合均不充分.

12.【答案】D

【解析】由于分母 x^2-2x+3 对应方程 $x^2-2x+3=0$ 的根的判别式 $\Delta=4-12=-8<0$，对应抛物线开口方向向上，与 x 轴无交点，故原式分母恒大于零，原不等式解集等价于 $x^2-5x+6=(x-2)(x-3)\ge 0$ 的解集，即 $x\le 2$ 或 $x\ge 3$.

13.【答案】D

【解析】本题中分母 x^2+6x+5 并非恒大于零，因此不能两边同乘分母以去掉分母. 而应变形为标准分式不等式形式后等价变形.

移项变为标准分式不等式形式得 $\dfrac{2x^2+9x+1}{x^2+6x+5}-1<0$, 即 $\dfrac{2x^2+9x+1-x^2-6x-5}{x^2+6x+5}<0$, 因式

分解整理得 $\dfrac{(x+4)(x-1)}{(x+5)(x+1)}<0$. 由分式不等式的等价变形可知, 该不等式与 $(x+4)(x-1)$

$(x+5)(x+1)<0$ 同解. 利用数轴穿根法得, 题干不等式成立所要求的 x 的取值范围为

$-1<x<1$ 或 $-5<x<-4$.

条件 (1): $x^2<1$ 等价于 $x^2-1<0$, 即 $(x+1)(x-1)<0$, 解得 $-1<x<1$, 故条件 (1)

充分.

条件 (2): $x^2+9x+20<0$, 即 $(x+4)(x+5)<0$, 解得 $-5<x<-4$, 故条件 (2) 亦充分.

【陷阱】由于 x^2+6x+5 对应的方程根的判别式 $\Delta=36-20=16>0$, 对应抛物线开口方向

向上, 与 x 轴有交点, 所以 x^2+6x+5 取值的正负情况不确定, 不能两边同乘该多项式

消去分母, 而应用分式不等式的等价变形公式进行化简.

14. 【答案】B

【解析】 $4,5$ 和 -3 的算术平均值为 $\dfrac{4+5-3}{3}=2$, 故 $1,x-2$ 和 x 的几何平均值为

$\sqrt[3]{1\times(x-2)\times(x)}=2$. 两边同时立方得 $(x-2)x=8$, 整理得 $x^2-2x-8=(x-4)(x+2)=0$,

解得 $x=-2$ 或 $x=4$. 由于只有几个正实数存在几何平均值, 故 $x=4$.

【技巧】由于只有几个正实数存在几何平均值, 故 $x-2>0$, 即 $x>2$, 可直接锁定 B 选项.

15. 【答案】C

【解析】**思路一**: 标准解法. x_1,x_2,x_3 的算术平均值为 5 , 根据算术平均值与总和的关系可知

$x_1+x_2+x_3=3\times5=15$, 故 $x_1+2,x_2-3,x_3+6,8$ 这四个数的平均值为: $\dfrac{(x_1+2)+(x_2-3)+(x_3+6)+8}{4}=$

$\dfrac{(x_1+x_2+x_3)+13}{4}=\dfrac{28}{4}=7$.

思路二: 特值法. 设 $x_1=x_2=x_3=5$, 满足算术平均值为 5 , 则 $x_1+2=7,x_2-3=2,x_3+$

$6=11$, 即题干中四个数的算术平均值为 $\dfrac{7+2+11+8}{4}=\dfrac{28}{4}=7$.

【陷阱】题目条件给出的是三个数的算术平均值, 而要求的是四个数的算术平均值, 注

意数字个数的变化所带来的算式的不同.

16. 【答案】D

【解析】本题考查算术平均值的改变量.

条件 (1): $x_1,x_2+1,x_3+2,x_4+3,x_5+4$ 这五个数相比 x_1,x_2,x_3,x_4,x_5 的个体改变量

之和为 $1+2+3+4=10$. 共有五个元素参与运算, 故前者的算术平均值应比后者的算术平

均值增加 $\dfrac{10}{5}=2$, 即为 $\bar{x}+2$, 故条件 (1) 充分.

条件 (2): $x_1,x_2+1,x_3+2,x_4+3,x_5+4$ 这五个数相比 $x_1+1,x_2+2,x_3-3,x_4-4,x_5-1$

的个体改变量之和为 $-1-1+5+7+5=15$. 共有五个元素参与运算, 故前者的算术平均

值应比后者的算术平均值增加 $\frac{15}{5}=3$，即为 $\bar{x}-1+3=\bar{x}+2$，故条件(2)亦充分.

17.【答案】D

【解析】本题符合【标志词汇】限制为正+求最值⇒均值定理.

因为 $x>0,y>0$，满足均值定理使用的前提条件，所以 $\frac{1}{x}+\frac{1}{y}\geqslant 2\sqrt{\frac{1}{x}\cdot\frac{1}{y}}=2\sqrt{\frac{1}{xy}}=$ $\frac{2}{\sqrt{2}}=\sqrt{2}$，当且仅当 $\frac{1}{x}=\frac{1}{y}$ 时，$\frac{1}{x}+\frac{1}{y}$ 取最小值 $\sqrt{2}$.

18.【答案】C

【解析】由于矩形周长为 2，故设矩形的边长分别为 x 和 $1-x$.

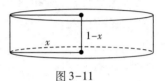

图 3-11

如图 3-11 所示，设以边长为 $1-x$ 的边旋转形成圆柱体，则圆柱体底面半径为 x，高为 $1-x$，体积为
$$V=\pi x^2(1-x).$$

此算式符合均值定理【标志词汇2】求几项乘积的最大值，故 $V=\frac{1}{2}\pi\cdot x\cdot x\cdot(2-2x)\leqslant\frac{\pi}{2}\cdot\left(\frac{x+x+2-2x}{3}\right)^3=\frac{\pi}{2}\left(\frac{2}{3}\right)^3$. 当且仅当 $x=2-2x$，即 $x=\frac{2}{3}$ 时，体积 V 可取得最大值. 代入 $x=\frac{2}{3}$ 得此时矩形的面积为 $\frac{2}{3}\times\left(1-\frac{2}{3}\right)=\frac{2}{9}$.

【拓展】本题使用三项的均值定理 $abc\leqslant\left(\frac{a+b+c}{3}\right)^3(a,b,c>0)$，但圆柱体体积表达式 $\pi x^2(1-x)$ 中 $x,x,1-x$ 三项之和并非定值，因此本题的难点在于需要凑配使这三项等价变形为和是定值的三项，即通过凑配使求和时能够将未知量 x 消去.

【总结】对于几何问题，由于所有的边长、体积、面积均天然为正值，满足均值定理使用的先决条件，故常将均值定理与几何问题结合进行考查.

19.【答案】A

【解析】由均值定理【应用5】可知，如果两个正数的算术平均值和几何平均值相等，那么这两个数相等. 本题中 a,b 的算术平均值和几何平均值均为 3，意味着 $a=b=3$. 故 $a-1=2,b^2+9=18$，它们的算术平均值为 $\frac{2+18}{2}=10$，几何平均值为 $\sqrt{2\times18}=6$.

【说明】为了便于理解，在此简要证明 $a=b=3$.

a,b 的算术平均值为 3，几何平均值也为 3，意味着 $\frac{a+b}{2}=\sqrt{ab}$，两边平方得 $(a+b)^2=4ab,a^2-2ab+b^2=(a-b)^2=0$，则 $a=b$. 代入 $\frac{a+b}{2}=3$ 得 $a=b=3$.

第四章

数　列

大纲分析　近几年的考试中每年都会有 1～2 道数列题,在本章中需重点掌握数列的通项公式、数列各项 a_n 与其下标间的关系,会灵活运用公式.等差与等比的综合题目,数列递推公式题目难度较大,但大多数可以依次代入 $n=1,2,3\cdots$ 寻找规律,验证选项或结论.数列的考查方式比较灵活,可与方程、解析几何、应用题等相结合,要求考生能够根据题干的特征迅速选择适合的公式去解决问题.

模块一　考点剖析

考点一　数列基础:三项成等差或等比数列

1. 必备知识点

1)数列的定义

依一定次序排成的一列数称为一个数列.数列的一般表达形式为: $a_1,a_2,a_3,\cdots,a_n,$ $\cdots$,简记为 $\{a_n\}$.

2)通项公式

如果数列中的第 n 项 a_n 与其序号 n 的关系可以用一个公式来表示,则称这个公式为通项公式.知道了一个数列的通项公式,就可以求出这个数列中的任意一项.

3)数列前 n 项和

从数列第一项 a_1 开始依次相加,至第 n 项 a_n,这 n 项的和称为数列的前 n 项和,记作

$$S_n = a_1 + a_2 + a_3 + \cdots + a_n.$$

4)三项成等差或等比数列

对于题目中给出三项成等差或等比的数列,实际上等同于给出了这三项的一个关系式,如题目给出 a,b,c 成等差数列,即相当于给出等式 $2b=a+c$,因此可结合任何考点出题,常见搭配考点为一元二次方程的三个系数、三角形的三边、指数对数运算、应用题等.

【标志词汇1】 a,b,c 成等差数列 $\Leftrightarrow 2b=a+c$,其中 b 称为等差数列的等差中项.

【标志词汇2】 a,b,c 成等比数列 $\Leftrightarrow b^2=ac$ $(b\neq 0)$,其中 b 称为等比数列的等比中项.

2. 典型例题

【例题1】三位年轻人的年龄成等差数列,且最大与最小的两人年龄差的 10 倍是另一人的年龄,则三人中年龄最大的是(　　　).

A. 19   B. 20   C. 21   D. 22   E. 23

【解析】由小到大设三人年龄为 $a-d, a$ 和 $a+d$，则 $10(a+d-a+d)=20d=a$，则三人年龄为 $19d, 20d, 21d$. 观察选项得，仅有 C 选项符合，即当 $d=1$ 时三人中年龄最大的是 21 岁.

【答案】C

【例题2】若方程 $(a^2+c^2)x^2-2c(a+b)x+b^2+c^2=0$ 有实根，则(   ).

A. a, b, c 成等比数列   B. a, c, b 成等比数列

C. b, a, c 成等比数列   D. a, b, c 成等差数列

E. b, a, c 成等差数列

【解析】二次方程有实根意味着 $\Delta=4c^2(a+b)^2-4(a^2+c^2)(b^2+c^2)\geqslant 0$. 整理得 $a^2b^2-2abc^2+c^4\leqslant 0, (ab-c^2)^2\leqslant 0$. 一个具有非负性的完全平方式小于等于零成立，可得算式本身值为零，即 $ab-c^2=0, ab=c^2$，由等比数列性质可知 a, c, b 成等比数列，其中 c 为 a, b 的等比中项.

【说明】数列为依一定次序排成的一列数，描述时列举顺序代表项的次序，次序不同数列也不同. 因此 B 选项中 a, c, b 成等比数列和 A 选项中 a, c, b 成等比数列描述的是完全不同的两个数列.

【答案】B

【例题3】(条件充分性判断)设 $\{a_n\}$ 是等比数列，则 $a_2=2$.

(1) $a_1+a_3=5$.   (2) $a_1a_3=4$.

【解析】题干给出条件 $\{a_n\}$ 是等比数列，条件(1)和条件(2)分别给出第一项与第三项的关系式，需要推出的结论为中间项 $a_2=2$.

条件(1)：对于等比数列，由于公比 q 的正负性不确定，仅给出两项的和无法确定中间项，故条件(1)不充分.

条件(2)：$a_1a_3=a_2^2=4$，解得 $a_2=\pm 2$，但是无法确保 $a_2=2$，故条件(2)亦不充分.

两条件联立，同样有多种可能：

公比 $q=2$ 时，$a_1=1, a_2=2, a_3=4$；公比 $q=-2$ 时，$a_1=1, a_2=-2, a_3=4$；

公比 $q=\dfrac{1}{2}$ 时，$a_1=4, a_2=2, a_3=1$；公比 $q=-\dfrac{1}{2}$ 时，$a_1=4, a_2=-2, a_3=1$，

联立后依旧不能确定 $a_2=2$，故联合亦不充分，应选 E.

【答案】E

【例题4】(条件充分性判断)甲、乙、丙三人的年龄相同.

(1) 甲、乙、丙的年龄成等差数列.   (2) 甲、乙、丙的年龄成等比数列.

【解析】设甲、乙、丙年龄为 a, b, c.

条件(1)：设 a, b, c 是公差为 d 的等差数列，则有 $a=b-d, c=b+d$.

条件(2)：a, b, c 是等比数列，意味着 $b^2=ac (b\neq 0)$.

两条件单独均不能确保三人年龄相同，故联合条件(1)与条件(2)，可得 $ac=(b-d)\times(b+d)=b^2-d^2=b^2$，故一定有 $d=0$，说明 $a=b=c$，即三人年龄相同，故联合充分.

【总结】既成等差数列又成等比数列的数列为非零常数列，它的公比为1，公差为0.

【答案】C

考点二　等差数列

（一）　等差数列的定义与判定

1.必备知识点

1）等差数列的定义

如果一个数列从第二项起,每一项减去它的前一项所得的差都等于同一常数,即 $a_{n+1}-a_n=d(n=1,2,\cdots)$,那么这个数列就叫作等差数列,这个常数 d 叫作等差数列的公差.

若公差 $d>0$,则数列为递增数列;若公差 $d<0$,则数列为递减数列;若公差 $d=0$,则数列为常数列.

2）等差数列的判定方法

判定一个数列为等差数列主要有以下四种方法,其中方法(1)契合等差数列的定义本质,但在解题中较少出现;方法(2)主要用于三项或四项的数列;方法(3)与方法(4)的考查近年较为热门,同学们需要格外注意.

(1)定义法: $a_{n+1}-a_n=d \Leftrightarrow \{a_n\}$ 是等差数列.

(2)中项公式法: $2a_n=a_{n-1}+a_{n+1} \Leftrightarrow \{a_n\}$ 是等差数列.

(3)通项公式法:数列通项满足 $a_n=dn+m$ 的形式,其中 d 为公差, $m=a_1-d$,为常数 $\Leftrightarrow$ $\{a_n\}$ 是等差数列.

(4)前 n 项和公式法:数列前 n 项和满足 $S_n=An^2+Bn$ 的形式 $\Leftrightarrow \{a_n\}$ 是等差数列.

2.典型例题

【例题 1】(条件充分性判断)设数列 $\{a_n\}$ 的前 n 项和为 S_n,则 $\{a_n\}$ 为等差数列.

(1) $S_n=n^2+2n, n=1,2,3,\cdots$.

(2) $S_n=n^2+2n+1, n=1,2,3,\cdots$.

【解析】本题给定数列 $\{a_n\}$ 前 n 项和的表达式,要求判定数列性质,故采用前 n 项和公式法判定.

条件(1): $S_n=n^2+2n$ 符合等差数列求和公式应有的表达形式,数列 $\{a_n\}$ 为等差数列,故条件(1)充分.

条件(2): $S_n=n^2+2n+1$ 不符合等差数列求和公式应有的表达形式,数列 $\{a_n\}$ 不是等差数列,故条件(2)不充分.

【说明】根据等差数列求和公式可知 $S_n=na_1+\dfrac{n(n-1)}{2}d=\dfrac{d}{2}n^2+\dfrac{2a_1-d}{2}n=An^2+Bn$,即 S_n 可整理为关于 n 的函数形式,且不含常数项.其中二次项系数 $A=\dfrac{d}{2}$,一次项系数 $B=\dfrac{2a_1-d}{2}$,它们均有可能为零.当 $d=0$ 时, $A=0$, $B=a_1$, $S_n=na_1$ 仅含关于 n 的一次项,数列为常数列.当 $d=2a_1\neq0$ 时, $A\neq0$, $B=0$, $S_n=An^2=\dfrac{d}{2}n^2$ 仅含关于 n 的二次项.

【答案】A

【例题2】(条件充分性判断)数列 $\{a_n\}$ 为等差数列.

(1)点 (n,a_n) 在直线 $y=3x+2$ 上.

(2)数列 $\{a_n\}$ 的前 n 项的和为 $S_n=2n^2-3n$.

【解析】条件(1):由点在直线上得 $a_n=3n+2$,所以 $a_n-a_{n-1}=3n+2-[3(n-1)+2]=3$ $(n\in\mathbf{N}^+,n\geqslant2)$,根据等差数列的定义法可得,数列 $\{a_n\}$ 为公差等于3的等差数列,故条件(1)充分.

条件(2):数列 $\{a_n\}$ 的前 n 项的和为 $S_n=2n^2-3n$. 符合【标志词汇】数列前 n 项和满足 $S_n=An^2+Bn$ 的形式时,判定数列为等差数列,故条件(2)也充分,选D.

【答案】D

【例题3】(条件充分性判断)已知正数列 $\{a_n\}$,则 $\{a_n\}$ 是等差数列.

(1) $a_{n+1}^2-a_n^2=2n,n=1,2,\cdots$.   (2) $a_1+a_3=2a_2$.

【解析】条件(1):依次代入 $n=1,2,\cdots$,得 $a_2^2-a_1^2=2,a_3^2-a_2^2=4,a_4^2-a_3^2=6,\cdots,a_n^2-a_{n-1}^2=2(n-1)$. 所有等式累加可得 $a_n^2-a_1^2=2(1+2+3+\cdots+n-1)=n^2-n,a_n^2=n^2-n+a_1^2$. 条件(1)单独无法确定 $\{a_n\}$ 是否为等差数列.

条件(2):$a_1+a_3=2a_2$ 表明 a_1,a_2,a_3 三项成等差数列,但并不能表明所有项成等差数列,故条件(2)单独不充分,

与条件(1)联合可得 $\begin{cases}a_2^2-a_1^2=2\times1\\a_3^2-a_2^2=2\times2\end{cases}$,即 $\begin{cases}a_2^2-(a_2-d)^2=2\\(a_2+d)^2-a_2^2=4\end{cases}$,整理得 $\begin{cases}d^2=1\\a_2d=\dfrac{3}{2}\end{cases}$. 由于数列为

正数列,故可确定 $a_1=\dfrac{1}{2},a_2=\dfrac{3}{2},d=1$.

代入 $a_n^2=n^2-n+a_1^2$ 得 $a_n^2=n^2-n+\dfrac{1}{4}=\left(n-\dfrac{1}{2}\right)^2$,数列为正数列,$a_n=n-\dfrac{1}{2}$($n=1,2,\cdots$),根据等差数列的通项代数特征可判断,$\{a_n\}$ 是等差数列,故两条件联合充分.

【答案】C

(二) 等差数列各项与下标间的关系

1.必备知识点

等差数列通项公式为 $a_n=a_1+(n-1)d(n\in\mathbf{N}^+)$.

由通项公式可得:$a_n=a_m+(n-m)d,d=\dfrac{a_n-a_1}{n-1}=\dfrac{a_n-a_m}{n-m}(m,n\in\mathbf{N}^+,m\neq n)$.

设 $\{a_n\}$ 为等差数列,根据等差数列前 n 项的和定义可将等差数列的项、下标与前 n 项和关系可得:

(1)等差数列的下标和相等的两项之和相等. 如 $a_3+a_7=a_2+a_8=2a_5$.

(2)若两项的下标和为偶数,则这两项的中间项 $=\dfrac{两项之和}{2}$. 若 $a_1+a_9=12$,则 a_1 与 a_9

的中间项 $a_5 = \dfrac{a_1 + a_9}{2} = 6$.

（3）若 n 为偶数，则有 $S_n = \dfrac{n}{2} \cdot$（中间两项之和），中间两项之和 $= \dfrac{2S_n}{n}$. 若给定前 10

项的中间两项之和 $a_5 + a_6 = 7$，则这前 10 项和 $S_{10} = \dfrac{10}{2}(a_5 + a_6) = 35$；反之若给定 $S_{10} = 35$，其

中间两项之和 $a_5 + a_6 = \dfrac{2S_{10}}{10} = 7$.

（4）若 n 为奇数，则有 $S_n = n \cdot a_{\text{中间项}}$，$a_{\text{中间项}} = \dfrac{1}{n} S_n$. 若给定前 9 项的中间项 $a_5 = 3$，则这

前 9 项和 $S_9 = 9a_5 = 27$；反之若给定 $S_9 = 27$，则其中间项 $a_5 = \dfrac{S_9}{9} = 3$.

（5）等差数列 $\{a_n\}$ 和 $\{b_n\}$ 的前 n 项和分别为 S_n 和 T_n，n 为奇数时，由前 n 项和之

比 = 中间项之比，得 $\dfrac{S_{2n-1}}{T_{2n-1}} = \dfrac{a_n}{b_n}$. 如 $\dfrac{S_{15}}{T_{15}} = \dfrac{a_8}{b_8}$.

2.典型例题

【例题4】已知 $\{a_n\}$ 为等差数列，若 a_2 与 a_{10} 是方程 $x^2 - 10x - 9 = 0$ 的两个根，则 $a_5 +$

$a_7 = (\quad)$.

    A. -10   B. -9   C. 9   D. 10   E. 12

【解析】因为 a_2 与 a_{10} 是方程 $x^2 - 10x - 9 = 0$ 的两个根，根据韦达定理有 $a_2 + a_{10} = -\dfrac{-10}{1} =$

10. 由于 $\{a_n\}$ 为等差数列，根据下标和相等的两项之和相等，有 $a_2 + a_{10} = a_5 + a_7 = 10$.

【答案】D

【例题5】已知 $\{a_n\}$ 为等差数列，且 $a_2 - a_5 + a_8 = 9$，则 $a_1 + a_2 + \cdots + a_9 = (\quad)$.

    A. 27   B. 45   C. 54   D. 81   E. 162

【解析】根据等差数列下标和相等的两项之和相等，可知 $a_2 - a_5 + a_8 = (a_2 + a_8) - a_5 =$

$2a_5 - a_5 = a_5 = 9$. 又已知等差数列中 n 为奇数时，有 $S_n = n \cdot a_{\text{中间项}}$，故 $S_9 = 9a_5 = 81$.

注 本题还可采用常数列特值法快速求解，详见考点四【例题1】.

【答案】D

【例题6】（条件充分性判断）设 $\{a_n\}$ 为等差数列，则能确定 $a_1 + a_2 + \cdots + a_9$ 的值.

（1）已知 a_1 的值.   （2）已知 a_5 的值.

【解析】题目需要确定等差数列前 9 项和 $S_9 = a_1 + a_2 + \cdots + a_9$ 的值. 根据 n 为奇数时，有

$S_n = n \cdot a_{\text{中间项}}$，可知 $S_9 = 9a_5$. 故条件（1）不充分，条件（2）充分.

【陷阱】若类比，单独知道首项 a_1 不能单独推出前 n 项和 S_n 的取值情况，则会误以为

单独知道第 5 项 a_5 也不能单独推出 S_n 的取值情况，故而考虑存在联合误选 C 的情况. 事

实上，单独已知 a_5 可以且仅可以求得 S_9 的值.

【答案】B

【拓展】如果把条件（2）改为已知 a_6 的值，那么应该选哪个选项？（答：选 C）

【例题7】设 $\{a_n\}$ 是等差数列,若 $a_2+a_3+a_{10}+a_{11}=48$,求 $S_{12}+3(a_6+a_7)$ 的值(　　).

A.192　　　　B.216　　　　C.244　　　　D.300　　　　E.312

【解析】根据等差数列下标和相等的两项之和相等,可知 $a_2+a_3+a_{10}+a_{11}=(a_2+a_{11})+(a_3+a_{10})=2(a_6+a_7)=48$,即 $a_6+a_7=24$. 由等差数列中 n 为偶数时,有 $S_n=\dfrac{n}{2}\cdot$(中间两项和),可知 $S_{12}=\dfrac{12}{2}(a_6+a_7)$. 故 $S_{12}+3(a_6+a_7)=9(a_6+a_7)=9\times24=216$.

【答案】B

【例题8】(条件充分性判断)$\{a_n\}$ 的前 n 项和 S_n 与 $\{b_n\}$ 的前 n 项和 T_n 满足 $S_{19}:T_{19}=3:2$.

(1)$\{a_n\}$ 和 $\{b_n\}$ 是等差数列.　　　　　　(2)$a_{10}:b_{10}=3:2$.

【解析】条件(1)仅给定两数列的属性,条件(2)仅给定两数列中某两项间的比值,单独均不充分,故考虑联合.

条件(1):$\{a_n\}$ 和 $\{b_n\}$ 是等差数列,由等差数列中 n 为奇数时,有 $S_n=n\cdot a_{中间项}$,可知 $S_{19}=19a_{10},T_{19}=19b_{10}$. 结合条件(2)有 $a_{10}:b_{10}=3:2$,可得 $S_{19}:T_{19}=a_{10}:b_{10}=3:2$,故条件(1)与条件(2)联合充分.

【答案】C

(三)　等差数列求和

1.必备知识点

等差数列前 n 项和公式为 $S_n=\dfrac{n(a_1+a_n)}{2}=na_1+\dfrac{n(n-1)}{2}d=\dfrac{d}{2}n^2+\left(a_1-\dfrac{d}{2}\right)n$.

2.典型例题

【例题9】已知 $\{a_n\}$ 是等差数列,$a_1+a_2=4$,$a_7+a_8=28$,则该数列前 12 项和 $S_{12}=$(　　).

A.112　　　　B.124　　　　C.130　　　　D.136　　　　E.144

【解析】将已知条件化为 a_1 和 d 的形式,得

$$\begin{cases}a_1+a_2=a_1+a_1+d=2a_1+d=4\\a_7+a_8=a_1+6d+a_1+7d=2a_1+13d=28\end{cases}$$,解得 $a_1=1,d=2$.

则 $S_{12}=na_1+\dfrac{n(n-1)}{2}d=12\times1+\dfrac{12\times11}{2}\times2=144$.

【答案】E

【例题10】(条件充分性判断)等差数列 $\{a_n\}$ 的前 13 项和为 $S_{13}=52$.

(1)$a_4+a_{10}=8$.　　　　　　　　(2)$a_2+2a_8-a_4=8$.

【解析】由条件(1)可得 $S_{13}=\dfrac{13(a_1+a_{13})}{2}=\dfrac{13(a_4+a_{10})}{2}=\dfrac{13\times8}{2}=52$,故条件(1)充分.

由条件(2)可得 $a_1+d+2a_1+14d-(a_1+3d)=8\Rightarrow2a_1+12d=8$,即 $a_1+a_{13}=8$,得 $S_{13}=$

$\dfrac{13(a_1+a_{13})}{2}=\dfrac{13\times 8}{2}=52$,故条件(2)亦充分.

【答案】D

考点三　等比数列

（一）　等比数列的定义与判定

1.必备知识点

1）等比数列的定义

如果一个数列从第二项起,每一项与它的前一项的比都等于同一非零常数,即存在常数 $q\neq 0$,使 $\dfrac{a_{n+1}}{a_n}=q(n=1,2,\cdots)$,那么这个数列就叫作等比数列,这个常数就叫作等比数列的公比,记作 q(等比数列每一项 a_n 和公比 q 均不为0),如 $2,4,8,16,32,\cdots$.

2）等比数列的单调性

对于等比数列 $\{a_n\}$ 有:

(1) $\begin{cases}a_1>0\\q>1\end{cases}$ 或 $\begin{cases}a_1<0\\0<q<1\end{cases}$ $\Leftrightarrow$ 等比数列 $\{a_n\}$ 为递增数列.

(2) $\begin{cases}a_1>0\\0<q<1\end{cases}$ 或 $\begin{cases}a_1<0\\q>1\end{cases}$ $\Leftrightarrow$ 等比数列 $\{a_n\}$ 为递减数列.

(3) $q=1\Leftrightarrow$ 等比数列 $\{a_n\}$ 为常数列.

(4) $q<0\Leftrightarrow$ 等比数列 $\{a_n\}$ 为摆动数列.

3）等比数列的通项公式

等比数列通项公式为 $a_n=a_1q^{n-1}=a_kq^{n-k}(q\neq 0)$.

4）等比数列的判定方法

(1)定义法: $\dfrac{a_{n+1}}{a_n}=q\Leftrightarrow\{a_n\}$ 是等比数列.

(2)通项公式法:数列通项满足 $a_n=Cq^n$ 的形式(其中 C 为非零常数)$\Leftrightarrow\{a_n\}$ 是等比数列.

(3)中项公式法: $a_n^2=a_{n-1}a_{n+1}\Leftrightarrow\{a_n\}$ 是等比数列.

(4)前 n 项和公式法:数列前 n 项的和满足 $S_n=A-Aq^n$ 的形式$\Leftrightarrow\{a_n\}$ 是等比数列.

2.典型例题

【例题1】(条件充分性判断)数列 $\{a_n\}$ 为等比数列.

(1)数列 $\{a_n\}$ 的前 n 项和 $S_n=3^n-1$.

(2)数列 $\{a_n\}$ 的前 n 项和 $S_n=3+2a_n$.

【解析】条件(1):**思路一**:等比数列前 n 项和满足 $S_n=A-Aq^n$,此条件满足 $1-1=0$,所以条件(1)充分.

思路二：当 $n=1$ 时，$a_1=S_1=3^1-1=2.$ 当 $n\geq 2$ 时，$a_n=S_n-S_{n-1}=(3^n-1)-(3^{n-1}-1)=2\times 3^{n-1}=a_1\times 3^{n-1}$，数列 $\{a_n\}$ 是等比数列，故条件(1)充分.

条件(2)：当 $n\geq 2$ 时，$a_n=S_n-S_{n-1}=(3+2a_n)-(3+2a_{n-1})$，即 $a_n=2a_{n-1}$，满足等比数列的定义，所以数列 $\{a_n\}$ 是等比数列，故条件(2)充分.

【答案】D

（二）　等比数列各项的下标

1. 必备知识点

一般题干中出现【标志词汇】等比数列两项之积的具体值时，多为考查等比数列的各项与下标之间的关系，即：等比数列下标和相等的两项乘积相等. 属于等比数列基础题型.

【举例】设 $\{a_n\}$ 为等比数列，如果 $m+n=s+t$（m,n,s,t 皆为正整数），则有 $a_m a_n=a_s a_t$. 特别地，若 $m+n=2p$，则 $a_m a_n=a_p^2$.

如 $1+10=2+9=3+8=4+7=\cdots$，则有 $a_1 a_{10}=a_2 a_9=a_3 a_8=a_4 a_7=\cdots$

2. 典型例题

【例题2】等比数列 $\{a_n\}$ 中，a_3，a_8 是方程 $3x^2+2x-18=0$ 的两个根，则 $a_4 a_7=(\quad)$.

A. -9　　　　B. -8　　　　C. -6　　　　D. 6　　　　E. 8

【解析】由于 a_3 与 a_8 是方程 $3x^2+2x-18=0$ 的两个根，根据韦达定理可知，$a_3 a_8=\dfrac{-18}{3}=-6.$ 由于 $\{a_n\}$ 为等比数列，根据下标和相等的两项乘积相等，可得 $a_3 a_8=a_4 a_7=-6.$

【答案】C

（三）　等比数列求和

1. 必备知识点

等比数列求和为等比数列的考查重点，出题形式灵活，常结合应用题进行考查.

1）等比数列前 n 项和公式

(1) 当 $q\neq 1$ 时，$S_n=\dfrac{a_1(1-q^n)}{1-q}.$

(2) 当 $q=1$ 时，$S_n=na_1$（此时数列 $\{a_n\}$ 为常数列）.

(3) 当 $n\to\infty$，且 $0<|q|<1$ 时，$S_n=\lim\limits_{n\to\infty}\dfrac{a_1(1-q^n)}{1-q}=\dfrac{a_1}{1-q}.$

注　当等比数列求和时，若不能确定 q 的取值情况，则应分 $q=1$ 和 $q\neq 1$ 两种情况讨论.

2）等比数列前 n 项和公式拓展

若 $\{a_n\}$ 为等比数列，公比为 q，则有：

(1) 当 $\{a_n^2\}$ 为等比数列时，公比为 q^2；

(2) 当 $\{|a_n|\}$ 为等比数列时，公比为 $|q|$；

（3）当 $\left\{\dfrac{1}{a_n}\right\}$ 为等比数列时,公比为 $\dfrac{1}{q}$;

（4）当 $\{a_n \cdot a_{n+1}\}$ 为等比数列时,公比为 q^2.

2.典型例题

【例题3】设 $\{a_n\}$ 是非负等比数列,若 $a_3 = 1$, $a_5 = \dfrac{1}{4}$, $\displaystyle\sum_{n=1}^{8}\dfrac{1}{a_n} = ($ $).$

A. 255   B. $\dfrac{255}{4}$ C. $\dfrac{255}{8}$ D. $\dfrac{255}{16}$ E. $\dfrac{255}{32}$

【解析】先根据题干给出的条件计算出 a_1 和 q. $\{a_n\}$ 是等比数列,则 $a_5 = a_3 q^2 = a_1 q^4$,

代入 $a_3 = 1$, $a_5 = \dfrac{1}{4}$,可求得 $q^2 = \dfrac{a_5}{a_3} = \dfrac{1}{4}$. 由于数列非负,可确定 $q = \dfrac{1}{2}$,进而得到 $a_1 = 4$. 对于

求 $\displaystyle\sum_{n=1}^{8}\dfrac{1}{a_n}$ 的值,可采取以下两种思路:

思路一:穷举每一项求和:

$a_1 = 4$, $a_2 = 2$, $a_3 = 1$, $a_4 = \dfrac{1}{2}$, $a_5 = \dfrac{1}{4}$, $a_6 = \dfrac{1}{8}$, $a_7 = \dfrac{1}{16}$, $a_8 = \dfrac{1}{32}$.

$\dfrac{1}{a_1} = \dfrac{1}{4}$, $\dfrac{1}{a_2} = \dfrac{1}{2}$, $\dfrac{1}{a_3} = 1$, $\dfrac{1}{a_4} = 2$, $\dfrac{1}{a_5} = 4$, $\dfrac{1}{a_6} = 8$, $\dfrac{1}{a_7} = 16$, $\dfrac{1}{a_8} = 32$.

故 $\displaystyle\sum_{n=1}^{8}\dfrac{1}{a_n} = \dfrac{1}{4} + \dfrac{1}{2} + 1 + 2 + 4 + 8 + 16 + 32 = \dfrac{3}{4} + 63 = \dfrac{255}{4}.$

思路二:根据 $\{a_n\}$ 为等比数列,公比为 q,则 $\left\{\dfrac{1}{a_n}\right\}$ 也为等比数列,公比为 $\dfrac{1}{q}$. 可知

$\left\{\dfrac{1}{a_n}\right\}$ 为首项为 $\dfrac{1}{a_1} = \dfrac{1}{4}$,公比为 $\dfrac{1}{q} = 2$ 的等比数列, $\displaystyle\sum_{n=1}^{8}\dfrac{1}{a_n}$ 为其前8项之和,则根据等比数列

求和公式有 $S_8 = \dfrac{\dfrac{1}{4}(1-2^8)}{1-2} = \dfrac{255}{4}.$

【答案】B

考点四   常数列特值法

1.必备知识点

常数列法是特值法在数列中的重要应用,可以快速秒杀非常多的数列题目. 适用常数列特值法的题目具有【标志词汇】题干条件没有给出等差数列某项的具体值,而是仅给出多项的和或差的值等于一个具体数字,求数列另一些项的和或差的取值.

【举例】$\{a_n\}$ 为等差数列,已知 $a_2 + a_3 + a_{10} + a_{11} = 64$,求 S_{12}.

【解析】将数列 $\{a_n\}$ 看作公差 $d = 0$ 的常数列,则此时每一项均相等,设为 t,即有 $a_2 = a_3 = a_{10} = a_{11} = t$,故 $a_2 + a_3 + a_{10} + a_{11} = 4t = 64$, $t = 16$. 前12项和为 $16 \times 12 = 192$.

需要注意的是,并不是所有等差数列相关题目均可用常数列特值法求解,不适用常数列特值法的题目特征如下:

(1)题干限制了数列公差不为零;

(2)数列的具体某项等于一个数字(确定了某一项);

(3)数列有两个及以上限制条件.

2.典型例题

【例题1】已知 $\{a_n\}$ 为等差数列,且 $a_2-a_5+a_8=9$,则 $a_1+a_2+\cdots+a_9=($).

A. 27   B. 45   C. 54   D. 81   E. 162

【解析】题干没有明确给出某一项的值,仅是给出了数列中三项的关系式,故可以使用常数列特值法.令 $\{a_n\}$ 为公差 $d=0$ 的常数列,则此时每一项均相等,设为 t,即有 $a_2=a_5=a_8=t$,故 $a_2-a_5+a_8=t-t+t=9$,解得 $t=9$.所以 $a_1+a_2+\cdots+a_9=9t=81$.

【答案】D

【例题2】在等差数列 $\{b_n\}$ 中,$b_1-b_4-b_8-b_{12}+b_{15}=2$,则 $b_3+b_{13}=($).

A. 16   B. 4   C. -16   D. -4   E. -2

【解析】题干中没有明确给出某一项的值,仅给出了数列中几项的关系式,故可使用常数列特值法.令 $\{b_n\}$ 为公差 $d=0$ 的常数列,则此时每一项均相等,设为 t,即有 $b_1=b_4=b_8=b_{12}=b_{15}=t$,故 $b_1-b_4-b_8-b_{12}+b_{15}=-t=2$,解得 $t=-2$.所以 $b_3+b_{13}=-4$.

【答案】D

【例题3】设 $\{a_n\}$ 为等差数列,且 $a_2+a_4+a_9+a_{14}+a_{16}=150$,$S_{17}$ 的值为(   ).

A. 580   B. 510   C. 850   D. 200   E. 300

【解析】**思路一:**题干没有明确给出某一项的值,仅给出了数列中几项的和或差,故可以使用常数列特值法.令 $\{a_n\}$ 为公差 $d=0$ 的常数列,则此时每一项均相等,设为 t,即有 $a_2=a_4=a_9=a_{14}=a_{16}=t$,故 $a_2+a_4+a_9+a_{14}+a_{16}=5t=150$,解得 $t=30$.所以 $S_{17}=17t=510$.

思路二:利用等差数列中下标和相等的两项之和相等进行求解,即 $a_2+a_4+a_9+a_{14}+a_{16}=(a_2+a_{16})+(a_4+a_{14})+a_9=5a_9=150$,解得 $a_9=30$.等差数列 $\{a_n\}$ 前17项的和 $S_{17}=17a_9$,所以 $S_{17}=510$.

【答案】B

模块二 常见标志词汇及解题入手方向

在联考题目中,常出现固定的标志词汇,对这类题有相应固定的解题入手方向,现总结如下:

标志词汇 一 三项成等差/等比数列

a,b,c 成等差数列$\Leftrightarrow 2b=a+c$;

a,b,c 成等比数列$\Leftrightarrow b^2=ac$ $(b\neq 0)$.

上二式等同于给出了 a,b,c 之间的关系式,可以结合任何考点出题. 例如 a,b,c 可以代表整式、应用题具体情景中的量、几何中的边(常为三角形)、面积等.

标志词汇 二 数列的判定

【标志词汇1】判定一个数列为等差数列,主要考虑从以下四个方向入手求解:

(1)定义法:$a_{n+1}-a_n=d\Leftrightarrow\{a_n\}$ 是等差数列.

(2)通项公式法:数列通项满足 $a_n=pn+q$,即 a_n 为关于 n 的一次函数$\Leftrightarrow\{a_n\}$ 是等差数列.

(3)中项公式法:$2a_n=a_{n-1}+a_{n+1}\Leftrightarrow\{a_n\}$ 是等差数列.

(4)前 n 项和公式法:数列前 n 项和满足 $S_n=An^2+Bn$,即 S_n 为不含常数项的关于 n 的函数$\Leftrightarrow\{a_n\}$ 是等差数列.

【标志词汇2】判定一个数列为等比数列,主要考虑从这四个方向入手求解:

(1)定义法:$\dfrac{a_{n+1}}{a_n}=q\Leftrightarrow\{a_n\}$ 是等比数列.

(2)通项公式法:数列通项满足 $a_n=Cq^n$(其中 C 为非零常数),即 a_n 为关于 n 的指数函数$\Leftrightarrow\{a_n\}$ 是等比数列.

(3)中项公式法:$a_n^2=a_{n-1}a_{n+1}\Leftrightarrow\{a_n\}$ 是等比数列.

(4)前 n 项和公式法:$S_n=A-Aq^n\Leftrightarrow\{a_n\}$ 是等比数列.

标志词汇 三 等差数列各项与下标间关系

可使用等差数列各项与下标间关系求解的题目常具有如下标志词汇:

【标志词汇1】题干中给出等差数列 $\{a_n\}$ 几项之和的具体值,求另外一项或几项之和的具体值.

解题入手方向:对于等差数列,利用下标和相等的两项之和相等求解.

【标志词汇2】给出等差数列特定 a_n 的具体数值,求特定 S_n 的具体数值.

【标志词汇3】给出特定 S_n 的具体数值,求特定 a_n 的具体数值.

解题入手方向:若 n 为奇数,则有 $S_n=n\cdot a_{中间项}$ 或 $a_{中间项}=\dfrac{1}{n}S_n$;若 n 为偶数,则有

$$S_n = \frac{n}{2} \cdot (\text{中间两项之和}) \text{ 或中间两项之和} = \frac{2S_n}{n}.$$

标志词汇 四 等比数列各项与下标间关系

【标志词汇】题目中给定等比数列两项之积的具体值,求另外两项之积的具体值.

解题入手方向:对于等比数列,利用下标和相等的两项之积相等求解.

标志词汇 五 常数列特值法

常数列特值法常用在等差数列中,【标志词汇】题目条件没有给出等差数列某项的具体值,而是仅给出多项的和或差的值等于一个具体数字,要求数列另一些项的和或差的取值时,可考虑使用常数列特值法,即设数列公差 $d=0$,则每一项均为常数 $a_n = t$.

注 不适用常数列特值法的题目特征为:①题干限制了数列公差不为零;②数列的具体某项等于一个数字(确定了某一项);③数列有 2 个以上限制条件.

对于等比数列,设公比 $q=1$,每一项均为非零常数 $a_n = t \neq 0$.

模块三 习题自测

1. （条件充分性判断）一元二次方程 $ax^2+bx+c=0$ 无实根.

   （1）a,b,c 成等比数列，且 $b\neq 0$.   （2）a,b,c 成等差数列.

2. （条件充分性判断）实数 a,b,c 成等差数列.

   （1）e^a,e^b,e^c 成等比数列.   （2）$\ln a,\ln b,\ln c$ 成等差数列.

3. 若 $\alpha^2,1,\beta^2$ 成等比数列，而 $\dfrac{1}{\alpha},1,\dfrac{1}{\beta}$ 成等差数列，则 $\dfrac{\alpha+\beta}{\alpha^2+\beta^2}=$（　　　）.

   A. $-\dfrac{1}{2}$ 或 1   B. $-\dfrac{1}{3}$ 或 1   C. $\dfrac{1}{2}$ 或 1   D. $\dfrac{1}{3}$ 或 1   E. $-\dfrac{1}{2}$

4. （条件充分性判断）数列 $\{a_n\}$ 为等差数列.

   （1）点 (n,a_n) 都在直线 $y=3x-2$ 上.

   （2）点 (n,S_n) 都在抛物线 $y=-x^2+2x$ 上.

5. 在等差数列 $\{b_n\}$ 中，$b_2-b_4+b_6-b_8+b_{10}=6$，则 $b_5+b_7=$（　　　）.

   A. 12   B. 10   C. 16   D. 8   E. 6

6. 已知 $\{a_n\}$ 为等差数列，$a_8=11$ 和 $a_{13}=21$，求 S_{15} 和 S_{20} 分别是（　　　）.

   A. 165，320   B. 165，340   C. 185，300

   D. 185，320   E. 205，320

7. 等差数列 $\{a_n\}$，$\{b_n\}$ 的前 n 项和分别为 S_n，T_n，若 $\dfrac{S_n}{T_n}=\dfrac{2n}{3n+1}$，则 $\dfrac{a_7}{b_7}$ 的值为（　　　）.

   A. $-\dfrac{13}{20}$ B. $\dfrac{13}{20}$ C. $\dfrac{13}{10}$ D. $\dfrac{1}{3}$ E. $\dfrac{15}{23}$

8. （条件充分性判断）数列 $\{a_n\}$ 为等比数列.

   （1）数列 $\{a_n\}$ 的前 n 项和为 $S_n=3^n-1$.

   （2）数列 $\{a_n\}$ 的前 n 项和为 S_n 满足 $S_n=3+2a_n$.

9. 数列 $\{a_n\}$ 是各项均为正数的等比数列，若 $a_1a_3+a_2a_4+2a_2a_3=64$，则 $a_2+a_3=$（　　　）.

   A. 9   B. 8   C. 7   D. 6   E. 5

10. 设等比数列 $\{a_n\}$ 的公比 $q=2$，前 n 项和为 S_n，则 $\dfrac{S_4}{a_2}=$（   ）.

   A. 2   B. 4   C. $\dfrac{15}{2}$ D. $\dfrac{17}{2}$ E. 8

11. 若等差数列 $\{a_n\}$ 满足 $5a_7-a_3-12=0$，则 $\sum\limits_{k=1}^{15}a_k=$（   ）.

   A. 15   B. 24   C. 30   D. 45   E. 60

12. 若等差数列 $\{a_n\}$ 满足 $S_{13}=52$，则 $2a_2-3a_7+2a_{12}=$（   ）.

   A. 2   B. 3   C. 4   D. 5   E. 6

答案速查

1-5：AABDA   6-10：ABDBC   11-12：DC

习题详解

1.【答案】A

【解析】本题的条件(1)和条件(2)实际上是给出了系数 a,b,c 的关系式,若要一元二次方程 $ax^2+bx+c=0$ 无实根成立,则需要用系数 a,b,c 的关系等式来验证方程根的判别式 Δ 是否小于零,若 $\Delta<0$,则无实根,条件充分,反之不充分.

条件(1):a,b,c 成等比数列 $\Leftrightarrow b^2=ac$ $(b\neq0)$,此时 $\Delta=b^2-4ac=-3b^2<0$,说明方程无实根,故条件(1)充分.

条件(2):a,b,c 成等差数列 $\Leftrightarrow 2b=a+c$,此时 $4\Delta=4b^2-16ac=(a+c)^2-16ac=a^2-14ac+c^2$,正负性不确定,故条件(2)不充分. 事实上,可取特值:$a=1,b=0,c=-1$,此时方程变为 $x^2-1=(x+1)(x-1)=0$ 有实根.

2.【答案】A

【解析】条件(1):e^a,e^b,e^c 成等比数列,意味着 $(e^b)^2=e^{2b}=e^a\cdot e^c=e^{a+c}$,得 $2b=a+c$,即实数 a,b,c 成等差数列,故条件(1)充分.

条件(2):$\ln a,\ln b,\ln c$ 成等差数列,意味着 $2\ln b=\ln b^2=\ln a+\ln c=\ln(ac)$,得 $b^2=ac$ $(abc\neq0)$,故 a,b,c 成等比数列,故条件(2)不充分.

【总结】本题除了考查三项成等差或三项成等比数列所隐含的算式条件外,还考查了指数、对数的运算法则,即:

(1)同底数幂相乘,底数不变,指数相加:$a^m\times a^n=a^{m+n}$.

(2)同底数幂相除,底数不变,指数相减:$a^m\div a^n=a^{m-n}$.

(3)同底数对数相加,底数不变,真数相乘:$\log_a M+\log_a N=\log_a(MN)$.

(4)同底数对数相减,底数不变,真数相除:$\log_a M-\log_a N=\log_a\left(\dfrac{M}{N}\right)$.

3.【答案】B

【解析】$\alpha^2,1,\beta^2$ 成等比数列,等同于给出关系式 $\alpha^2\beta^2=1^2=1$,即 $\alpha\beta=\pm1$.

$\dfrac{1}{\alpha},1,\dfrac{1}{\beta}$ 成等差数列,等同于给出关系式 $\dfrac{1}{\alpha}+\dfrac{1}{\beta}=\dfrac{\alpha+\beta}{\alpha\beta}=2$,整理得 $\alpha+\beta=2\alpha\beta$. 代入原式化简得 $\dfrac{\alpha+\beta}{\alpha^2+\beta^2}=\dfrac{\alpha+\beta}{(\alpha+\beta)^2-2\alpha\beta}=\dfrac{2\alpha\beta}{(2\alpha\beta)^2-2\alpha\beta}=\dfrac{1}{2\alpha\beta-1}=\begin{cases}1,\alpha\beta=1\\-\dfrac{1}{3},\alpha\beta=-1\end{cases}$.

4.【答案】D

【解析】本题符合【标志词汇】判定一个数列为等差数列.

条件(1):$a_n=3n-2$,数列通项满足 $a_n=pn+q$,即 a_n 形似关于 n 的一次函数,所以数列 $\{a_n\}$ 为等差数列.

条件(2):$S_n=-n^2+2n$,即 S_n 形似不含常数项的关于 n 的函数,即数列 $\{a_n\}$ 为等差数列. 故条件(1)和条件(2)都充分.

5.【答案】A

【解析】**思路一**：整理原式得 $b_2-b_4+b_6-b_8+b_{10}=(b_2+b_{10})-(b_4+b_8)+b_6=6$，根据下标和相等的两项之和相等，可得 $b_2+b_{10}=b_4+b_8=b_6+b_6$，故 $2b_6-2b_6+b_6=6$，$b_6=6$，再次根据下标和相等的两项之和相等得 $b_5+b_7=2b_6=12$.

　　思路二：题干没有明确给出某一项的值，仅是给出了数列中五项的关系式，故可以使用常数列特值法. 令 $\{a_n\}$ 为公差 $d=0$ 的常数列，则此时每一项均相等，设为 t，即有 $b_2=b_4=b_6=b_8=b_{10}=t$，故 $b_2-b_4+b_6-b_8+b_{10}=t=6$，解得 $t=6$. 所以 $b_5+b_7=2t=12$.

6. 【答案】A

【解析】已知等差数列中 n 为奇数时，有 $S_n=n\cdot a_{中间项}$，故 $S_{15}=15a_8=15\times11=165$.

　　已知等差数列中 n 为偶数时，有 $S_n=\dfrac{n}{2}\cdot$（中间两项之和），故 $S_{20}=\dfrac{20}{2}(a_{10}+a_{11})=10(a_{13}+a_8)=10(11+21)=320$.

7. 【答案】B

【解析】$\{a_n\}$，$\{b_n\}$ 为等差数列，由等差数列中 n 为奇数时，有 $S_n=n\cdot a_{中间项}$，可知 $S_{13}=13a_7$，$T_{13}=13b_7$，$\dfrac{a_7}{b_7}=\dfrac{13a_7}{13b_7}=\dfrac{S_{13}}{T_{13}}$，故要求 $\dfrac{a_7}{b_7}$ 的值，只需求出 $\dfrac{S_{13}}{T_{13}}$ 即可. 将 $n=13$ 代入 $\dfrac{S_n}{T_n}=\dfrac{2n}{3n+1}$，得 $\dfrac{S_{13}}{T_{13}}=\dfrac{2n}{3n+1}=\dfrac{2\times13}{3\times13+1}=\dfrac{13}{20}=\dfrac{a_7}{b_7}$.

【拓展】若要求 $\dfrac{a_8}{b_8}$ 的值，那么应该选哪个选项？（答：$\dfrac{a_8}{b_8}=\dfrac{S_{15}}{T_{15}}=\dfrac{15}{23}$，选 E.）

8. 【答案】D

【解析】条件(1)：$n=1$ 时，$a_1=S_1=3^1-1=2$.

　　当 $n\geqslant2$ 时，$a_n=S_n-S_{n-1}=(3^n-1)-(3^{n-1}-1)=2\times3^{n-1}=a_1\times3^{n-1}$，则数列 $\{a_n\}$ 是等比数列，故条件(1)充分.

　　条件(2)：当 $n\geqslant2$ 时，$a_n=S_n-S_{n-1}=(3+2a_n)-(3+2a_{n-1})$，即 $a_n=2a_{n-1}$，则数列 $\{a_n\}$ 是等比数列，故条件(2)充分.

9. 【答案】B

【解析】$a_1a_3+a_2a_4+2a_2a_3=a_2^{\,2}+a_3^{\,2}+2a_2a_3=(a_2+a_3)^2=64$，已知 a_2，a_3 都为正数，则 $a_2+a_3=8$.

10. 【答案】C

【解析】根据等比数列求和公式有 $\dfrac{S_4}{a_2}=\dfrac{\dfrac{a_1(1-q^4)}{1-q}}{a_1q}=\dfrac{1-q^4}{q(1-q)}=\dfrac{15}{2}$.

11. 【答案】D

【解析】**思路一**：题干没有明确给出某一项的值，仅给出了数列中几项的和或差，故可以使用常数列特值法. 令 $\{a_n\}$ 为公差 $d=0$ 的常数列，则此时每一项均相等，设为 t，即有 $a_7=a_3=t$，故 $5a_7-a_3=4t=12$，解得 $t=3$，所以 $\displaystyle\sum_{k=1}^{15}a_k=S_{15}=15t=45$.

　　思路二：利用等差数列通项公式求解，即 $a_7=a_1+6d$，$a_3=a_1+2d$，故 $5a_7-a_3=5(a_1+$

$6d)-(a_1+2d)=4a_1+28d=4(a_1+7d)=4a_8=12$，解得 $a_8=3$. 所以 $\sum\limits_{k=1}^{15}a_k=S_{15}=15a_8=45$.

12.【答案】C

【解析】**思路一**：题干没有明确给出某一项的值，仅给出了数列中前13项的和，故可以使用常数列特值法. 令 $\{a_n\}$ 为公差 $d=0$ 的常数列，则此时每一项均相等，设为 t，即有 $a_1=a_2=\cdots=a_n=t$，故 $S_{13}=13t=52$，解得 $t=4$. 所以 $2a_2-3a_7+2a_{12}=2t-3t+2t=t=4$.

思路二：利用等差数列中 n 为奇数时，有 $S_n=n\cdot a_{中间项}$，故前13项的和 $S_{13}=13a_7=52$，解得 $a_7=4$. 再根据等差数列下标和相等的两项之和相等，有 $2a_2-3a_7+2a_{12}=2(a_2+a_{12})-3a_7=2\times(2a_7)-3a_7=a_7=4$.

数学考点精讲·基础篇

第3部分

几 何

第五章 平面几何

大纲分析 平面几何是建立在空间想象能力基础上的演绎推理和数学计算. 联考中主要考查的是常见几何图形(三角形、多边形、圆、扇形等)的面积、边长、周长之间的转换,要求考生对于标准图形各参数之间的互化计算关系非常熟悉. 特别地,在考查组合图形的时候,要求考生能够快速地将复杂图形拆分或割补成熟悉的标准图形,并识别出它们之间的关系,这是考试的重点也是难点. 平面几何的主要考点如下图所示:

平面几何
- 三角形
  - 三角形的判定
  - 三角形面积
  - 特殊三角形(等腰、直角、等边、等高)
  - 相似三角形
- 四边形
  - 长方形、正方形的基本计算
  - 菱形的基本计算
  - 梯形的计算、性质及三角形的结合
- 圆与扇形
  - 圆形周长、面积
  - 扇形圆心角、弧长、面积
  - 圆形与长方形、正方形、等边三角形的外切和内接
- 不规则阴影图形
  - 对称法
  - 割补法
  - 标号法

模块一 考点剖析

考点一 三角形

(一) 三角形的基础知识

1. 必备知识点

1)三角形定义

由同一平面内不在同一直线上的三条线段首尾顺次连接所组成的封闭图形称为三角形,三角形内角和为 $180°$.

2)三角形的判定

三角形的三条边中任意两条边之和大于第三边,任意两条边之差小于第三边. 即若

a,b,c 是三角形的三条边,或 a,b,c 三条线段可以组成一个三角形,则有:

$$\begin{cases} a+b>c \\ a+c>b \\ b+c>a \end{cases} \text{或} \begin{cases} |a-b|<c \\ |a-c|<b. \\ |b-c|<a \end{cases}$$

满足此长度关系的同一平面内三条线段可以构成三角形,即:若三条不共线的线段中任意两条线段长度之和大于第三条线段长度,或任意两条线段长度之差的绝对值小于第三条线段长度,那么这三条线段可构成三角形.

注 需要注意的是,仅确定某两条线段长度之和大于第三条线段长度,或确定某两条线段长度之差的绝对值小于第三条线段长度,均无法充分推出这三条线段可构成三角形.

【标志词汇】以 a,b,c 为边可构成三角形⇒这三项中任意两项和大于第三项,任意两项差小于第三项.

3)三角形的"四心"

三角形的"四心"为内心、外心、重心和垂心,它们的定义和性质见表5.1.

表5.1

四心	定义	图示	特征及应用
内心	三条角平分线的交点;三角形内切圆的圆心	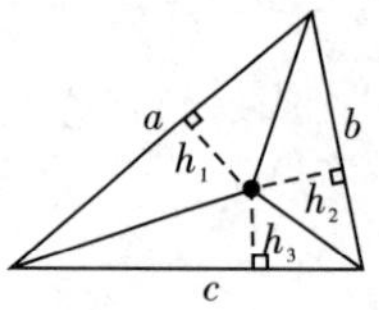	内心到三条边的距离均等于内切圆半径,即 $r=h_1=h_2=h_3$ 三角形面积公式: $S=\dfrac{r}{2}(a+b+c)=\dfrac{r}{2}\times$周长
外心	三边中垂线的交点;三角形外接圆的圆心	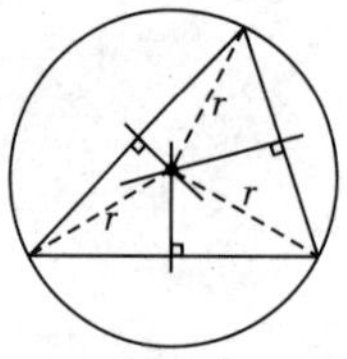	外心到三个顶点的距离相等,均等于外接圆半径; 当三角形为直角三角形时,外心为斜边中点
重心	三条中线的交点	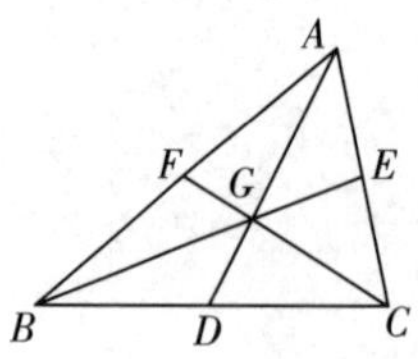	重心到各边中点的距离等于此边上中线的三分之一. $GD=\dfrac{1}{3}AD,GF=\dfrac{1}{3}CF,GE=\dfrac{1}{3}BE.$ 重心和三角形3个顶点组成的3个三角形面积相等
垂心	三条高的交点	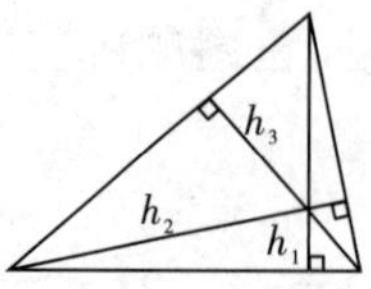	三条高线必交于同一点, $S_{\triangle}=\dfrac{\text{任一底边}\times\text{相对应的高}}{2}$

4)三角形面积公式

(1)一般三角形的面积:$S_\triangle = \dfrac{1}{2} \times$底$\times$高.

如图 5-1 所示,h_1,h_2,h_3 分别是 $\triangle ABC$ 对应边上的高,则 $\triangle ABC$ 的面积可表示为

$$S_{\triangle ABC} = \frac{1}{2}AB \times h_1 = \frac{1}{2}BC \times h_2 = \frac{1}{2}AC \times h_3.$$

故三角形的面积 $S_\triangle = \dfrac{1}{2} \times$任意一个底边$\times$相对应的高.

(2)直角三角形的面积:$S_{\text{直角}\triangle} = \dfrac{1}{2} \times$直角边 $1 \times$直角边 $2 = \dfrac{1}{2} \times$斜边$\times$斜边上的高.

如图 5-2 所示,在直角三角形中,AB 边上的高即 h_1,BC 边上的高即 $h_2 = AC$,AC 边上的高即 $h_3 = BC$,直角三角形面积 $S_{\text{直角}\triangle ABC} = \dfrac{1}{2} \times AC \times BC = \dfrac{1}{2} \times AB \times h_1$,$AC \times BC = AB \times h_1$.

故有题目中同时出现【标志词汇】直角三角形及其斜边上的高,考虑使用直角三角形斜边$\times$斜边上的高=两直角边之积.

(3)等边三角形的面积:$S_{\text{等边}\triangle} = \dfrac{1}{2} \times$底$\times$高$= \dfrac{\sqrt{3}}{4}a^2$.

如图 5-3 所示:等边三角形的三边相等并且每个角都为 $60°$,设边长为 a,根据勾股定理可得 $h_1 = h_2 = h_3 = \sqrt{a^2 - \left(\dfrac{a}{2}\right)^2} = \dfrac{\sqrt{3}}{2}a$,故等边三角形面积 $S_{\text{等边}\triangle ABC} = \dfrac{1}{2} \times AB \times h_1 = \dfrac{1}{2} \times a \times \dfrac{\sqrt{3}}{2}a = \dfrac{\sqrt{3}}{4}a^2.$

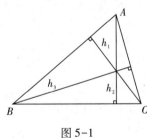 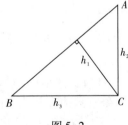 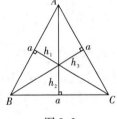

图 5-1　　　　　　　图 5-2　　　　　　　图 5-3

5)三角形常用定理

(1)角平分线定理

【三角形角平分线定义】三角形其中一个内角的平分线与它的对边相交,这个角的顶点与交点之间的线段叫作三角形的角平分线.

【角平分线性质】角平分线上的点到这个角两边的距离相等.反过来,在角的内部,到一个角的两边距离相等的点在这个角的角平分线上.

【三角形角平分线定理】三角形一个角的角平分线与其对边所成的两条线段与这个角的两边对应成比例.

如图 5-4 所示,$\triangle ABC$ 中,AD 平分 $\angle BAC$,则有:

$$\frac{AB}{AC}=\frac{BD}{CD}.$$

（2）中线定理

【三角形中线定义】三角形的中线是连接三角形顶点和它的对边中点的线段.

【中线定理】三角形一条中线两侧所对的边平方和等于底边平方的一半与该边中线平方的两倍的和.

如图 5-5 所示，$\triangle ABC$ 在 BC 边上的中点为 D，则有：

$$AB^2+AC^2=2\left(AD^2+BD^2\right)=2AD^2+\frac{BC^2}{2}.$$

（3）中位线定理

【中位线定义】连接三角形两边中点的线段叫作三角形的中位线.

【中位线定理】三角形的中位线平行于三角形的第三边，并且等于第三边的一半.

如图 5-6 所示，D 和 E 分别是 AB、AC 的中点，则有：

$$DE \text{ 与 } BC \text{ 平行，且 } DE=\frac{1}{2}BC.$$

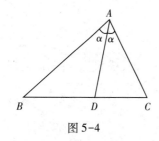 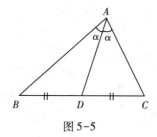 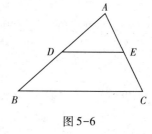

图 5-4　　　　　　　　图 5-5　　　　　　　　图 5-6

（4）垂线定理

【垂线定理】如图 5-7 所示，$\triangle ABC$ 为任意三角形，过 C 作 AB 边上的垂线，垂足为 H. 根据勾股定理有：

$$AC^2-AH^2=BC^2-BH^2.$$

（5）射影定理

【射影定理】如图 5-8 所示，在直角三角形中，斜边上的高是两条直角边在斜边射影的比例中项，每一条直角边又是这条直角边在斜边上的射影和斜边的比例中项.

$$CH^2=AH \cdot BH,$$

$$AC^2=AH \cdot AB,$$

$$BC^2=BH \cdot AB.$$

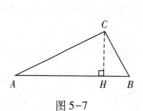 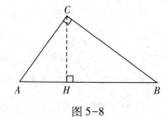

图 5-7　　　　　　　　　图 5-8

2.典型例题

【例题1】三条线段 $a=5,b=3,c$ 的值为整数,以 a,b,c 为边的三角形有( )个.

A.1　　　　　B.3　　　　　C.5　　　　　D.7　　　　　E.以上都不正确

【解析】由三角形三边的关系,可知 $|a-b|<c<a+b$,求得 $2<c<8$,故 c 可能取到的整数为:3,4,5,6,7,共5个.

【答案】C

【例题2】(条件充分性判断)方程 $x^2+2(a+b)x+c^2=0$ 有实根.

(1) a,b,c 是一个三角形的三边长.　　　　(2)实数 a,c,b 成等差数列.

【解析】题干需要证明的结论为 $x^2+2(a+b)x+c^2=0$ 有实根,即要求条件能推出根的判别式 $\Delta=4(a+b)^2-4c^2\geq0$.

条件(1): a,b,c 是一个三角形的三边长,意味着任意两项之和大于第三项,且 a,b,c 均大于零.即 $a+b>c$,且由于 $a>0,b>0,c>0$,两边平方得 $(a+b)^2>c^2$,故 $\Delta=4(a+b)^2-4c^2>0$.条件(1)充分.

条件(2):实数 a,c,b 成等差数列 $\Rightarrow a+b=2c$,则 $(a+b)^2=4c^2$,故 $\Delta=4(a+b)^2-4c^2=12c^2\geq0$,条件(2)亦充分.

【答案】D

【例题3】如图5-9所示,在 $\triangle ABC$ 中, $\angle ABC$ 的角平分线 BD 交边 AC 于点 $D,AB=6,BC=4,AC=5$,则 $CD=$ ( ).

A.2　　　　　B.2.5　　　　　C.3

D.3.5　　　　E.4

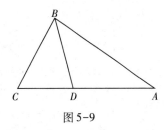

图5-9

【解析】由角平分线定理得: $\dfrac{AB}{BC}=\dfrac{AD}{CD}$,即 $\dfrac{6}{4}=\dfrac{5-CD}{CD}$,解得 $CD=2$.

【答案】A

【例题4】在三角形 ABC 中, $AB=4,AC=6,BC=8,D$ 为 BC 的中点,则 $AD=$ ( ).

A. $\sqrt{11}$　　　　B. $\sqrt{10}$　　　　C.3

D. $2\sqrt{2}$　　　　E. $\sqrt{7}$

【解析】如图5-10所示,由三角形中线定理得: $AB^2+AC^2=\dfrac{1}{2}BC^2+2AD^2$,又 $2AD^2=4^2+6^2-\dfrac{1}{2}\times8^2$, $AD^2=8+18-16=10$,则 $AD=\sqrt{10}$.

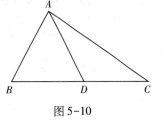

图5-10

【答案】B

【例题5】如图5-11所示, $\triangle ABC$ 为直角三角形, $\angle C$ 为直角, $CH\perp AB$,垂足为 H.已知 $\triangle ACH$ 的面积为4, $AH=2$,则 $\triangle ABC$ 面积为( ).

A.8　　　　　B.10　　　　　C.12

D.18　　　　　E.20

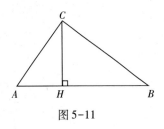

图5-11

【解析】$S_{\triangle ACH}=\dfrac{1}{2}\times AH\times CH=\dfrac{1}{2}\times 2\times CH=4$，解得 $CH=4$. 由射影定理 $CH^2=AH\times BH$ 得

$BH=8$，所以 $S_{\triangle ABC}=\dfrac{1}{2}\times AB\times CH=\dfrac{1}{2}\times(2+8)\times 4=20$.

【答案】E

（二） 直角三角形

1. 必备知识点

直角三角形，尤其是内角分别为 45°-45°-90° 的等腰直角三角形，内角分别为 30°-60°-90° 的直角三角形，是平面几何三角形考点中非常重要的部分，同学需要熟练掌握这几类三角形的特征，以及它们边长和面积的相关公式.

1）直角三角形的判定

若三角形的三条边长分别为 a,b,c，满足以下任意一个条件的三角形可判定为直角三角形，如图 5-12 所示.

(1)一个内角为 90°.

(2)三边长度符合勾股定理 $a^2+b^2=c^2$.

(3)三角形面积 $S=\dfrac{1}{2}ab$.

(4)若三角形底边为圆的直径，顶点在圆周上，则它为直角三角形(直径所对的圆周角为直角).

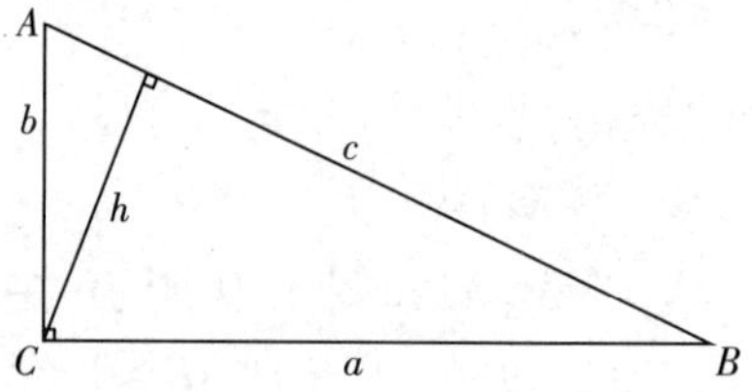

图 5-12

2）直角三角形的性质

若一个三边分别为 a,b,c 的三角形为直角三角形，则有：

(1)三边的长度符合勾股定理 $a^2+b^2=c^2$.

如图 5-13 所示. 常用勾股数有：$a=3,b=4,c=5$；$a=6,b=8,c=10$；$a=5,b=12,c=13$ 等，每组常用勾股数的整数倍依然为勾股数.

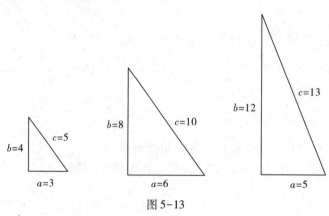

图 5-13

(2)面积 $S=\dfrac{1}{2}ab=\dfrac{1}{2}ch$.

(3)直角三角形斜边上的中线等于斜边的一半.

如图 5-14 所示,$\triangle ABC$ 为直角三角形,$\angle C$ 为直角,斜边 AB 为 $\triangle ABC$ 外接圆 O 的直径,$OA=OB=OC=r$. 故直角三角形斜边上的中线 $OC=\dfrac{1}{2}AB$.

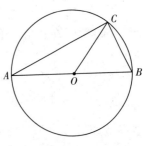

图 5-14

3)重要直角三角形

直角三角形中有两种常考的直角三角形,它们分别为等腰直角三角形和内角分别为 30°-60°-90° 的直角三角形.

(1)等腰直角三角形:三边长度之比为 $1:1:\sqrt{2}$,若直角边为 a,则周长为 $(2+\sqrt{2})a$,面积 $S=\dfrac{1}{2}a^2$.

【举例】当三边长度分别为 $a=1,b=1,c=\sqrt{2}$ 时,周长为 $2+\sqrt{2}$,面积为 $\dfrac{1}{2}$;当三边长度分别为 $a=\sqrt{2},b=\sqrt{2},c=2$,周长为 $2+2\sqrt{2}$,面积为 1.

(2)内角分别为 30°,60°,90° 的直角三角形:三边长度之比为 $1:\sqrt{3}:2$,若最短边为 a,则周长为 $(3+\sqrt{3})a$,面积 $S=\dfrac{\sqrt{3}}{2}a^2$.

【举例】当三边长度分别为 $a=1,b=\sqrt{3},c=2$ 时,周长为 $3+\sqrt{3}$,面积 $\dfrac{\sqrt{3}}{2}$;当三边长度分别为 $a=\dfrac{1}{2},b=\dfrac{\sqrt{3}}{2},c=1$ 时,周长为 $\dfrac{3+\sqrt{3}}{2}$,面积为 $\dfrac{\sqrt{3}}{8}$.

注 在以上两种重要直角三角形中:周长、边长 a、边长 b、边长 c、面积 $S_{\triangle ABC}$ 这五个条件中只要给定任意一个,就可以确定其他所有项.

2.典型例题

【例题6】(条件充分性判断)三角形的三条边长分别为 a,b,c,$\triangle ABC$ 为直角三角形.

(1)$\triangle ABC$ 的三边长之比为 $1:\sqrt{2}:\sqrt{3}$.　　(2)$\triangle ABC$ 的面积为 $S=\dfrac{1}{2}ab$.

【解析】条件(1):$a:b:c=1:\sqrt{2}:\sqrt{3}$,故设 $a=k,b=\sqrt{2}k,c=\sqrt{3}k$,$a^2+b^2=k^2+\left(\sqrt{2}k\right)^2=3k^2=c^2$ 满足勾股定理,$\triangle ABC$ 为直角三角形,故条件(1)充分.

条件(2)满足直角三角形判定,亦充分.

【答案】D

【例题7】等腰直角三角形的一条斜边为 $\sqrt{2}$,试求该三角形的周长与面积分别为(　　).

　A.$2+\sqrt{2},\sqrt{2}$　　B.$2\sqrt{2},1$　　C.$2+\sqrt{2},\dfrac{1}{2}$　　D.$1+\sqrt{2},\dfrac{1}{2}$　　E.$\sqrt{2},1$

【解析】设等腰直角三角形的直角边长为 a,由勾股定理可知 $a^2+a^2=\left(\sqrt{2}\right)^2=2$,解得 $a=1$,故三角形的周长 $=a+a+\sqrt{2}=2+\sqrt{2}$,三角形的面积 $=\dfrac{1}{2}a^2=\dfrac{1}{2}$.

【答案】C

【例题8】在直角三角形中,若斜边与一直角边的和为8,差为2,则另一直角边的长度是( ).

　　A. 3　　　　　B. 4　　　　　C. 5　　　　　D. 10　　　　　E. 9

【解析】由于给定条件与选项均为正整数,故采用穷举法求解. 设该直角三角形两条直角边分别为 a,b,斜边为 c,由常见勾股数试验可知 $\begin{cases} a+c=8 \\ c-a=2 \end{cases} \Rightarrow \begin{cases} c=5 \\ a=3 \end{cases} \Rightarrow b=4$.

【答案】B

【例题9】等腰直角三角形的面积为10,则斜边的长为( ).

　　A. 15　　　　B. 20　　　　C. $2\sqrt{5}$　　　　D. $2\sqrt{10}$　　　　E. $4\sqrt{5}$

【解析】如图5-15所示,等腰直角三角形可被它的高平分为两个相等的等腰直角三角形.

设 $AB=AC=a,AD=b$,△ ABD 也是等腰直角三角形,所以 $BD=DC=b,BC=2b,S_{\triangle ABC}=\frac{1}{2}a^2=\frac{1}{2}b\times(2b)=10$,解得 $b=\sqrt{10}$,斜边长 $BC=2b=2\sqrt{10}$.

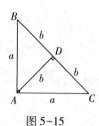

图 5-15

【答案】D

【例题10】已知如图5-16所示,等腰直角三角形△ ABC 和等边三角形△ BCD,若△ BCD 的面积为 $2\sqrt{3}$,则四边形 $ABDC$ 的周长为( ).

　　A. $4+2\sqrt{2}$　　　　B. $4+4\sqrt{2}$　　　　C. 12

　　D. $3+2\sqrt{3}$　　　　E. $3+4\sqrt{3}$

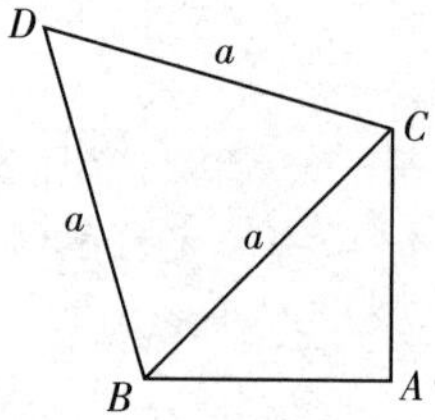

【解析】设等边三角形△ BCD 的边长为 a,根据等边三角形面积公式可知 $S_{\triangle BCD}=\frac{\sqrt{3}}{4}a^2=2\sqrt{3}$,解得 $a=BC=BD=CD=2\sqrt{2}$. 而又已知△ ABC 为等腰直角三角形,其三边长度之比为 $1:1:\sqrt{2}$,故斜边 $BC=2\sqrt{2}$,$AB=AC=2$,四边形 $ABDC$ 的周长为 $2+2+2\sqrt{2}+2\sqrt{2}=4+4\sqrt{2}$.

图 5-16

【答案】B

（三）　等腰三角形

1. 必备知识点

等腰三角形和等边三角形是平面几何三角形考点中非常重要的部分,考生需要熟练掌握它们的特征以及边长和面积的相关公式.

1）等腰三角形的判定

满足以下任意一个条件的三角形可判定为等腰三角形:

（1）一个三角形任意两个角相等,那么该三角形为等腰三角形;

（2）一个三角形任意两条边相等,那么该三角形为等腰三角形;

（3）三角形的三线（角平分线/对应底边中线/对应底边的高）有任意两条重合,该三角形为等腰三角形.

2）等腰三角形的性质

若一个三角形为等腰三角形(如图 5-17 中 $AB=AC$,$\triangle ABC$ 为等腰三角形),那么它具有如下几条重要性质:

(1)等腰三角形两个底角相等(即图 5-17 中 $\angle ABC=\angle ACB$).

(2)等腰三角形两个腰相等(即图 5-17 中 $AB=AC$).

(3)等腰三角形顶角的角平分线,同时也是底边的中线,也是底边的高(此即等腰三角形三线合一),即图 5-17 中 $\angle 1=\angle 2\Leftrightarrow$ $AD\perp BC\Leftrightarrow BD=DC$.

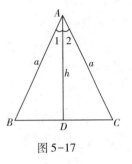

图 5-17

2.典型例题

【例题 11】在等腰三角形 ABC 中,$AB=AC$,$BC=\dfrac{2\sqrt{2}}{3}$,且 AB,AC 的长分别是方程 $x^2-\sqrt{2}mx+\dfrac{3m-1}{4}=0$ 的两个根,则 $\triangle ABC$ 的面积为(　　　)

A. $\dfrac{\sqrt{5}}{9}$　　　　B. $\dfrac{2\sqrt{5}}{9}$　　　　C. $\dfrac{5\sqrt{5}}{9}$　　　　D. $\dfrac{\sqrt{5}}{3}$　　　　E. $\dfrac{\sqrt{5}}{18}$

【解析】根据题目条件作图如图 5-18 所示,其中 $AH\perp BC$.

已知 $AB=AC$ 且为二次方程两实根,故方程有两个相等的实根,根的判别式 $\Delta=2m^2-3m+1=(m-1)(2m-1)=0$,解得 $m=1$ 或 $m=\dfrac{1}{2}$,由韦达定理得,$AB=AC=\dfrac{1}{2}\times\sqrt{2}\,m=\dfrac{\sqrt{2}}{2}$ 或 $AB=AC=\dfrac{\sqrt{2}}{4}$. 当 $AB=AC=\dfrac{\sqrt{2}}{4}$ 时,$AB+AC=\dfrac{\sqrt{2}}{4}+\dfrac{\sqrt{2}}{4}=\dfrac{\sqrt{2}}{2}<\dfrac{2\sqrt{2}}{3}$ (不满足两边之和大于

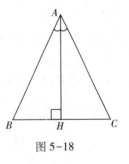

图 5-18

第三边,故舍去),故 $AB=AC=\dfrac{\sqrt{2}}{2}$. 由于等腰三角形三线合一,$AH$ 为

底边上的高,同时 H 平分 BC,故由勾股定理得 $AH=\sqrt{AB^2-BH^2}=\sqrt{\left(\dfrac{\sqrt{2}}{2}\right)^2-\left(\dfrac{\sqrt{2}}{3}\right)^2}=\dfrac{\sqrt{10}}{6}$,

$S_{\triangle ABC}=\dfrac{1}{2}\times\dfrac{\sqrt{10}}{6}\times\dfrac{2\sqrt{2}}{3}=\dfrac{\sqrt{5}}{9}$.

【答案】A

（四）　等边三角形

3.必备知识点

1）等边三角形的判定

(1)三条边相等的三角形是等边三角形;

(2)任一个内角为 60° 的等腰三角形是等边三角形;

(3)有两个内角均为 60° 的三角形是等边三角形.

2）等边三角形的性质

等边三角形的高与边长之比为 $\sqrt{3}:2=\dfrac{\sqrt{3}}{2}:1$，即若边长为 a，则高为 $\dfrac{\sqrt{3}}{2}a$，面积 $S=\dfrac{\sqrt{3}}{4}a^2$.

注　在等边三角形中，周长、边长 a，高 h 和三角形的面积 $S_{\triangle ABC}$ 这四个条件，只要给定任意一个，就可以确定其他三个.

4. 典型例题

【例题 12】已知一个等边三角形的周长为 $3\sqrt{3}$，试求它的面积和高.

【解析】根据题意可作出图 5-19.

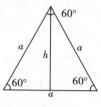

由图 5-19 可知三角形周长为 $3a=3\sqrt{3}$，解得 $a=\sqrt{3}$，故高 $h=\dfrac{\sqrt{3}}{2}\times\sqrt{3}=\dfrac{3}{2}$，面积 $S=\dfrac{1}{2}ah=\dfrac{1}{2}\times\sqrt{3}\times\dfrac{3}{2}=\dfrac{3\sqrt{3}}{4}$.

【答案】$\dfrac{3\sqrt{3}}{4}$，$\dfrac{3}{2}$

图 5-19

【例题 13】如图 5-20 所示，若四边形 $ABDC$ 是边长为 a 的正方形，$\triangle CDE$ 是等边三角形，$EF\perp AB$，则 $\angle AEB$ 的度数为 _____；EF 的长度为 _____；$\triangle AEB$ 的面积为 _____.

【解析】根据题意得 $\angle ECA=90°+60°=150°$，$CE=CA$，$\triangle ECA$ 为等腰三角形，故两底角 $\angle CEA=\angle CAE=\dfrac{1}{2}(180°-150°)=15°$，同理 $\angle DEB=\angle EBD=15°$，$\angle AEB=60°-15°-15°=30°$，根据等边三角形的高与边长的比为 $\sqrt{3}:2=\dfrac{\sqrt{3}}{2}:1$，可知 $EF=a+\dfrac{\sqrt{3}}{2}a$；$S_{\triangle AEB}=\dfrac{1}{2}a\left(a+\dfrac{\sqrt{3}}{2}a\right)=\dfrac{2+\sqrt{3}}{4}a^2$.

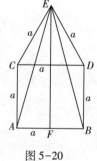

【答案】$30°$；$a+\dfrac{\sqrt{3}}{2}a$；$\dfrac{2+\sqrt{3}}{4}a^2$.

图 5-20

（五）　等高的三角形

1. 必备知识点

若两个三角形底边在同一直线上，高相等（如图 5-21 所示），则它们的面积和、面积比将有特殊的表达形式，属于平面几何中较为灵活的考点之一，要求考生可以快速识别出等高的三角形，并能够正确运用. 常考等高的三角形包括如下两类：

【标志词汇 1】底边在同一条直线上，共用一个顶点的两个三角形，它们高相等，面积比等于底边比，面积和 $=\dfrac{1}{2}\times$ 底边和 $\times$ 高.

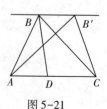

图 5-21

【举例】在图 5-21 中，$\triangle ABD$ 与 $\triangle CBD$ 底边在同一条直线上，共用顶点 B，设它们相等的高为 h，根据三角形面积公式，面积比 $\dfrac{S_{\triangle ABD}}{S_{\triangle CBD}} = \dfrac{\frac{1}{2}AD \times h}{\frac{1}{2}CD \times h} = \dfrac{AD}{CD}$，面积和 $S_{\triangle ABD} + S_{\triangle CBD} = \dfrac{1}{2}(AD + CD) \times h$.

【标志词汇 2】底边在同一条直线上，顶点在底边的平行线上的两个三角形，它们高相等，面积比等于底边比，面积和 $= \dfrac{1}{2} \times$ 底边和 $\times$ 高.

【举例】在图 5-21 中，设 $BB' /\!/ AC$，$\triangle ABC$ 与 $\triangle AB'C$ 底边在同一条直线上，顶点 B 与顶点 B' 在与底边平行的直线 BB' 上，则有面积比 $\dfrac{S_{\triangle ABD}}{S_{\triangle AB'C}} = \dfrac{AD}{AC}$，$\dfrac{S_{\triangle ABC}}{S_{\triangle AB'C}} = \dfrac{AC}{AC} = 1$，面积和 $S_{\triangle ABC} + S_{\triangle AB'C} = \dfrac{1}{2}(AC + AC)h = AC \times h$.

2. 典型例题

【例题 14】如图 5-22 所示，若 $\triangle ABC$ 的面积为 1，$\triangle AEC$，$\triangle DEC$，$\triangle BED$ 的面积相等，则 $\triangle AED$ 的面积（　　）.

A. $\dfrac{1}{3}$　　　B. $\dfrac{1}{6}$　　　C. $\dfrac{1}{5}$

D. $\dfrac{1}{4}$　　　E. $\dfrac{2}{5}$

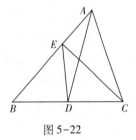

图 5-22

【解析】$\triangle AEC$，$\triangle BEC$ 底边都在 AB 上，共用顶点 C，根据【标志词汇 1】底边在同一条直线上，共用一个顶点的两个三角形，面积比等于底边比，即 $\dfrac{AE}{BE} = \dfrac{S_{\triangle AEC}}{S_{\triangle BEC}} = \dfrac{S_{\triangle AEC}}{S_{\triangle BED} + S_{\triangle DEC}} = \dfrac{1}{2}$.

$\triangle AED$，$\triangle BED$ 底边都在 AB 上，共用顶点 D，根据【标志词汇 1】底边在同一条直线上，共用一个顶点的两个三角形，边长比等于面积比，即 $\dfrac{S_{\triangle AED}}{S_{\triangle BED}} = \dfrac{AE}{BE} = \dfrac{1}{2}$，联合 $\triangle AEC = \triangle DEC = \triangle BED = \dfrac{1}{3}$，得 $S_{\triangle AED} = \dfrac{1}{2}S_{\triangle BED} = \dfrac{1}{6}$.

【答案】B

【例题 15】如图 5-23 所示，长方形 $ABCD$ 的两条边长分别为 8 m 和 6 m，四边形 $OEFG$ 的面积是 4m^2，则阴影部分的面积为（　　）.

A. 32 m^2　　　B. 28 m^2　　　C. 24 m^2

D. 20 m^2　　　E. 16 m^2

【解析】由图形可知：$S_{阴影} = S_{ABCD} - S_{空白} = S_{ABCD} - (S_{\triangle AFC} + S_{\triangle BFD} - S_{OEFG})$.

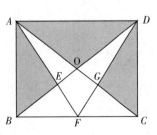

图 5-23

其中$\triangle AFC$和$\triangle BFD$为底边在同一条直线BC上,顶点在与底边平行线AD上的两个三角形,它们高相等,根据【标志词汇2】底边在同一条直线上,顶点在底边的平行线上的两个三角形,面积比等于底边比,面积和$= \frac{1}{2} \times$底边和$\times$高,故$S_{空白} = \frac{1}{2}FC \times AB + \frac{1}{2}BF \times AB - S_{OEFG} = \frac{1}{2}(FC+BF) \times AB - S_{OEGF} = \frac{1}{2} \times 48 - 4 = 20 (\text{m}^2)$,$S_{阴影} = 8 \times 6 - 20 = 28 (\text{m}^2)$.

【答案】B

（六） 相似三角形

1. 必备知识点

相似三角形是三角形题型中最灵活的考点之一,同学们除了要掌握相似三角形的判定和性质以外,更重要的是学会分辨在什么时候需要使用相似三角形,即相似三角形的标志词汇和解题入手方向.

1）相似三角形的判定

满足下列条件之一的两个三角形是相似三角形.

（1）有两角对应相等.

（2）三条边对应成比例

（3）有一角相等,且夹这等角的两边对应成比例.

（4）一条直角边与一条斜边对应成比例的两个直角三角形相似.

2）相似三角形的性质

若两三角形相似,则它们:

（1）对应角相等.

（2）对应边成比例,这个比例称为相似比.

（3）对应一切线段成比例,即对应高、对应中线、对应角平分线、外接圆半径、内切圆半径以及周长的比等于相似比.

（4）面积比 = 相似比^2.

3）标志词汇

相似三角形标志词汇:当题目中出现两条平行线,或者出现梯形、矩形的同时也有三角形时,有多个嵌套的直角三角形时,求面积比或求边长比时,考虑利用相似三角形入手解题.

【标志词汇1】题目中给出边长之比求面积之比,或给出面积之比求边长之比,入手方向为使用共高的三角形或相似三角形.

【标志词汇2】A字形相似:题目中出现与大三角形底边平行的线段,意味着这条线段分割出的小三角形与大三角形相似,它们共顶角且底边平行.

【举例】如图5-24所示,$MN /\!/ BC$,由于$\triangle ABC$,$\triangle AMN$共顶角,且底边平行,则它们三个内角对应相等,这两个三角形相似. 图形与大写字母A相像,故称为A字形相似.

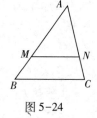

图5-24

【标志词汇3】8 字形相似:题目中出现梯形或矩形(对边平行)及它的对角线,则两对角线分割出的以平行边为底的两个三角形相似.

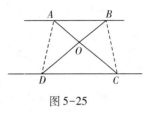

图 5-25

【举例】如图 5-25 所示,$AB /\!/ CD$,△AOB 和 △DOC 为两平行线之间两条相交的线段构建的,以平行边为底的两三角形,故 △AOB 与 △DOC 相似. △AOB 与 △DOC 构成的图形与数字 8 相像,故称为 8 字形相似.在考题中常结合具有一对平行边的梯形或两对平行边矩形考查,如图 5-25 虚线所示 $ABCD$.

【标志词汇4】题目中出现长方形或正方形以及它们的对角线,则一条对角线将其分割成两个三角形,这两个三角形相似.

【举例】如图 5-26 中,$ABCD$ 为矩形,AC 为矩形对角线,则 △ABC 与 △ADC 相似.

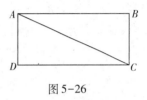

图 5-26

【标志词汇5】直角三角形中的相似:题目中出现直角三角形斜边上的垂线,则这条垂线分割出的各三角形均与原三角形相似.

【举例】如图 5-27 所示,直角三角形 ABC 斜边上的两条垂线 CH 和 NM 可将其分割成几个三角形,由有两角对应相等的两个三角形相似可知,对于直角三角形,若除直角外,还有一个角相等,那么这两个直角三角形相似.因此 △ABC,△ACH,△CBH,△NBM 均相似.

【举例】应用以上标志词汇可知,图 5-28 中的每一个直角三角形均相似.

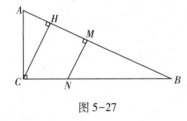

图 5-27

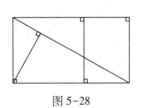

图 5-28

2.典型例题

【例题 16】直角 △ABC 中,D 为斜边 AC 的中点,以 AD 为直径的圆交 AB 于 E,则 △ABC 的面积为 8,则 △AED 的面积为(　　).

A.1　　　　　B.2　　　　　C.3　　　　　D.4　　　　　E.6

【解析】根据题意作图 5-29.

AD 为直径,根据直径所对的圆周角为直角可知 ∠AED = 90°,故 △AED 与 △ABC 符合【标志词汇2】A 字型相似,相似比 $\dfrac{AD}{AC} = \dfrac{1}{2}$.再由相似三角形面积比=相似比^2,可得 $\dfrac{S_{\triangle AED}}{S_{\triangle ABC}} = \left(\dfrac{AD}{AC}\right)^2 = \dfrac{1}{4}$,$S_{\triangle AED} = \dfrac{1}{4} \times 8 = 2$.

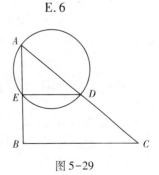

图 5-29

【答案】B

【例题17】如图 5-30 所示,正方形 $ABCD$,AC 为对角线,E 是 BC 的中点,DE 交 AC 于点 F,若 $DE=15$,则 EF 等于(   ).

A. 3   B. 4   C. 5

D. 6   E. 7

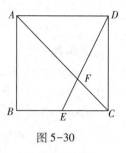

【解析】正方形对边平行且相等,$\triangle EFC$ 与 $\triangle AFD$ 符合【标志词汇3】8 字形相似,故这两三角形相似,对应边成比例,且 E 是 BC 的中点,故有 $EF:FD=EC:AD=1:2$. 由 $DE=15$ 得 $EF=\dfrac{1}{1+2}\times15=5$.

图 5-30

【答案】C

【例题18】直角三角形 ABC 的斜边 $AB=13\text{cm}$,直角边 $AC=5\text{cm}$,把 AC 对折到 AB 上去与斜边相重合,点 C 与点 E 重合,折痕为 AD(如图 5-31 所示),则图中阴影部分的面积为(   ).

A. 20   B. $\dfrac{40}{3}$ C. $\dfrac{38}{3}$

D. 14   E. 12

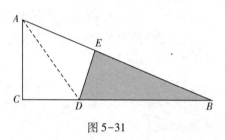

图 5-31

【解析】据折叠可知 $AB=13\text{cm}$,$AC=5\text{cm}$,$BC=12\text{cm}$,$AE=AC=5\text{cm}$,$BE=13-5=8\text{cm}$,又 $DE\perp AB$,根据【标志词汇5】$\triangle ABC$ 与 $\triangle DBE$ 相似,则根据面积比=相似比^2,可得 $\dfrac{S_{\triangle DBE}}{S_{\triangle ABC}}=$ $\left(\dfrac{BE}{BC}\right)^2=\left(\dfrac{8}{12}\right)^2=\dfrac{4}{9}$,$S_{\triangle ABC}=\dfrac{1}{2}\times12\times5=30\ (\text{cm}^2)$,$S_{\triangle DBE}=\dfrac{4}{9}\times30=\dfrac{40}{3}\ (\text{cm}^2)$.

【总结】关于折叠翻转问题,要抓住在变化过程中保持不变的量,问题便会迎刃而解.

【答案】B

考点二　四边形

四边形 $\left\{\begin{array}{l}\text{平行四边形}\ \square\left\{\begin{array}{l}\text{矩形}\ \square\ \xrightarrow{\text{邻边相等}}\\\text{菱形}\ \diamondsuit\ \xrightarrow{\text{每个角是直角}}\end{array}\right.\text{正方形}\ \square\\\text{梯形}\ \left\{\begin{array}{l}\text{等腰梯形}\\\text{直角梯形}\end{array}\right.\end{array}\right.$

（一）　矩形、正方形

1. 必备知识点

矩形:矩形是四个角均为直角的特殊的平行四边形,矩形包括正方形和长方形(如图 5-32,5-33 所示).

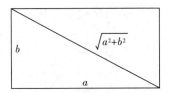

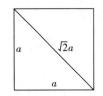

面积 $S=ab$, 周长 $C=2(a+b)$,

对角线长 $l=\sqrt{a^2+b^2}$.

图 5-32

边长:对角线 $=1:\sqrt{2}$,

面积 $S=a^2$.

图 5-33

矩形面积:矩形面积等于两邻边的乘积,即 $S=ab$.

矩形周长:矩形的周长等于两邻边和的两倍,即 $C=2(a+b)$.

矩形对角线:矩形的对角线将矩形分为两全等的三角形,符合勾股定理,即 $l^2_{对角线}=a^2+b^2$.

正方形:正方形是邻边相等的特殊矩形(如图 5-33 所示),即 $a=b$,将其代入矩形各公式可知,正方形的面积 $S=a^2$;正方形的周长 $C=4a$;正方形的对角线 $l_{对角线}=\sqrt{2}\,a$;正方形的对角线平分顶角,把正方形分为两个全等的等腰直角三角形.

2. 典型例题

【例题 1】如图 5-34 所示,矩形 $ADEF$ 的面积等于 16,$\triangle ADB$ 的面积等于 3,$\triangle ACF$ 的面积等于 4,那么 $\triangle ABC$ 的面积为(　　).

A. 6　　　　　　B. 7　　　　　　C. 8

D. 6. 5　　　　　E. 7. 5

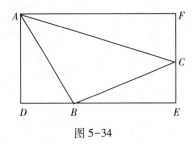

图 5-34

【解析】$S_{ADEF}=16=AD\times DE$,$\triangle ADB$ 为直角三角形,故

$S_{\triangle ADB}=3=\dfrac{1}{2}AD\times DB$,联合可得 $DE:BD:BE=16:6:10$.

$S_{ADEF}=16=AF\times FE$,$\triangle ACF$ 为直角三角形,故 $S_{\triangle ACF}=4=\dfrac{1}{2}AF\times FC$,联合可得 $FE:FC:CE=16:8:8$.

故 $S_{\triangle BEC}=\dfrac{1}{2}\times BE\times CE=\dfrac{1}{2}\times\dfrac{BE}{DE}\times\dfrac{CE}{FE}\times S_{ADEF}=\dfrac{1}{2}\times\dfrac{10}{16}\times\dfrac{8}{16}\times16=2.5$.

$S_{\triangle ABC}=S_{ADEF}-S_{\triangle ADB}-S_{\triangle ACF}-S_{\triangle BEC}=16-4-3-2.5=6.5$.

【答案】D

【例题 2】(条件充分性判断)某户要建一个长方形的羊栏,则羊栏的面积大于 500 m^2.

(1)羊栏的周长为 120m.

(2)羊栏对角线的长不超过 50m.

【解析】设羊栏的长为 a,宽为 b,题干要求 $ab>500$.

条件(1):周长 $2a+2b=120$,即 $a+b=60$,不能保证 $ab>500$,如 $a=1$,$b=59$.

条件(2):$a^2+b^2\leqslant2500$,亦不能保证 $ab>500$,如 $a=1$,$b=1$,故两条件单独均不充分.

联合条件(1)与条件(2)得 $\begin{cases} a+b=60 \\ a^2+b^2 \leqslant 2500 \end{cases}$,$(a+b)^2=a^2+b^2+2ab=3600$,故 $2ab=3600-$

$(a^2+b^2) \geqslant 3600-2500=1100$,得 $ab \geqslant 550>500$,故两条件联合充分.

【答案】C

(二) 菱形

1. 必备知识点

菱形是四条边长度相等的平行四边形,如图 5-35 所示,菱形有以下性质:

(1)菱形的四条边长度相等,即 $AB=BC=CD=DA$.

(2)菱形的对角线平分顶角,即 $\angle ADB = \angle CDB$,$\angle BAC = \angle DAC$ 等.

(3)菱形的对角线互相垂直且平分,即 $AC \perp BD$ 且 $AO=CO$,$BO=DO$.

(4)菱形的四个内角中,对角相等、邻角互补,即 $\angle ADC = \angle ABC$,$\angle BAD = \angle BCD$,$\angle ADC + \angle BCD = 180°$,$\angle ABC + \angle BAD = 180°$等.

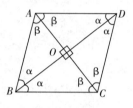

图 5-35

(5)菱形的对角线把菱形分为 4 个全等的三角形,菱形面积为对角线之积的一半,即:$S_{菱形ABCD} = \dfrac{1}{2}AC \times BD = 4S_{\triangle AOD}$.

2. 典型例题

【例题3】若菱形 $ABCD$ 的两条对角线 $AC=a$,$BD=b$(如图 5-36 所示),则它的面积是( ).

A. ab B. $\dfrac{1}{3}ab$ C. $\sqrt{2}ab$

D. $\dfrac{1}{2}ab$ E. $\dfrac{\sqrt{2}}{2}ab$

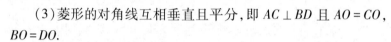

图 5-36

【解析】菱形的面积为对角线之积的一半,所以 $S_{ABCD} = \dfrac{1}{2}ab$.

【答案】D

(三) 梯形

1. 必备知识点

只有一组对边平行,另一组对边不平行的四边形叫作梯形.

如图 5-37 所示,平行的对边分别称为梯形的上底和下底,不平行的对边称为梯形的腰.

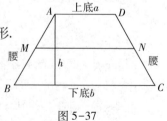

图 5-37

梯形面积:$S_{梯形ABCD} = \dfrac{1}{2}(a+b) \times h$.

等腰梯形:两个腰长度相等的梯形称为等腰梯形,等腰梯形两底角相等,它们互为等价关系.即如图 5-37 所示的梯形 $ABCD$ 中,$AB=DC \Leftrightarrow \angle ABC = \angle DCB$,此时 $ABCD$ 为等腰梯形.

梯形中位线:连接梯形两腰中点的线段 MN 叫作梯形的中位线,它到上底和下底距离相等且 $MN=\dfrac{1}{2}(a+b)$.

2.典型例题

【例题 4】(条件充分性判断)如图 5-38 所示,等腰梯形的上底与腰均为 x,下底为 $x+10$,则 $x=13$.

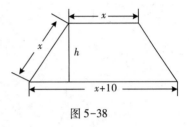

图 5-38

(1)该梯形的上底与下底之比为 $13:23$.

(2)该梯形的面积为 216.

【解析】条件(1):$\dfrac{x}{x+10}=\dfrac{13}{23}$,解得 $x=13$,故条件(1)充分.

条件(2):该梯形的面积为 216,故 $\dfrac{1}{2}(x+10+x) \times h=216$,$h^2=x^2-5^2$,$(x+5)\sqrt{x^2-25}=216$,解得 $x=13$,条件(2)亦充分.

【技巧】条件(2)中在求 x 取值时,直接求解运算较为复杂,由于 x 与 h 构成直角三角形,故首先考虑套用常用勾股数试验.

【答案】D

【例题 5】如图 5-39 所示,在四边形 $ABCD$ 中,$AB /\!/ CD$,AB 与 CD 的边长分别为 4 和 8.若 $\triangle ABE$ 的面积为 4,则四边形 $ABCD$ 的面积为(   )

A.24   B.30   C.32   D.36   E.40

【解析】$AB /\!/ CD$,故根据【标志词汇 3】8 字形相似,$\triangle ABE$ 与 $\triangle CDE$ 相似.如图 5-40 所示,过 E 作 HH' 分别垂直 AB 和 CD.

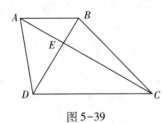

图 5-39

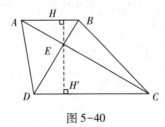

图 5-40

根据相似三角形对应高成比例有 $\dfrac{EH}{EH'}=\dfrac{AB}{CD}=\dfrac{4}{8}=\dfrac{1}{2}$,$S_{\triangle ABE}=4=\dfrac{1}{2}AB \cdot EH=2EH$,故 $EH=2$,$EH'=4$,$HH'=2+4=6$.梯形面积 $S_{ABCD}=\dfrac{1}{2}(4+8) \times 6=36$.

【答案】D

考点三　圆与扇形

1. 必备知识点

1）圆与扇形

圆：如图 5-41 所示，平面上到一定点距离相等的所有点的集合称之为一个圆. 这一定点为圆心，距离为圆的半径.

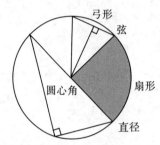

图 5-41

圆面积：设一圆半径为 r，则它的面积 $S=\pi r^2$.

圆周长：设一圆半径为 r，则它的周长 $l=2\pi r$.

弦：连接圆上任意两点的线段叫作弦，经过圆心的弦叫作直径，直径是一个圆里最长的弦. 垂直于弦的直径平分这条弦以及弦所对的两条弧.

扇形：由一条弧和经过这条弧两端的两条半径所围成的图形叫作扇形（半圆与直径的组合，即半圆也属于扇形）.

扇形面积：$S=\dfrac{\text{圆心角度数}}{360°}\pi r^2$.

同一段弧所对的圆周角是圆心角的一半.

【弦切角定理】弦切角的度数等于它所夹的弧所对的圆心角度数的一半，等于它所夹的弧所对的圆周角度数. 如图 5-42 所示.

【垂径定理】垂直于弦的直径平分弦且平分这条弦所对的两条弧. 如图 5-43 所示.

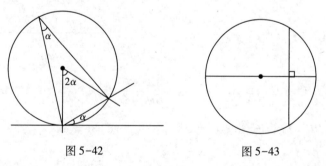

图 5-42　　　　图 5-43

2）角度制与弧度制

角度制用来表示一个角的大小，单位为"度". 除了角度制可以测量角的大小，弧度制也可以度量角的大小，单位为"弧度"，记作 rad. 它们之间的转换关系为 $180°=\pi\,\text{rad}$，或 $1°=$

$\dfrac{\pi}{180}$rad. 常用角的角度与弧度表示见表5.2.

表5.2

角度	0°	30°	45°	60°	90°	120°	180°	360°
弧度	0rad	$\dfrac{\pi}{6}$rad	$\dfrac{\pi}{4}$rad	$\dfrac{\pi}{3}$rad	$\dfrac{\pi}{2}$rad	$\dfrac{2\pi}{3}$rad	πrad	2πrad

3）圆与正方形

如图 5-44 所示：正方形 ABCD 为圆 O 的外切正方形（或称圆 O 为正方形 ABCD 内切圆）；

正方形 EFGH 为圆 O 的内接正方形（或称圆 O 为正方形 EFGH 外接圆）。

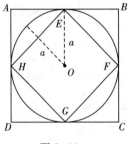

图 5-44

可以通过直径、半径、内接、外切等建立起圆与正方形之间的关系. 即：

设外切正方形 ABCD 的边长为 $2a$，由图 5-44 可知圆 O 的半径为 a；

$EO = a$ 为圆 O 的内接正方形 EFGH 对角线的一半，故 EFGH 边长为 $\sqrt{2}a$.

2. 典型例题

【例题1】若一圆与一正方形的面积相等，则（　　　　）.

A. 它们的周长相等.　　　　　　　B. 圆周长是正方形周长的 π 倍.

C. 正方形的周长长.　　　　　　　D. 圆周长是正方形周长的 $2\sqrt{\pi}$ 倍.

E. 以上结论均不正确.

【解析】设圆与正方形面积均为 S，圆的半径为 r，则正方形边长为 $\sqrt{S}$，周长为 $\sqrt{16S}$；圆形面积为 $S = \pi r^2$，$r = \sqrt{\dfrac{S}{\pi}}$，周长为 $2\pi r = 2\pi\sqrt{\dfrac{S}{\pi}} = \sqrt{4\pi S}$. 比较得 $\sqrt{16S} > \sqrt{4\pi S}$，即正方形的周长长.

【答案】C

【例题2】如图 5-45 所示，圆 O 是三角形 ABC 的内切圆，若三角形 ABC 的面积与周长的大小之比为 $1:2$，则圆 O 的面积为（　　　　）.

A. π　　　　B. 2π　　　　C. 3π　　　　D. 4π　　　　E. 5π

【解析】如图 5-46 所示，连接 OA, OB, OC，因为圆 O 是内切圆，所以连接圆心和相切点的直线与三角形的边垂直，即为三角形的高，它等于内切圆的半径.

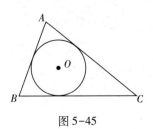

图 5-45

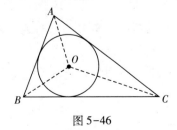

图 5-46

设圆的半径为 r,则 $S_{\triangle AOB}=\dfrac{1}{2}AB\times r$,同理有 $S_{\triangle AOC}=\dfrac{1}{2}AC\times r$, $S_{\triangle BOC}=\dfrac{1}{2}BC\times r$, $S_{\triangle ABC}=\dfrac{r}{2}(AC+AB+BC)=\dfrac{r}{2}\times$ 周长. 由题干知三角形面积和周长的比为 $1:2$,故 $\dfrac{S_{\triangle ABC}}{AC+AB+BC}=\dfrac{r}{2}=\dfrac{1}{2}$, $r=1$,故圆 O 面积 $S=\pi r^2=\pi$.

【总结】可记结论:设三角形三边长为 a,b,c,三角形内心到三条边的距离均等于三角形内切圆半径,即 $r=h_1=h_2=h_3$,则有三角形面积公式 $S=\dfrac{1}{2}r(a+b+c)=\dfrac{r}{2}\times$ 周长.

【答案】A

【例题3】如图5-47,圆 O 的内接 $\triangle ABC$ 是等腰三角形,底边 $BC=6$,顶角为 $\dfrac{\pi}{4}$,则圆 O 的面积为(　　).

A. 12π 　　　　 B. 16π 　　　　 C. 18π 　　　　 D. 32π 　　　　 E. 36π

【解析】如图5-48所示,连接 OB,OC.

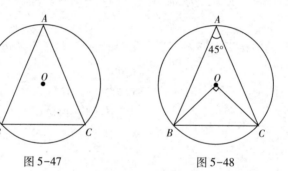

图5-47　　　　　　　　　　　图5-48

由题意知顶角 $\angle A=\dfrac{\pi}{4}$,由于同一条弧所对圆心角是其圆周角的2倍,故 $\angle BOC=\dfrac{\pi}{2}$, $BO=CO=r$, $\triangle BOC$ 为等腰直角三角形,三边之比为 $1:1:\sqrt{2}$,底边 $BC=6$,故 $BO=CO=r=\dfrac{6}{\sqrt{2}}$,圆 O 的面积 $S=\pi r^2=18\pi$.

【答案】C

【例题4】如图5-49所示,某三个圆柱形的管子如下放置在水平地面上,管子直径为1m,则现在要做一个棚子来遮住这三个管子,问棚子最低要建多高(不计棚子本身的厚度).

【解析】由图5-49可知,棚高包括三部分:半径+等边三角形的高+半径. 根据等边三角形的高与边长的比为 $\sqrt{3}:2=\dfrac{\sqrt{3}}{2}:1$ 可知,边长为1的等边三角形的高为 $h=\dfrac{\sqrt{3}}{2}$,故总高度为 $\dfrac{1}{2}+\dfrac{1}{2}+\dfrac{\sqrt{3}}{2}=\dfrac{2+\sqrt{3}}{2}$.

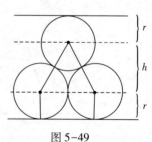

图5-49

【答案】$\dfrac{2+\sqrt{3}}{2}$

【例题5】(条件充分性判断)如图 5-50 所示,AD 与圆相切于点 D,AC 与圆相交于 BC,则能确定 $\triangle ABD$ 与 $\triangle BDC$ 的面积之比.

(1)已知 $\dfrac{AD}{CD}$.　　　　　　　　(2)已知 $\dfrac{BD}{CD}$.

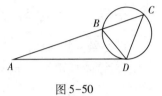

图 5-50

【解析】与圆相切的直线同圆内与圆相交的弦相交所形成的夹角叫作弦切角,本题中 $\angle ADB$ 即为弦切角.根据弦切角定理(弦切角等于它所夹的弧所对的圆周角),$\angle ADB = \angle BCD$,且 $\triangle ABD$ 与 $\triangle ADC$ 共用 $\angle A$,故 $\triangle ABD$ 与 $\triangle ADC$ 符合

反 A 型相似,相似比为 $\dfrac{BD}{CD}$,面积比为 $\dfrac{S_{\triangle ABD}}{S_{\triangle ADC}} = \dfrac{BD^2}{CD^2}$,$\dfrac{S_{\triangle ABD}}{S_{\triangle BDC}} = \dfrac{S_{\triangle ABD}}{S_{\triangle ADC} - S_{\triangle ABD}} = \dfrac{\left(\dfrac{BD}{CD}\right)^2}{1 - \left(\dfrac{BD}{CD}\right)^2}$.故条

件(2)充分而条件(1)不充分.

【答案】B

【例题6】(条件充分性判断)如图 5-51 所示,圆外切正方形 $ABCD$ 和内接正方形 $EFGH$ 的边长之比是 $\sqrt{2}:1$.

(1)圆的半径为 1.　　　　　(2)圆的半径为 2.

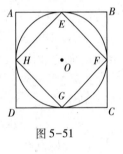

图 5-51

【解析】设 $EH = a$,题干求 $AB:EH = \sqrt{2}:1$.

由内接与外切的性质可知,$\triangle AEH$ 为等腰直角三角形,等腰直

角三角形三边之比为 $1:1:\sqrt{2}$,故 $AE = \dfrac{\sqrt{2}}{2}EH$,且 $AB = 2AE$,则有 $AB = \sqrt{2}EH$,$AB:EH = \sqrt{2}:1$.

因此只要满足外切和内接的条件,无论圆的半径为多少,均有 $AB:EH = \sqrt{2}:1$,故条件(1)、条件(2)均充分.

【总结】可记结论:圆的外切正方形与内接正方形边长之比为 $\sqrt{2}:1$.

【答案】D

【例题7】如图 5-52 所示,正方形 $ABCD$ 四条边与圆 O 相切,而等边三角形 $\triangle EFG$ 是圆 O 的内接正三角形.已知正方形 $ABCD$ 面积为 4,则正三角形 $\triangle EFG$ 面积是_____.

【解析】外切正方形 $ABCD$ 面积为 4,故边长为 2.根据外切与内接关系可知,圆 O 的半径 $r = \dfrac{1}{2}AB = 1$.内接等边三角形每一个顶角均有三线合一,故 $\triangle OGH$ 为 $30°$-$60°$-$90°$ 的直角三角形,边长之比为 $1:\sqrt{3}:2$,故 $OH = \dfrac{r}{2}$,内接正三角形的高 $EH = EO + OH = r + \dfrac{r}{2} = $

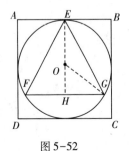

图 5-52

$\dfrac{3}{2}$;正三角形边长 $FG = 2 \times GH = 2 \times \dfrac{\sqrt{3}}{2}OG = \sqrt{3}$,故 $S_{\triangle EFG} = \dfrac{1}{2}EH \times$

$$FG = \frac{3\sqrt{3}}{4}.$$

【答案】$\frac{3\sqrt{3}}{4}$

考点四 阴影图形

1. 必备知识点

求阴影图形面积的核心思路是通过规则图形的加、减、平移、折叠、复制等来凑配阴影图形,以计算不规则的阴影面积. 联考中需要大家掌握的规则图形及其面积公式总结如下:

(1)只需一个条件即可确定面积:

正方形:$S = a^2$;等边三角形:$S = \frac{\sqrt{3}}{4}a^2$;圆形:$S = \pi r^2$.

(2)只需两个条件即可确定面积:

扇形:$S = \frac{\text{圆心角度数}}{360^0}\pi r^2$;直角三角形:$S = \frac{1}{2}ab$;长方形:$S = ab$.

求阴影图形面积主要有三种方法,它们的标志词汇分别为:

【标志词汇1】当题目中图形为全部或部分对称图形时,一般考虑采用对称法,即画出对称轴寻找规律,必要时需要补上关于对称轴对称的线.

【标志词汇2】当题目中图形包含多个形状和面积相等的小块时,往往考虑用平移法或割补法.

【标志词汇3】详见本书强化篇第五章考点一.

2. 典型例题

【例题1】如图5-53所示,在正方形 $ABCD$ 中,弧 AOC 是四分之一圆周,$EF//AD$. 若 $DF = a$,$CF = b$,则阴影部分的面积为( ).

A. $\frac{1}{2}ab$ B. ab C. $2ab$ D. $b^2 - a^2$ E. $(b-a)^2$

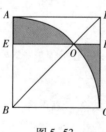

图 5-53

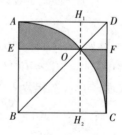

图 5-54

【解析】图5-54关于对角线 BD 对称,如图5-54所示,补上 EF 关于 BD 的对称线,即过 O 做 AD、BC 的垂线,垂足分别为 H_1 和 H_2.

由对称可知,曲边三角形 AEO 与 CH_2O 为对称图形,面积相等,故 $S_{AEO} + S_{FCO} = S_{CH_2O} + S_{FCO} = S_{CH_2OF} = S_{阴影} = ab$.

【答案】B

【例题2】如图 5-55 所示，△ABC 是一个等腰直角三角形，以 A 为圆心的圆弧交 AC 于 D，交 BC 于 E，交 AB 的延长线于 F，若曲边三角形 CDE 与 BEF 的面积相等，则 $\dfrac{AD}{AC}$＝（　　）.

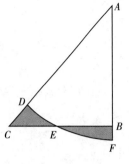

图 5-55

A. $\dfrac{\sqrt{3}}{2}$ 　　　　B. $\dfrac{2}{\sqrt{5}}$ 　　　　C. $\sqrt{\dfrac{3}{\pi}}$

D. $\dfrac{\sqrt{\pi}}{2}$ 　　　　E. $\sqrt{\dfrac{2}{\pi}}$

【解析】由于曲边三角形 CDE 与 BEF 的面积相等，所以 $S_{\triangle ABC}=S_{扇形ADF}$，$\dfrac{1}{2}AB^2=\dfrac{\frac{\pi}{4}}{2\pi}\pi AD^2=\dfrac{1}{8}\pi AD^2$，$\dfrac{AD}{AB}=\dfrac{2}{\sqrt{\pi}}$，又有 $AC=\sqrt{2}AB$，所以 $\dfrac{\sqrt{2}AD}{AC}=\dfrac{2}{\sqrt{\pi}}$，$\dfrac{AD}{AC}=\sqrt{\dfrac{2}{\pi}}$.

【答案】E

【例题3】如图 5-56 所示，正六边形边长为 1，分别以正六边形的顶点 O、P、Q 为圆心，以 1 为半径作圆弧，则阴影部分的面积为（　　）.

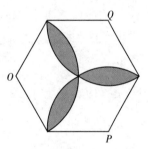

图 5-56

A. $\pi-\dfrac{3\sqrt{3}}{2}$ 　　B. $\pi-\dfrac{3\sqrt{3}}{4}$ 　　C. $\dfrac{\pi}{2}-\dfrac{3\sqrt{3}}{4}$

D. $\dfrac{\pi}{2}-\dfrac{3\sqrt{3}}{8}$ 　　E. $2\pi-3\sqrt{3}$

【解析】正六边形由六个正三角形构成，边长为 1，则每个三角形面积为 $S_{\triangle}=\dfrac{\sqrt{3}}{4}\times1^2=\dfrac{\sqrt{3}}{4}$. 阴影部分由 6 个小弓形构成，$S_{弓形}=S_{扇形}-S_{\triangle}$，扇形对应的圆心角为 60°，则 $S_{扇形}=\dfrac{60°}{360°}\pi\times1^2=\dfrac{\pi}{6}$. 故阴影面积为 $S_{阴影}=6S_{弓形}=6\left(\dfrac{\pi}{6}-\dfrac{\sqrt{3}}{4}\right)=\pi-\dfrac{3\sqrt{3}}{2}$.

【答案】A

模块二 常见标志词汇及解题入手方向

在联考真题中,常出现固定的标志词汇,对应固定的解题入手方向,现总结如下:

标志词汇 一 三角形的判定

【标志词汇】以 a,b,c 为边可构成三角形.意味着给定这三项中任意两项之和大于第三项,或任意两项之差的绝对值小于第三项,即

$$\begin{cases} a+b>c \\ a+c>b \\ b+c>a \end{cases} 或 \begin{cases} |a-b|<c \\ |a-c|<b. \\ |b-c|<a \end{cases}$$

反过来,若要求证明以 a,b,c 为边可构成三角形,则意味着需要验证三边关系,即任意两项之和大于第三项,或任意两项之差的绝对值小于第三项.一般只需要验证两边之和大于第三边即可.

注 需要注意的是,仅确定的某两条线段长度之和大于第三条线段长度,或确定的某两条线段长度之差的绝对值小于第三条线段长度,均无法充分推出这三条线段可构成三角形.

标志词汇 二 直角三角形

【标志词汇1】给定直角三角形及其斜边上的高,考虑使用直角三角形斜边×斜边上的高=两直角边之积.

【标志词汇2】给定等腰直角三角形,意味着三边长度之比为 $1:1:\sqrt{2}$,若直角边为 a,则周长为 $(2+\sqrt{2})a$,面积 $S=\dfrac{1}{2}a^2$.

【标志词汇3】给定内角分别为 $30°-60°-90°$ 的直角三角形,意味着三边长度之比为 $1:\sqrt{3}:2$,若最短边为 a,则周长为 $(3+\sqrt{3})a$,面积 $S=\dfrac{\sqrt{3}}{2}a^2$.

注 在以上两种重要直角三角形中:周长、边长 a、边长 b、边长 c、面积 S 这五个条件中只要给定任意一个,就可以确定其他所有项.

标志词汇 三 等腰三角形/等边三角形

【标志词汇1】给定一个三角形为等腰三角形,意味着两腰相等,两底角相等,三线合一.

【标志词汇2】给定一个三角形为等边三角形,意味着它的高与边长之比为 $\sqrt{3}:2=\dfrac{\sqrt{3}}{2}:1$,若边长为 a,则高为 $\dfrac{\sqrt{3}}{2}a$,面积 $S=\dfrac{\sqrt{3}}{4}a^2$.

注　在等边三角形中,周长、边长 a,高 h 和三角形的面积 S 这四个条件,只要给定任意一个,就可以确定其他三个.

标志词汇 四　等高的三角形

【标志词汇1】底边在同一条直线上,共用一个顶点的两个三角形,它们高相等,面积比等于底边比,面积和 $= \frac{1}{2} ×$ 底边和×高.

【标志词汇2】底边在同一条直线上,顶点在与底边平行线上的两个三角形,它们高相等,面积比等于底边比,面积和 $= \frac{1}{2} ×$ 底边和×高.

标志词汇 五　相似三角形

【标志词汇1】题目中给出边长之比要求面积之比,或给出面积之比要求边长之比时,入手方向为使用共高的三角形或相似三角形.

【标志词汇2】题目中出现与大三角形底边平行的线段,意味着这条线段分割出的小三角形与大三角形相似.

【标志词汇3】题目中出现梯形或矩形及它的对角线,则两对角线分割出的以平行边为底的两个三角形相似.

【标志词汇4】题目中出现长方形或正方形以及它们的对角线,则一条对角线将其分割成两个三角形,这两个三角形相似.

【标志词汇5】题目中出现直角三角形的高(斜边上的垂线),则它们分割出的各三角形均与原三角形相似.

标志词汇 六　阴影图形

求阴影图形面积主要有三种方法,它们的标志词汇及入手方向分别为:

【标志词汇1】当题目中图形为全部或部分对称图形时,一般考虑采用对称法,即画出对称轴寻找规律,必要时需要补上关于对称轴对称的线.

【标志词汇2】当题目中图形包含多个形状和面积相等的小块时,往往考虑用平移法或割补法.

【标志词汇3】详见本书强化篇第五章考点一.

模块三 习题自测

三角形

1. (条件充分性判断)三条长度分别为 a,b,c 的线段能构成一个三角形.
   (1) $a+b>c$. 　　　　　　　　　　　　(2) $|b-c|<a$.

2. 已知三条线段的长度分别为 a,b,c,并且 $a>b>c$,则还需要满足哪个条件,才能确定这三条线段可以组成三角形(　　).
   A. $a+b>c$ 　　　　　　　　B. $a+c>b$ 　　　　　　　　C. $a-b<c$
   D. $b-c>a$ 　　　　　　　　E. $a-b>c$

3. $\triangle ABC$ 的三边为 a,b,c 并且满足 $5a^2-6ab+5b^2+4c^2-4bc-4ac=0$,则 $\triangle ABC$ 为(　　).
   A. 直角三角形 　　　　　　　B. 等腰三角形 　　　　　　　C. 等边三角形
   D. 等腰直角三角形 　　　　　E. 以上都不正确

4. 一个顶角为 $30°$ 的直角三角形,面积为 $\dfrac{3\sqrt{3}}{2}$,则三角形的周长为(　　).

   A. $\sqrt{3}$ 　　　　　　　　B. $3\sqrt{3}$ 　　　　　　　　C. $3+\sqrt{3}$
   D. $3+3\sqrt{3}$ 　　　　　　E. $2+2\sqrt{3}$

5. (条件充分性判断) a,b,c 是大于 0 的正整数并且 $a<b<c$,则 $a:b:c=3:4:5$.
   (1) a,b,c 是直角三角形的三条边. 　　　　　(2) a,b,c 成等差数列.

6. 已知 $\triangle ABC$ 为等腰直角三角形,并且 BC 为斜边,周长为 $2\sqrt{2}+4$. 又有 $\triangle BCD$ 为等边三角形,则 $\triangle BCD$ 的面积为(　　).
   A. $2\sqrt{2}$ 　　　　　　　　B. $4\sqrt{3}$ 　　　　　　　　C. 6
   D. $2\sqrt{3}$ 　　　　　　　　E. $5\sqrt{3}$

7. 如图 5-57 所示,在 $\triangle ABC$ 中,$\angle ABC=30°$,将线段 AB 绕点 B 旋转至 DB,使 $\angle DBC=60°$,则 $\triangle DBC$ 与 $\triangle ABC$ 的面积之比为(　　).
   A. 1 　　　　　　B. $\sqrt{2}$ 　　　　　　C. 2
   D. $\dfrac{\sqrt{3}}{2}$ 　　　　　E. $\sqrt{3}$

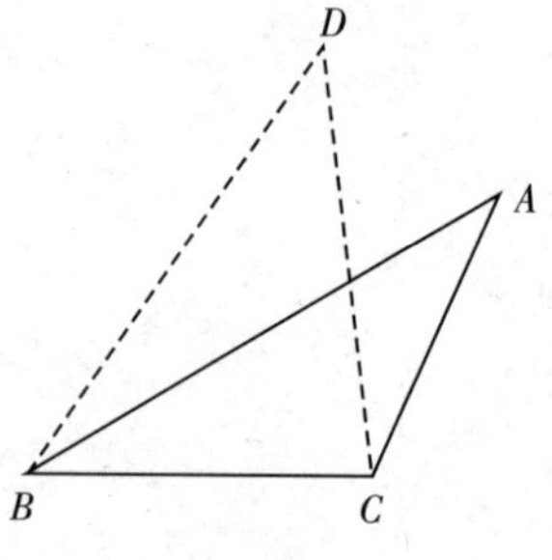

图 5-57

8. 如图 5-58 所示，$AB=AC=5$，$BC=6$，E 是 BC 的中点，$EF \perp FC$. 则 $EF=($).

   A. 1.2   B. 2   C. 2.2

   D. 2.4   E. 2.5

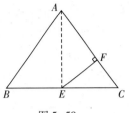

图 5-58

9. 已知 a，b，c 是 $\triangle ABC$ 的三条边长，并且 $a=c=1$，若方程 $(b-x)^2-4(a-x)(c-x)=0$ 有两相等实根，则 $\triangle ABC$ 为( )

   A. 等边三角形   B. 等腰三角形   C. 直角三角形

   D. 钝角三角形   E. 无法判断

10. 如图 5-59 所示，已知 $AE=3AB$，$BF=2BC$. 若 $\triangle ABC$ 的面积是 2，则 $\triangle AEF$ 的面积为
    ( )

    A. 14   B. 12   C. 10

    D. 8   E. 6

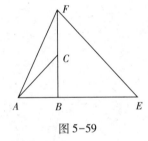

图 5-59

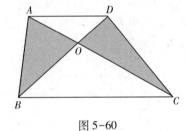

图 5-60

11. 如图 5-60 所示，在梯形 $ABCD$ 中，$AD /\!/ BC$，$S_{\triangle AOD}=8$，梯形的上底长是下底长的 $\dfrac{2}{3}$，则
    阴影部分的面积是( ).

    A. 24   B. 25   C. 26

    D. 27   E. 28

12. 如图 5-61 所示，已知 $DE /\!/ BC$，$DF:FC=1:3$，求 $(1) S_{\triangle DEF}:S_{\triangle EFC}$；$(2) S_{\triangle DEF}:S_{\triangle BFC}$；
    $(3) S_{\triangle ADE}:S_{\triangle ABC}$.

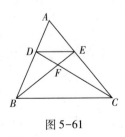

图 5-61

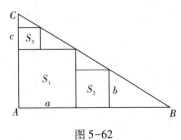

图 5-62

13. 如图 5-62 所示，$\triangle ABC$ 是直角三角形，S_1,S_2,S_3 为正方形，已知 a,b,c 分别是 S_1,S_2，S_3 的边长，则(　　).

    A. $a = b + c$ B. $a^2 = b^2 + c^2$ C. $a^2 = 2b^2 + 2c^2$

    D. $a^3 = b^3 + c^3$ E. $a^3 = 2b^3 + 2c^3$

14. (条件充分性判断) 在 $\triangle ABC$ 中，D 为 BC 边上的点，BD、AB、BC 成等比数列，则 $\angle BAC = 90°$.

    (1) $BD = DC$.   (2) $AD \perp BC$.

四边形

15. 设 P 是正方形 $ABCD$ 外的一点，$PB = 10$ 厘米，$\triangle APB$ 的面积是 $80\ \mathrm{cm}^2$，$\triangle CPB$ 的面积是 $90\ \mathrm{cm}^2$，则正方形 $ABCD$ 的面积为(　　).

    A. $720\ \mathrm{cm}^2$ B. $580\ \mathrm{cm}^2$ C. $640\ \mathrm{cm}^2$ D. $600\ \mathrm{cm}^2$ E. $560\ \mathrm{cm}^2$

16. (条件充分性判断) 如图 5-63 所示，正方形 $ABCD$ 由四个相同的长方形和一个小正方形拼成，则能确定小正方形的面积.

    (1) 已知正方形 $ABCD$ 的面积.

    (2) 已知长方形的长宽之比.

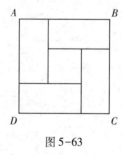

图 5-63

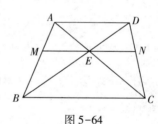

图 5-64

17. 如图 5-64 所示，梯形 $ABCD$ 的上底与下底分别为 $5,7$，E 为 AC 与 BD 的交点，MN 过点 E 且平行于 AD，则 $MN = ($　　$)$.

    A. $\dfrac{26}{5}$ B. $\dfrac{11}{2}$ C. $\dfrac{35}{6}$ D. $\dfrac{36}{7}$ E. $\dfrac{40}{7}$

圆与扇形

18. 如图 5-65 所示，在一个矩形内紧紧放入三个等圆，每个圆的面积都是 1，那么矩形的对角线长为(　　).

    A. $10\sqrt{\pi}$ B. $\dfrac{\sqrt{5}}{\sqrt{\pi}}$ C. $\dfrac{10}{\sqrt{\pi}}$

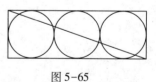

图 5-65

    D. $\dfrac{2\sqrt{5}}{\sqrt{\pi}}$ E. $\dfrac{2\sqrt{10}}{\sqrt{\pi}}$

19. 如图 5-66 所示，正方形 $ABCD$ 四条边与圆 O 相切，而正方形 $EFGH$ 是圆 O 的内接正方形. 已知正方形 $ABCD$ 面积为 1，则正方形 $EFGH$ 面积是(　　).

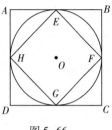

图 5-66

A. $\dfrac{2}{3}$　　　　B. $\dfrac{1}{2}$　　　　C. $\dfrac{\sqrt{2}}{2}$

D. $\dfrac{\sqrt{2}}{3}$　　　　E. $\dfrac{1}{4}$

阴影图形

20. 如图 5-67 所示，圆 A 与圆 B 的半径均为 1，则阴影部分的面积为(　　).

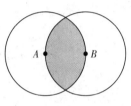

图 5-67

A. $\dfrac{2\pi}{3}$　　　　B. $\dfrac{\sqrt{3}}{2}$　　　　C. $\dfrac{\pi}{3}-\dfrac{\sqrt{3}}{4}$

D. $\dfrac{2\pi}{3}-\dfrac{\sqrt{3}}{4}$　　　　E. $\dfrac{2\pi}{3}-\dfrac{\sqrt{3}}{2}$

21. 如图 5-68 所示，四边形 $ABCD$ 是边长为 1 的正方形，弧 AOB，BOC，COD，DOA 均为半圆，则阴影部分的面积为(　　).

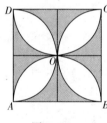

图 5-68

A. $\dfrac{1}{2}$　　　　B. $\dfrac{\pi}{2}$　　　　C. $1-\dfrac{\pi}{4}$

D. $\dfrac{\pi}{2}-1$　　　　E. $2-\dfrac{\pi}{2}$

答案速查

1-5：ECCDC　　　　6-11：DEDABA　　　　12：(1)1:3；(2)1:9；(3)1:9

13-15：ABB　　　　16-21：CCEBEE

习题详解

1.【答案】E

【解析】要证明 a,b,c 能构成一个三角形,意味着需要验证三边关系,即任意两边之和

大于第三边,或者任意两边之差的绝对值小于第三边,即 a,b,c 满足 $\begin{cases} a+b>c \\ a+c>b \\ b+c>a \end{cases}$ 或

者 $\begin{cases} |a-b|<c \\ |a-c|<b. \\ |b-c|<a \end{cases}$

条件(1):仅确定一个不等式 $a+b>c$ 不一定构成三角形,因为是否满足 $b+c>a$ 和 $a+b>c$ 均不确定.如 $a=10,b=20,c=1$,满足 $a+b>c$,但不能构成三角形,故条件(1)不充分.

条件(2):仅确定一个不等式 $|b-c|<a$ 不一定构成三角形,因为是否满足 $|b-a|<c$ 和 $|c-a|<b$ 均不确定.如 $a=19,b=5,c=4$,满足 $|b-c|<a$,但不能构成三角形,故条件(2)亦不充分.

联合两条件得 $\begin{cases} a+b>c \\ |b-c|<a \end{cases}$,也不能满足任意两边之和大于第三边,或者任意两边之差的绝对值小于第三边的要求,如 $a=15,b=5,c=5$,故不能构成三角形,联合亦不充分.

2.【答案】C

【解析】a,b,c 为线段的长度,所以一定均大于零.由于 $a>c$,所以 $a+b>c$ 必然成立.同理,由于 $a>b,a+c>b$ 也必然成立.成为三角形需要任意两边和大于第三边,还需要的条件为 $b+c>a$ 即 $a-b<c$.

3.【答案】C

【解析】条件中等式包含"$4c^2-4bc-4ac$",所以优先凑完全平方式 $(a+b-2c)^2$.

由于 $(a+b-2c)^2=a^2+b^2+4c^2+2ab-4bc-4ac$,故原式可变形为 $(a+b-2c)^2+4a^2-8ab+4b^2=0$,继续凑平方可得:$4(a-b)^2+(a+b-2c)^2=0$,由完全平方式的非负性可知 $\begin{cases} a-b=0 \\ a+b-2c=0 \end{cases}$,解得 $a=b=c$,故 $\triangle ABC$ 为等边三角形.

4.【答案】D

【解析】如图 5-69 所示,设该三角形三边长分别为 $a,\sqrt{3}a,2a$.则 $S_{\triangle}=\dfrac{1}{2}a\times\sqrt{3}a=\dfrac{3\sqrt{3}}{2}$,解得 $a=\sqrt{3}$,故三边长分别为 $\sqrt{3},2\sqrt{3}$ 和 3,周长 $=\sqrt{3}+2\sqrt{3}+3=3+3\sqrt{3}$.

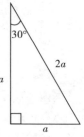

图 5-69

5.【答案】C

【解析】条件(1):直角三角形的三条边符合勾股定理,且已知 $a<b<$

c，故一定有 $a^2+b^2=c^2$．但勾股数有无穷多组，无法唯一确定 a,b,c 的比例关系．故条件(1)不充分．

条件(2)：a,b,c 成等差数列 $\Leftrightarrow 2b=a+c$．亦无法唯一确定 a,b,c 的比例关系，故条件(2)不充分．故联合条件(1)与条件(2)．

思路一： 由 $a^2+b^2=c^2$ 得 $4a^2+4b^2=4c^2$，a,b,c 成等差数列 $\Rightarrow 2b=a+c$，两边平方得 $4b^2=a^2+2ac+c^2$，联立得 $4a^2+a^2+2ac+c^2=4c^2$，$5a^2+2ac-3c^2=(a+c)(5a-3c)=0$．由于 a,b,c 是大于0的正整数并且 $a<b<c$，故 $5a-3c=0$，$a:c=3:5$，$a:b:c=3:4:5$．故两条件联合充分．

思路二： 设此等差数列公差为 d，则有 $b=a+d$，$c=a+2d$．$a^2+b^2=a^2+(a+d)^2=c^2=(a+2d)^2$，整理得 $a^2-2ad+d^2=4d^2$，$(a-d)^2=4d^2$，解得 $a=3d$．故 $b=a+d=4d$，$c=a+2d=5d$．可以推出结论：$a:b:c=3d:4d:5d=3:4:5$，故联合充分．

【技巧】可记结论：成等差数列的勾股定理数字，只有 $\{3k,4k,5k\}$ 一种，所以可以迅速定位到 C 选项．

6. 【答案】D

【解析】根据题目条件画图如图 5-70 所示：

$\triangle ABC$ 为等腰直角三角形，故三边长度之比为 $1:1:\sqrt{2}$，已知周长为 $2\sqrt{2}+4$，可解得 $AB=AC=2$，$BC=2\sqrt{2}$．另有 $\triangle BCD$ 为等边三角形，边长为 $BC=2\sqrt{2}=BD=CD$，根据等边三角形面积公式可知 $S_{\triangle BCD}=\dfrac{\sqrt{3}}{4}(2\sqrt{2})^2=2\sqrt{3}$．

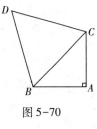

图 5-70

7. 【答案】E

【解析】如图 5-71 所示，过 A 点做 $\triangle ABC$ 在 BC 边上的高 h_1，垂足为 H_1；过 D 点做 BC 边上的高 h_2，垂足为 H_2．$\triangle ABH_1$ 和 $\triangle BDH_2$ 均为内角为 $30°-60°-90°$ 的直角三角形，三边比为 $1:\sqrt{3}:2$．故 $h_1=\dfrac{AB}{2}$，$h_2=\dfrac{\sqrt{3}}{2}BD$．因为 DB 是由 AB 绕点 B 旋转而来，故 $AB=DB$，$h_1=\dfrac{AB}{2}=\dfrac{1}{2}BD$．则 $\triangle DBC$ 与 $\triangle ABC$ 的面积之比为 $\dfrac{S_{\triangle DBC}}{S_{\triangle ABC}}=\dfrac{\dfrac{1}{2}\cdot BC\cdot h_2}{\dfrac{1}{2}\cdot BC\cdot h_1}=\dfrac{h_2}{h_1}=\dfrac{\dfrac{\sqrt{3}}{2}BD}{\dfrac{1}{2}BD}=\sqrt{3}$．

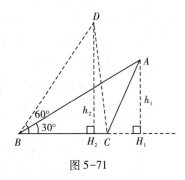

图 5-71

8. 【答案】D

【解析】$AC=5$，$EC=3$，由于等腰三角形三线合一，即顶角的角平分线、底边的中线、底边的高互相重合，故 AE 既是底边的中线，又是底边的高和顶角平分线．又 $BC=6$，$BE=$

$EC=3$,故 $\triangle ABE$ 和 $\triangle AEC$ 为边长为 $3,4,5$ 的直角三角形,则 $AE=4$.根据直角三角形面积公式得 $S_{\triangle AEC}=\dfrac{1}{2}AE\times EC=\dfrac{1}{2}\times4\times3=6=\dfrac{1}{2}AC\times EF=\dfrac{5}{2}EF$,解得 $EF=2.4$.

9.【答案】A

【解析】代入 $a=c=1$ 可得 $(b-x)^2-4(1-x)(1-x)=0,3x^2-(8-2b)x+4-b^2=0$ 有两相等实根,故根的判别式 $\Delta=(8-2b)^2-4\times3\times(4-b^2)=0$,解得 $b=1$,$\triangle ABC$ 为等边三角形.

10.【答案】B

【解析】$\triangle ABF$,$\triangle ABC$ 的底边在 BF 上,共用顶点 A,面积比等于底边比,即 $\dfrac{S_{\triangle ABF}}{S_{\triangle ABC}}=\dfrac{BF}{BC}=\dfrac{2}{1}$.同理,$\triangle AEF$,$\triangle ABF$ 底边都在 AE 上,共用顶点 F,面积比等于底边比,即 $\dfrac{S_{\triangle ABF}}{S_{\triangle AEF}}=\dfrac{AB}{AE}=\dfrac{1}{3}$.故 $S_{\triangle AEF}=3\times S_{\triangle ABF}=3\times2\times S_{\triangle ABC}=12$.

11.【答案】A

【解析】由相似三角形【标志词汇3】8 字形相似可知,$\triangle AOD$ 与 $\triangle BOC$ 相似.梯形的上底长是下底长的 $\dfrac{2}{3}$,即相似比为 $\dfrac{AD}{BC}=\dfrac{2}{3}$.根据相似三角形对应边成比例得 $\dfrac{AD}{BC}=\dfrac{AO}{CO}=\dfrac{DO}{BO}=\dfrac{2}{3}$.其中 $\triangle AOD$ 与 $\triangle COD$ 底边在同一条直线 AC 上,共用顶点 D,故它们为等高的三角形,面积比等于底边比,即 $\dfrac{S_{\triangle AOD}}{S_{\triangle COD}}=\dfrac{AO}{CO}=\dfrac{2}{3}$,代入 $S_{\triangle AOD}=8$ 得 $S_{\triangle COD}=12$;同理可得 $\dfrac{S_{\triangle AOD}}{S_{\triangle AOB}}=\dfrac{DO}{BO}=\dfrac{2}{3}$,代入 $S_{\triangle AOD}=8$ 得 $S_{\triangle AOB}=12$,故阴影部分面积为 $S_{\triangle COD}+S_{\triangle AOB}=24$.

12.【答案】$1:3$;$1:9$;$1:9$

【解析】(1)$\triangle DEF$ 和 $\triangle EFC$,底边都在 DC 上,共用顶点 E,它们的面积比等于底边比,即 $S_{\triangle DEF}:S_{\triangle EFC}=DF:FC=1:3$.

(2)$\triangle DEF$ 与 $\triangle BFC$ 为梯形 $BCED$ 的对角线分割出的以平行边为底的两个三角形,符合【标志词汇3】8 字形相似,故它们的面积比 = 相似比^2,即 $S_{\triangle DEF}:S_{\triangle BFC}=DF^2:FC^2=1:9$.

(3)上一问已求得 $\triangle DEF$ 与 $\triangle BFC$ 相似,对应边成比例,即 $DE:BC=DF:FC=1:3$.同时 $\triangle ADE$ 与 $\triangle ABC$ 这两个三角形共顶角,且底边平行,符合【标志词汇2】A 字形相似,故它们相似,面积比 = 相似比^2,即 $S_{\triangle ADE}:S_{\triangle ABC}=DE^2:BC^2=1:9$.

注 底边在同一直线共顶点的三角形,它们的面积比 = 底边比,而相似三角形面积比 = 相似比^2,它们均建立了面积比与线段比之间的关系,但适用条件即表达式均不同,注意区分.

13.【答案】A

【解析】图 5-62 中所有直角三角形均相似,对应直角边成比例,故有 $\dfrac{c}{a-b}=\dfrac{a-c}{b}$,$bc=a^2-ac-ab+bc$,解得 $a=b+c$.

14. 【答案】B

【解析】根据题意作图 5-72 如下：

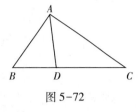

条件(1)设 $BD=DC=x$，则 $BC=2x$. 由 BD，AB，BC 三项成等比数列可知 $AB=\sqrt{BD\cdot BC}=\sqrt{2}x$，无法确定 AC 的长度，不充分.

图 5-72

条件(2)$AB^2=BD\cdot BC$，故 $\dfrac{AB}{BD}=\dfrac{BC}{AB}$，且 $\triangle ABC$ 与 $\triangle ABD$ 共用 $\angle B$，两三角形相似.

所以 $\angle BAC=\angle BAD=90°$，充分.

15. 【答案】B

【解析】根据题意作图 5-73，设 $\triangle APB$ 在 AB 边上的高为 h_1，$\triangle CPB$ 在 BC 边上的高为 h_2.

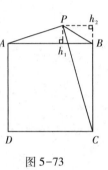

由题可知 $S_{\triangle APB}=\dfrac{1}{2}h_1\times a=80\,(\mathrm{cm}^2)$，$h_1^2=\left(\dfrac{160}{a}\right)^2$，$S_{\triangle CPB}=\dfrac{1}{2}$ $h_2\times a=90\,(\mathrm{cm}^2)$，$h_2^2=\left(\dfrac{180}{a}\right)^2$. 观察知 h_1，h_2 与 PB 构成以 PB 为斜边的直角三角形，由勾股定理得 $PB^2=h_1^2+h_2^2=100=\left(\dfrac{160}{a}\right)^2+$

图 5-73

$\left(\dfrac{180}{a}\right)^2=\dfrac{160^2+180^2}{a^2}=100$. 故正方形面积 $S_{ABCD}=a^2=16^2+18^2=$

$256+4\times81=580\,(\mathrm{cm}^2)$.

【总结】由于矩形邻边相互垂直，故常结合直角三角形考查.

16. 【答案】C

【解析】仅知道大正方形的面积，不确定大小正方形面积的比例，无法确定小正方形面积的具体值，故条件(1)单独不充分；仅知道长方形长宽比，不知道具体的面积，也无法确定小正方形面积的具体值，故条件(2)单独不充分，因此考虑联合.

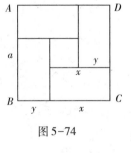

如图 5-74 所示，设大正方形边长为 a，设长方形长为 x，宽为 y，题干要求确定 $(x-y)^2$ 的值.

条件(1)中已知 $a=x+y$，联合条件(2)中 $\dfrac{x}{y}=k$ 可得 $x=$

图 5-74

$\dfrac{ka}{k+1}$，$y=\dfrac{a}{k+1}$，其中 a 和 k 均为条件给出的确定的值，即 x，y 为确定值，代入即可以确定 $(x-y)^2$ 的值，即能确定小正方形面积，故两条件联合充分.

【说明】联合两条件可求得小正方形面积 $(x-y)^2=\left(\dfrac{ka}{k+1}-\dfrac{a}{k+1}\right)^2=\left[\dfrac{a}{k+1}(k-1)\right]^2$，但题目中仅要求可以确定小正方形面积，并不需要求出其具体值，故不需要定量运算.

17. 【答案】C

【解析】已知 $AD=5$，$BC=7$，要求 MN 的值，则需要将 MN 用 AD 和 BC 表示出来. 根据【标志词汇3】8 字形相似可知，$\triangle ADE$ 与 $\triangle CBE$ 相似，故有

$$\begin{cases} DE:BE=AD:BC=5:7 \Rightarrow \begin{cases} BE:BD=7:12 \\ DE:BD=5:12 \end{cases} \\ AE:CE=AD:BC=5:7 \Rightarrow \begin{cases} CE:AC=7:12 \\ AE:AC=5:12 \end{cases} \end{cases}$$

根据【标志词汇2】A 字形相似可知，$\triangle AME$ 与 $\triangle ABC$ 相似，故 $ME:BC=AE:AC=5:$

12. 再次根据【标志词汇2】A 字形相似可知，$\triangle DNE$ 与 $\triangle DCB$ 相似，故 $NE:BC=DE:$

$DB=5:12$. 联合可知 $(ME+NE):BC=10:12$，$MN=ME+NE=\dfrac{10}{12}\times 7=\dfrac{35}{6}$.

18. 【答案】E

【解析】设圆的半径为 r，则 $S=\pi r^2=1$，解得 $r=\dfrac{1}{\sqrt{\pi}}$，由图 5-65 可知矩形的长为 $\dfrac{6}{\sqrt{\pi}}$，宽

为 $\dfrac{2}{\sqrt{\pi}}$，则矩形的对角线长为 $\sqrt{\left(\dfrac{6}{\sqrt{\pi}}\right)^2+\left(\dfrac{2}{\sqrt{\pi}}\right)^2}=\sqrt{\dfrac{36}{\pi}+\dfrac{4}{\pi}}=\dfrac{2\sqrt{10}}{\sqrt{\pi}}$.

19. 【答案】B

【解析】由 $S_{ABCD}=1$，可知 $AB=BC=CD=AD=1$，则圆 O 的半径为 $r=\dfrac{1}{2}AB=\dfrac{1}{2}$，直径为

$2r=1$. 圆 O 的直径同时也是正方形 $EFGH$ 的对角线，即 $EF=FG=GH=EH=\dfrac{\sqrt{2}}{2}$. 故

$S_{EFGH}=\left(\dfrac{\sqrt{2}}{2}\right)^2=\dfrac{1}{2}$.

【总结】本题的两个正方形通过圆产生联系，根据圆的半径求出两个正方形的边长的
关系，从而得到面积. 可记结论：圆的内接正方形与外切正方形面积之比为 1:2.

20. 【答案】E

【解析】如图 5-75 所示，根据题意做辅助线，图形关于 CD 连
线对称. 分别连接 A,B,C,D 将不规则图形分割为扇形与三角
形. 其中 $AB=BC=AC=AD=BD=r=1$，根据等边三角形面积与

边长的关系可知，$S_{\triangle ABC}=S_{\triangle ABD}=\dfrac{\sqrt{3}}{4}a^2$.

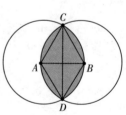

图 5-75

故 $S_{阴影}=S_{\triangle ABC}+S_{\triangle ABD}+4S_{弓形}=2S_{\triangle ABC}+4\left(S_{扇形ABC}-S_{\triangle ABC}\right)=$

$4S_{扇形ABC}-2S_{\triangle ABC}$，而 $S_{扇形ABC}=\dfrac{1}{6}\pi r^2=\dfrac{\pi}{6}$，$S_{\triangle ABC}=\dfrac{\sqrt{3}}{4}\times 1^2=\dfrac{\sqrt{3}}{4}$，$S_{阴影}=$

$\dfrac{2\pi}{3}-\dfrac{\sqrt{3}}{2}$.

21. 【答案】E

【解析】题目中图形包含多个面积相等的小块，且具有对称性，故
进行割补凑配，如图 5-76 所示.

　　总阴影面积=8 个相等的小阴影面积，而四个小的阴影面积=

$S_{正方形}-S_{圆形}$. 故总阴影面积 $=2\left(S_{正方形}-S_{圆形}\right)=2\left(1-\pi\times\dfrac{1}{4}\right)=2-\dfrac{\pi}{2}$.

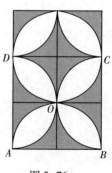

图 5-76

第六章   立体几何

大纲分析　立体几何是平面几何的延伸,要求考生能够在平面的基础上进行一定程度的空间想象. 主要的考点是常见几何体的体积公式,切面的面积和棱长等的计算,要求考生能灵活应用公式解题,还要重视立体图形的内切球和外接球. 联考中需要掌握的立体几何知识总结如下:

$$
\text{立体几何基础}\begin{cases}\text{长方体、正方体}\\\text{圆柱体}\\\text{球体}\\\text{内切与外接}\end{cases}
\qquad
\text{立体几何进阶}\begin{cases}\text{切割与打孔}\\\text{平移}\\\text{旋转}\end{cases}
$$

模块一　考点剖析

考点一　正方体、长方体

1. 必备知识点

正方体、长方体知识点见下表6.1.

表6.1

知识点	正方体	长方体
图像	（图：正方体，棱长为 a）	（图：长方体，边长为 a、b、c）
表面积	$6a^2$	$2(ab+bc+ac)$
体积	a^3	abc
体对角线	$\sqrt{3}\,a$	$\sqrt{a^2+b^2+c^2}$

2. 典型例题

【例题1】已知某正方体的体对角线长为 $2\sqrt{3}\,a$,那么这个正方体的体积为(　　).

A.$8a^3$ B.$12a^3$ C.$12\sqrt{2}\,a^3$ D.$24a^3$ E.$12\sqrt{3}\,a^3$

【解析】设正方体的棱长为x,即有$\sqrt{3x^2}=2\sqrt{3}\,a\Rightarrow x=2a$,故正方体的体积为$x^3=8a^3$.

【答案】A

【例题2】将长、宽、高分别为$12,9,6$的长方体切割成若干个小正方体,且切割后无剩余,则能切割成相同小正方体的最少个数为(   ).

A.3 B.6 C.24 D.96 E.64

【解析】根据题意应如图6-1进行切割.

由于要切割的是正方体,边长相等,则它的边长同时为长、宽、高的约数.要求正方体最少,则要约数最大,$12,9,6$的最大公约数为3,故正方体最少个数为$\dfrac{12}{3}\times\dfrac{9}{3}\times\dfrac{6}{3}=24$.

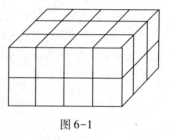

图6-1

【答案】C

【拓展】当限定边长为正整数时,若本题求切割成相同正方体的最多个数,则应为多少?(答:切割的正方体边长选取最小的公共约数1,正方体个数为$12\times9\times6=648$).

【例题3】一个长方体的体对角线长为$\sqrt{15}$厘米,长方体的表面积为10平方厘米,则这个长方体所有的棱长之和为(   )厘米.

A.16 B.20 C.26 D.28 E.30

【解析】设此长方体的长、宽、高分别是a厘米、b厘米、c厘米,根据题意,可得

$$\begin{cases} a^2+b^2+c^2=15 \\ 2ab+2bc+2ac=10 \end{cases}$$

故这个长方体所有的棱长之和为:

$$4(a+b+c)=4\sqrt{(a+b+c)^2}$$
$$=4\sqrt{a^2+b^2+c^2+2ab+2bc+2ac}$$
$$=4\sqrt{15+10}$$
$$=20(厘米)$$

【答案】B

考点二 圆柱体

1.必备知识点

如图6-2所示,设圆柱体高为h,底面半径为r,则有:

上/下底面积:$S_{底}=\pi r^2$;

体积:$V=\pi r^2 h$;

侧面积:$S_{侧}=2\pi rh$;

全表面积:$S_{表}=2\pi r^2+2\pi rh$;

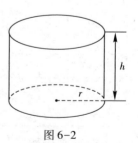

图6-2

2.典型例题

【例题1】(条件充分性判断)圆柱体积是正方体体积的$\frac{4}{\pi}$倍.

(1)圆柱的高与正方体的高相等.

(2)圆柱的侧面积与正方体的侧面积相等.

【解析】设圆柱体底面半径为r,高为h,正方体棱长为a.

根据体积公式可得:圆柱体体积$V_{圆柱}=\pi r^2 h$,正方体体积$V_{正方体}=a^3$.

条件(1)$h=a$;条件(2)$S_{圆柱}=2\pi rh=S_{正方体}=4a^2$,两条件单独均不充分,故考虑联合,

即有$S_{圆柱}=2\pi ra=S_{正方体}=4a^2$,解得$r=\frac{2a}{\pi}$,故$\dfrac{V_{圆柱}}{V_{正方体}}=\dfrac{\pi\left(\dfrac{2a}{\pi}\right)^2 a}{a^3}=\dfrac{4}{\pi}$,故联合充分.

【答案】C

考点三　球体

1.必备知识点

如图6-3所示,设球的半径是R,则有:

球体积:$V=\dfrac{4}{3}\pi R^3$;

球表面积:$S=4\pi R^2$.

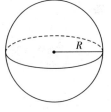

图6-3

2.典型例题

【例题1】两个球形容器,若将大球中溶液的$\frac{2}{5}$倒入小球中,正好

可装满小球,那么大球与小球的半径之比等于(　　).

A.5:3　　　　　　　　B.8:3　　　　　　　　C.$\sqrt[3]{5}:\sqrt[3]{2}$

D.$\sqrt[3]{20}:\sqrt[3]{5}$　　　　　E.以上结论均不正确

【解析】设大球半径为R,小球半径为r,根据球体积公式$V=\dfrac{4}{3}\pi R^3$可得$\dfrac{2}{5}\times\dfrac{4}{3}\pi R^3=$

$\dfrac{4}{3}\pi r^3$,整理得$\dfrac{R}{r}=\sqrt[3]{\dfrac{5}{2}}=\dfrac{\sqrt[3]{5}}{\sqrt[3]{2}}$.

【答案】C

【例题2】如图6-4所示,一个储物罐是下半部分的底面直径与高均

是20m的圆柱形,上半部分(顶部)是半球形,已知底面与顶部的造价是

每平方米400元,侧面的造价是每平方米300元,该储物罐的造价是

(　　).($\pi\approx3.14$)

A.56.52万元　　B.62.8万元　　C.75.36万元

D.87.92万元　　E.100.48万元

【解析】储物罐底面为圆柱的下底,面积为$\pi R^2=100\pi$;储物罐顶部

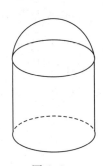

图6-4

为半球,根据球表面积公式可得面积为$\frac{1}{2} \times 4\pi R^2 = 200\pi$;储物罐侧面积为$\pi D \cdot h = 400\pi$.

故造价为:$(100\pi + 200\pi) \times 400 + 400\pi \times 300 = 24\pi \times 10^4 = 75.36$(万元).

【答案】C

考点四 内切和外接

1. 必备知识点

1) 正方体的内切球

如图6-5所示,正方体内切球的直径等于正方体的棱长.若正方体的棱长为a,则内切球的半径为$r = \frac{a}{2}$,体积等于$\frac{\pi a^3}{6}$,表面积等于πa^2.

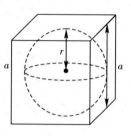

图6-5

2) 正方体的外接球

如图6-6所示,正方体外接球的直径是体对角线.若正方体的棱长为a,则体对角线长为$\sqrt{3}a$,正方体外接球的半径为$R = \frac{\sqrt{3}a}{2}$,外接球的体积等于$\frac{\sqrt{3}\pi a^3}{2}$,表面积等于$3\pi a^2$.

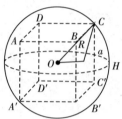

图6-6

3) 正方体的外接半球

如图6-7所示,正方体面对角线的一半,正方体棱长和其外接半球的半径构成直角三角形.若正方体的棱长为a,则$a^2 + r^2 = R^2$,$a^2 + \left(\frac{\sqrt{2}}{2}a\right)^2 = R^2$,所以正方体外接半球的半径为$R = \frac{\sqrt{6}a}{2}$.

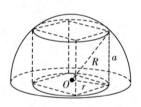

图6-7

2. 典型例题

【例题1】若球体的内接正方体的体积为$8\ m^3$,则该球体的表面积为( )m^2.

A.4π B.6π C.8π D.12π E.24π

【解析】如图6-8所示,正方体外接球直径=正方体体对角线长,正方体体积为$8 = 2^3$,故正方体棱长为2,体对角线为$\sqrt{12} = 2r$,球半径为$\frac{\sqrt{12}}{2}$,球表面积为$4\pi r^2 = 12\pi$.

【答案】D

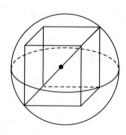

图6-8

【例题2】棱长为a的正方体内切球、外接球、外接半球的半径分别为( ).

A.$\frac{a}{2}, \frac{\sqrt{2}}{2}a, \frac{\sqrt{3}}{2}a$ B.$\sqrt{2}a, \sqrt{3}a, \sqrt{6}a$ C.$a, \frac{\sqrt{3}}{2}a, \frac{\sqrt{6}}{2}a$

D.$\frac{a}{2}, \frac{\sqrt{2}}{2}a, \frac{\sqrt{6}}{2}a$ E.$\frac{a}{2}, \frac{\sqrt{3}}{2}a, \frac{\sqrt{6}}{2}a$

【解析】如图 6-9(a)所示:正方体的边长等于内切球的直径,故内切球半径为 $r=\dfrac{a}{2}$.

如图 6-9(b)所示:正方体的体对角线 $L=2r=\sqrt{3}\,a$,故外接球半径为 $r=\dfrac{\sqrt{3}}{2}a$.

如图 6-9(c)所示:正方体外接半球的半径 $R=\sqrt{a^2+r^2}=\sqrt{a^2+\left(\dfrac{\sqrt{2}}{2}a\right)^2}=\dfrac{\sqrt{6}}{2}a$.

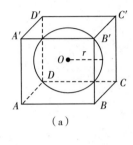 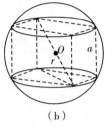 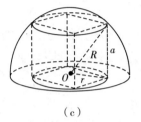

(a)　　　　　　　　(b)　　　　　　　　(c)

图 6-9

【答案】E

【例题 3】如图 6-10 所示,正方体位于半径为 3 的球内,且一面位于球的大圆上,则正方体表面积最大为(　　　).

  A.12　　　　　　B.18　　　　　　C.24

  D.30　　　　　　E.36

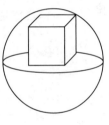

图 6-10

【解析】设正方体棱长为 a,以大圆为对称面,作上半球和正方体的对称图形,此时可得到球体内接一个棱长分别为 $a,a,2a$ 的长方体,球体的直径就是长方体的体对角线,故有 $\sqrt{a^2+a^2+(2a)^2}=6\Rightarrow a^2=6$,即正方体的表面积最大为 $6a^2=36$.

【答案】E

模块二 习题自测

1. 长方体的三条棱长成等差数列,最短的棱长为 a,三条棱长的和为 $12a$,那么它的表面积是( ).

   A. $40a^2$ B. $52a^2$ C. $56a^2$ D. $68a^2$ E. $78a^2$

2. 如图 6-11 所示,在棱长为 2 的正方体中,A,B 是顶点,C,D 是所在棱的中点,则四边形 $ABCD$ 的面积为( ).

   A. $\dfrac{9}{2}$ B. $\dfrac{7}{2}$ C. $\dfrac{3\sqrt{2}}{2}$

   D. $2\sqrt{5}$ E. $3\sqrt{2}$

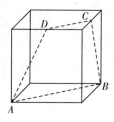

图 6-11

3. 已知一个圆柱的侧面展开图是一个正方形,则这个圆柱的侧面积与表面积之比是( ).

   A. $\dfrac{2\pi}{1+4\pi}$ B. $\dfrac{4\pi}{1+4\pi}$ C. $\dfrac{\pi}{1+2\pi}$ D. $\dfrac{2\pi}{1+2\pi}$ E. $\dfrac{2\pi}{1+3\pi}$

4. 将一张长为 10、宽为 6 的矩形铁皮卷成一个圆柱体的侧面,则这个圆柱体的体积是( ).

   A. $\dfrac{60}{\pi}$ B. $\dfrac{90}{\pi}$ C. $\dfrac{150}{\pi}$ D. $\dfrac{150}{\pi}$或$\dfrac{60}{\pi}$ E. $\dfrac{150}{\pi}$或$\dfrac{90}{\pi}$

5. (条件充分性判断)三个球中,最大球的体积是另外两个球体积之和的 3 倍.

   (1)三个球的半径之比为 $1:2:3$.

   (2)大球的半径是另外两个球的半径之和.

6. 已知过球面上 A,B,C 三点的截面与球心的距离为球半径的一半,且 $AB=BC=CA=2$,球的表面积为( ).

   A. $\dfrac{64}{9}\pi$ B. $\dfrac{32}{9}\pi$ C. $\dfrac{64}{3}\pi$ D. $\dfrac{32}{3}\pi$ E. $\dfrac{16}{9}\pi$

7. (条件充分性判断)$M=3$.

   (1)正方体的外接球与内切球的表面积之比为 M.

   (2)正方体的外接球与内切球的体积之比为 M.

答案速查

1-5:EADEA   6-7:AA

习题详解

1. 【答案】E

【解析】设数列的公差为 d，三条棱长分别为 $a,a+d,a+2d$.

由 $a+a+d+a+2d=12a$，得 $d=3a$，

所以三条棱长分别为 $a,4a,7a$.

则该长方体的表面积为 $2\times a\times 4a+2\times a\times 7a+2\times 4a\times 7a=78a^2$.

2. 【答案】A

【解析】如图 6-12 所示，将立体几何问题平面化，四边形 $ABCD$ 两对边 AB 与 CD 平行，C,D 是各自所在棱的中点，故根据勾股定理得 $AD=BC=\sqrt{1^2+2^2}=\sqrt{5}$，$ABCD$ 为等腰梯形.

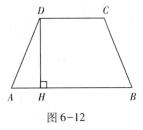

图 6-12

过点 D 作 $DH\perp AB$ 交 AB 于点 H，$AD=\sqrt{5}$，$AB=\sqrt{2^2+2^2}=2\sqrt{2}$，$CD=\sqrt{1^2+1^2}=\sqrt{2}$，则 $AH=\dfrac{1}{2}(2\sqrt{2}-\sqrt{2})=\dfrac{\sqrt{2}}{2}$，$DH=$

$\sqrt{AD^2-AH^2}=\dfrac{3\sqrt{2}}{2}$，$S_{梯形ABCD}=\dfrac{1}{2}\times 3\sqrt{2}\times\dfrac{3\sqrt{2}}{2}=\dfrac{9}{2}$.

3. 【答案】D

【解析】设圆柱的底面半径为 r，高为 h.

圆柱侧面展开图是正方形 $\Rightarrow$ 圆柱的高等于底面周长，即 $h=2\pi r$.

则 $S_{侧面积}=h^2=4\pi^2r^2$，$S_{表面积}=2\pi r^2+h^2=2\pi r^2+(2\pi r)^2=2\pi r^2(1+2\pi)$.

$\dfrac{S_{侧面积}}{S_{表面积}}=\dfrac{4\pi^2r^2}{2\pi r^2(1+2\pi)}=\dfrac{2\pi}{1+2\pi}$.

4. 【答案】E

【解析】矩形卷成圆柱体可以分成两类，即矩形两边任一边为柱体底面周长、另一边为圆柱体高. 即有：

（1）长为 10 的边作为底面周长，则设底面半径为 r，即有 $2\pi r=10\Rightarrow r=\dfrac{5}{\pi}$，此时圆柱体的高为 6，体积为 $V=\pi r^2\cdot h=\pi\times\left(\dfrac{5}{\pi}\right)^2\times 6=\dfrac{150}{\pi}$.

（2）宽为 6 的边作为底面周长，则设底面半径为 r，即有 $2\pi r=6\Rightarrow r=\dfrac{3}{\pi}$，此时圆柱体的高为 10，体积为 $V=\pi r^2\cdot h=\pi\times\left(\dfrac{3}{\pi}\right)^2\times 10=\dfrac{90}{\pi}$.

则该圆柱体的体积为 $\dfrac{150}{\pi}$ 或 $\dfrac{90}{\pi}$.

5. 【答案】A

【解析】设三个球的体积依次为 V_1,V_2,V_3，假设最大球体积为 V_3，即 $V_3>V_1$ 且 $V_3>V_2$，题

目要求推出:$V_3 = 3(V_1 + V_2)$.

条件(1):设三个球的半径依次为 $r,2r,3r$,根据球的体积公式可得:$V_3 = \frac{4}{3}\pi(3r)^3 = 36\pi r^3$,

$3(V_1 + V_2) = 3\left[\frac{4}{3}\pi r^3 + \frac{4}{3}\pi(2r)^3\right] = 36\pi r^3$,故条件(1)充分.

条件(2):设三个球的半径依次为 $r,r,2r$,根据球体积公式可得:$V_3 = \frac{4}{3}\pi(2r)^3 = \frac{32}{3}\pi r^3$,

$3(V_1 + V_2) = 6 \times \frac{4}{3}\pi r^3 = \frac{24}{3}\pi r^3$,故条件(2)不充分.

6.【答案】A

【解析】如图 6-13 所示.

设截面圆心为 O',连接 $O'A$,设球半径为 R,则 $OO' = \frac{R}{2}$.

在等边 $\triangle ABC$ 中,O' 为 $\triangle ABC$ 的中心,则 $O'A = \frac{2}{3} \times \sqrt{3} =$

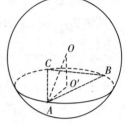

图 6-13

$\frac{2\sqrt{3}}{3}$;又因为在 $\text{Rt}\triangle O'OA$ 中,$OA^2 = O'A^2 + O'O^2$,所以 $R^2 = \left(\frac{2\sqrt{3}}{3}\right)^2 + \left(\frac{1}{2}R\right)^2 \Rightarrow R^2 = \frac{16}{9}$.

故球的表面积 $S = 4\pi R^2 = \frac{64}{9}\pi$.

7.【答案】A

【解析】对于边长为 a 的正方体,其外接球的半径为 $\frac{\sqrt{3}}{2}a$,内切球的半径为 $\frac{a}{2}$.

条件(1):其外接球与内切球的表面积之比为 $\dfrac{\left(\frac{\sqrt{3}}{2}a\right)^2}{\left(\frac{a}{2}\right)^2} = \dfrac{\frac{3}{4}a^2}{\frac{1}{4}a^2} = 3$,故条件(1)充分.

条件(2):其外接球与内切球的体积之比为 $\dfrac{\left(\frac{\sqrt{3}}{2}a\right)^3}{\left(\frac{1}{2}a\right)^3} = \dfrac{\frac{3\sqrt{3}}{8}a^3}{\frac{1}{8}a^3} = 3\sqrt{3}$,故条件(2)不

充分.

第七章 平面解析几何

大纲分析 解析几何是平面几何的延伸,把平面图形放在坐标系中研究,将所有的图形转化成方程来研究,所以不仅涉及几何知识,也涉及代数知识,蕴含着丰富的思想方法,但两个领域的联系隐蔽性强,具有一定难度,需要考生掌握数形结合,转化与化归(几何条件与代数条件的转化、一般与特殊的转化、函数与方程的相互转化等)知识,综合性强.本章的重点是直线,尤其是直线与圆的位置关系,难点为线性规划最值问题.

模块一 考点剖析

考点一 平面直角坐标系

(一) 平面直角坐标系

在平面上选定两条相互垂直的直线,分别指定正方向(用箭头表示),以两直线的交点 O 作为原点,设定单位长度,这样,就在平面上建立了一个直角坐标系,也叫作笛卡尔直角坐标系.

直角坐标系中两条相互垂直的直线叫作坐标轴,习惯上把其中一条放在水平的位置上,以向右的方向为正方向,这条轴叫作横坐标轴,简称为横轴或 x 轴.与横轴垂直的一条坐标轴叫作纵坐标轴,简称为纵轴或 y 轴,它以向上的方向为正方向.

两条坐标轴将平面分割为四个区域,分别称为四个象限,如图7-1所示:

(1)坐标平面内的点与有序实数对一一对应.

(2)坐标轴上的点不属于任何象限.

(3) y 轴上的点,横坐标都为零.

(4) x 轴上的点,纵坐标都为零.

(5)一点上下平移,横坐标不变,即平行于 y 轴的直线上的点横坐标相同.

(6)一点左右平移,纵坐标不变,即平行于 x 轴的直线上的点纵坐标相同.

(7)一个关于 x 轴对称的点横坐标不变,纵坐标变为原坐标的相反数.

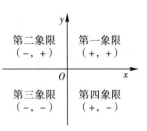

图7-1

(8)一个关于y轴对称的点纵坐标不变,横坐标变为原坐标的相反数.

关于曲线方程的标志词汇总结如下:

【标志词汇】曲线与x轴交点$\Rightarrow$代入$y=0$.

曲线与y轴交点$\Rightarrow$代入$x=0$.

曲线一般方程中无常数项$\Rightarrow$曲线必过原点.

曲线过点$\Rightarrow$点坐标代入曲线方程,等式成立.

（二） 平面上点的坐标

建立了平面直角坐标系,平面上的点可以用一个有序实数对来表示,即(x,y),它表示平面上点的横坐标为x,纵坐标为y.

已知平面内任意一点,可以写出它的坐标,如图7-2所示,点$P(x_0,y_0)$的坐标为$(2,2)$;反之,给出一点的坐标,可以在坐标平面内描出它的位置,如给出坐标$(3,1)$,可以在图中描出它的位置(如图7-2所示).

【思考】原点的坐标,x轴和y轴上点的坐标有什么特点?

【解析】原点坐标为$(0,0)$,即它的横坐标和纵坐标均为零;x轴上点的纵坐标为零,y轴上点的横坐标为零.

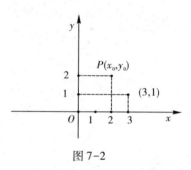

图7-2

（三） 直线

若有无穷多对x,y的值可以令二元一次方程$ax+by+c=0$的等号成立,那么该方程有无穷多对解.由于在平面直角坐标系内,一个有序实数对(x,y)可以代表平面上的一个点.那么这个方程的每一对解都可以对应坐标平面上的一个点,这些所有的点在坐标平面上表现为一条直线.

【举例】二元一次方程$x-y=0$有无穷多对解,如$x=-1,y=-1$;$x=0,y=0$;$x=1,y=1$;$x=2,y=2$;…它们在坐标平面上对应点$(-1,-1)$,$(0,0)$,$(1,1)$,$(2,2)$,…这无穷多个点在坐标平面上表现为一条直线,如图7-3所示.

由此可知,平面内一条直线的方程可以写为关于x,y的一次方程;反之,一个关于x和y的一次方程,它的图像在平面直角坐标系上是一条直线.

若求两条直线的交点,可将代表这两条直线的两个二元一次方程联立求解,当联立的二元一次方程组无解时,两直线无交点,即平行;有无穷多解时,两直线有无穷多个交点,即两直线重合;只有一个解时,两直线相交于一点.

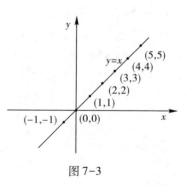

图7-3

1.直线的倾斜角和斜率

倾斜角:直线向上的方向与x轴正方向所夹的角称

为倾斜角,简称倾角,记为 α. 当直线和 x 轴平行时倾角为零,$\alpha \in [0,\pi)$.

斜率:倾斜角的正切值称为斜率,通常用 k 表示;当一条直线倾斜角是 $90°$时,它的斜率不存在,即要求 $\alpha \ne \dfrac{\pi}{2}$. 斜率可以表示一条直线对于 x 轴的倾斜程度.

直线倾斜角有角度制和弧度制两种表示方法,它们均可以表示一个角的大小的度量,单位为度"°"和弧度"rad". 它们之间的换算关系为 $180° = \pi \mathrm{rad}$. 不同倾斜角与斜率的对应关系如表 7.1 所示.

表7.1

角度	0°	30°	45°	60°	90°	120°	135°	150°
弧度	0rad	$\dfrac{\pi}{6}$rad	$\dfrac{\pi}{4}$rad	$\dfrac{\pi}{3}$rad	$\dfrac{\pi}{2}$rad	$\dfrac{2\pi}{3}$rad	$\dfrac{3\pi}{4}$rad	$\dfrac{5\pi}{6}$rad
斜率	0	$\dfrac{\sqrt{3}}{3}$	1	$\sqrt{3}$	不存在	$-\sqrt{3}$	-1	$-\dfrac{\sqrt{3}}{3}$

两点斜率公式:设直线 l 上有两个点 $P_1(x_1,y_1)$,$P_2(x_2,y_2)$,则直线 l 的斜率 $k = \dfrac{y_2-y_1}{x_2-x_1}$ $(x_1 \ne x_2)$.

2. 直线在 x 轴和 y 轴上的截距

直线 l 与 y 轴交点的纵坐标即为它在 y 轴的截距,即在直线方程中代入 $x=0$,可得 y 轴截距.

直线 l 与 x 轴交点的横坐标即为它在 x 轴的截距,即在直线方程中代入 $y=0$,可得 x 轴截距.

在直线方程 $Ax+By+C=0$ $(A^2+B^2 \ne 0)$中,如果 $C=0$,那么直线过原点$(0,0)$,它在 x 轴的截距和 y 轴的截距均为零.

3. 直线的方程

一般式:$Ax+By+C=0$ $(A^2+B^2 \ne 0$,即 A,B 不同时为零).

点斜式:已知直线经过点 $P(x_0,y_0)$,并且它的斜率是 k,那么直线的方程为 $y-y_0=k$ $(x-x_0)$.

斜截式:已知斜率 k 和直线在 y 轴上的截距 b,那么直线方程为 $y=kx+b$.

注　当直线平行于 y 轴时,设它与 x 轴的交点为 $A(a,0)$,这时直线的倾斜角 $\alpha = \dfrac{\pi}{2}$,斜率 k 不存在,则不能用点斜式或斜截式表示它的方程. 此时直线方程为 $x=a$.

两点式:已知直线上两点 $P_1(x_1,y_1)$,$P_2(x_2,y_2)$可确定一条直线,其方程为 $\dfrac{y-y_1}{y_2-y_1}=$ $\dfrac{x-x_1}{x_2-x_1}$或$\dfrac{y-y_1}{x-x_1}=\dfrac{y_2-y_1}{x_2-x_1}$.

使用两点式时应注意以下两点:①当 $x_1=x_2$ 时,直线平行于 y 轴. ②当 $y_1=y_2$ 时,直线平行于 x 轴.

截距式:已知直线在 x 轴上的截距为 a,在 y 轴上的截距 b,那么直线方程为 $\dfrac{x}{a}+\dfrac{y}{b}=1$

（其中 $a \neq 0, b \neq 0$）.

注 如果直线经过原点$(0,0)$，那么$a=0,b=0$，这时不能采用截距式表示它的方程；如果直线平行于x轴或平行于y轴，亦不能用截距式表示它的方程.

【举例】过点$P(2,3)$且在x轴和y轴上截距相等的直线有（ ）条.

A.1　　　　B.2　　　　C.3　　　　D.4　　　　E.无数

【解析】设直线在x轴上的截距为a，在y轴上的截距b. 当$a=b=0$时，直线过点$P(2,3)$和点$(0,0)$，根据两点式直线方程可知$\dfrac{y}{x}=\dfrac{3}{2}$，即$3x-2y=0$. 当$a=b \neq 0$时，根据截距式直线方程可知$\dfrac{x}{a}+\dfrac{y}{b}=\dfrac{x}{a}+\dfrac{y}{a}=1$，代入点$P(2,3)$可得：$\dfrac{2}{a}+\dfrac{3}{a}=1$，解得$a=5$，直线方程为$x+y-5=0$，故满足题目条件的直线有两条.

【答案】B

考点二　点与直线

1.必备知识点

1）两点间距离公式

平面直角坐标系上的两点间的距离，可以通过勾股定理来计算，如图7-4所示：设$P_1(x_1,y_1)$，$P_2(x_2,y_2)$，点P_1和P_2之间的距离记为P_1P_2，则$P_1P_2=\sqrt{(x_2-x_1)^2+(y_2-y_1)^2}$，这就是两点间距离公式.

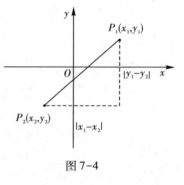

图7-4

2）线段中点坐标

设坐标平面上两点$P_1(x_1,y_1)$和$P_2(x_2,y_2)$，$P(x,y)$为P_1P_2的中点，则有$x=\dfrac{x_1+x_2}{2}$，$y=\dfrac{y_1+y_2}{2}$，即线段P_1P_2的中点坐标为$\left(\dfrac{x_1+x_2}{2},\dfrac{y_1+y_2}{2}\right)$.

3）点到直线距离公式

坐标平面上点$P(x_0,y_0)$到直线$Ax+By+C=0$的距离为$d=\dfrac{|Ax_0+By_0+C|}{\sqrt{A^2+B^2}}$.

注 点到直线距离公式常在直线与圆位置关系中使用，用于对比圆心到直线的距离与圆半径之间的大小关系，详见本章考点六（直线与圆）.

2.典型例题

【例题1】已知三角形的三个顶点$A(0,-1)$，$B(3,0)$，$C(-1,2)$，则此三角形为（ ）.

A.等边三角形　　　　B.钝角三角形　　　　C.锐角三角形

D.等腰直角三角形　　　　E.非等腰的直角三角形

【解析】通过两点间的距离公式计算三角形三边的长度：

$AB=\sqrt{(0-3)^2+(-1-0)^2}=\sqrt{10}$；

$$BC=\sqrt{(3+1)^2+(0-2)^2}=\sqrt{20};$$

$$AC=\sqrt{(0+1)^2+(-1-2)^2}=\sqrt{10}.$$

可以看出 $AB=AC$ 且 $BC^2=AB^2+AC^2$，满足勾股定理，所以 $\triangle ABC$ 为等腰直角三角形.

【答案】D

【例题2】已知3个点坐标分别为 $A(3,-4)$，$B(-3,2)$ 和 $C(1,1)$，线段 AB 中点到点 C 的距离为 d，则 $d=($).

A.1 　　　　 B.$\sqrt{2}$ 　　　　 C.$\sqrt{3}$ 　　　　 D.2 　　　　 E.$\sqrt{5}$

【解析】根据线段中点公式，线段 AB 的中点的坐标为 $\left(\dfrac{3+(-3)}{2},\dfrac{-4+2}{2}\right)$，即 $(0,-1)$.

根据两点间距离公式，该点到点 C 的距离 $d=\sqrt{(1-0)^2+(1+1)^2}=\sqrt{5}$.

【答案】E

考点三　两直线关系

1.必备知识点

设两条直线方程为 $l_1:A_1x+B_1y+C_1=0$，$l_2:A_2x+B_2y+C_2=0$. 平面上两直线位置关系有平行、相交、重合三种，可总结为表7.2：

表7.2

位置关系	交点个数	联立两直线方程组的解	斜率关系	系数关系
相交	1个	有唯一解，即交点坐标 (x_0,y_0)	$k_1\neq k_2$，垂直时 $k_1\times k_2=-1$	$A_1B_2\neq A_2B_1$，垂直时 $A_1A_2+B_1B_2=0$
平行	无	无解	$k_1=k_2$	$A_1B_2=A_2B_1$，$B_1C_2\neq B_2C_1$
重合	2个以上	—	$k_1=k_2$	$A_1B_2=A_2B_1$，$B_1C_2=B_2C_1$

注 两直线平行和垂直的判定以及根据两直线平行或垂直求参数的问题是直线研究的重点. 在部分题目中需要根据直线斜率是否存在分类讨论.

【标志词汇1】两条直线垂直. 意味着需要考虑用直线斜率关系 $k_1\times k_2=-1$，或系数关系 $A_1A_2+B_1B_2=0$.

【标志词汇2】两条直线平行. 意味着需要用直线斜率关系 $k_1=k_2$，或系数关系 $\dfrac{A_1}{A_2}=\dfrac{B_1}{B_2}\neq\dfrac{C_1}{C_2}$.

两平行直线间的距离：设有两平行直线方程分别为 $Ax+By+C_1=0$ 与 $Ax+By+C_2=0$，则它们之间的距离为 $d=\dfrac{|C_1-C_2|}{\sqrt{A^2+B^2}}$.

2.典型例题

【例题1】(条件充分性判断) $(m+2)x+3my+1=0$ 与 $(m-2)x+(m+2)y-3=0$ 相互垂直.

(1) $m=\dfrac{1}{2}$. 　　　　　　　　　　 (2) $m=-2$.

【解析】条件(1):将 $m=\dfrac{1}{2}$ 代入两直线方程并整理得 $5x+3y+2=0$ 与 $-3x+5y-6=0$,

$A_1A_2+B_1B_2=5\times(-3)+3\times5=0$,故两直线相互垂直,则条件(1)充分.

条件(2):将 $m=-2$ 代入两直线方程并整理得 $6y-1=0$ 和 $4x+3=0$,它们分别平行于 x 轴和 y 轴,故相互垂直,则条件(2)亦充分.

【答案】D

【例题2】(条件充分性判断)过点 $A(-2,m)$ 和 $B(m,4)$ 的直线与直线 $2x+y-1=0$ 平行.

(1) $m=-8$. (2) $m=2$.

【解析】根据斜率公式,过点 $A(-2,m)$ 和点 $B(m,4)$ 的直线的斜率是 $k_1=\dfrac{4-m}{m+2}$,直线 $2x+y-1=0$ 的斜率是 $k_2=-2$,要使题干成立,两直线平行,即要求 $\dfrac{4-m}{m+2}=-2$,解得 $m=-8$. 故条件(1)充分,条件(2)不充分.

【答案】A

考点四 求直线与坐标轴组成图形的面积

1.必备知识点

在求解由直线构成的三角形、四边形问题时,往往需要综合运用平行、垂直与两直线斜率间的关系,多边形顶点坐标为两边所在直线的交点等知识. 同时,需要综合运用平面几何中三角形、四边形的相关性质. 对于带绝对值的方程,需要通过零点分段、因式分解等方法将其化为变量不同范围内的多个直线方程. 关于带绝对值的方程图形常用的结论如下:

【结论1】 $|xy|-a|x|-b|y|+ab=0(a>0,b>0)$.

当 $a=b$ 时,围成一个平放的正方形(各边水平或竖直);

当 $a\neq b$ 时,围成一个平放的矩形;面积均为 $4ab$.

【结论2】 $|x+b_1|+|y+b_2|=a(a>0)$ 表示一个立放的正方形(对角线水平或竖直).

中心坐标为 $(-b_1,-b_2)$,面积为 $S=2a^2$.

其中 b_1,b_2 只影响图形中心的位置,不影响面积.

【结论3】 $|k_1x+b_1|+|k_2y+b_2|=a(a>0)$ 表示一个立放的菱形(对角线水平或竖直).

中心坐标为 $\left(-\dfrac{b_1}{k_1},-\dfrac{b_2}{k_2}\right)$,面积为 $S=\dfrac{2a^2}{|k_1k_2|}$.

其中 b_1,b_2 只影响图形中心的位置,不影响面积.

2.典型例题

【例题1】设正方形 $ABCD$ 如图7-5所示,其中 $A(2,1)$,$B(3,2)$,则边 CD 所在的直线方程是( ).

A. $y=-x-1$ B. $y=x+1$ C. $y=x-2$

D. $y=2x+2$ E. $y=-x+2$

【解析】$ABCD$ 为正方形,故对边分别平行,$CD \parallel AB$,且两边所在直线的斜率相等. AB 所在的直线斜率 $k_{AB} = \dfrac{y_B - y_A}{x_B - x_A} = \dfrac{2-1}{3-2} = 1$,故 CD 所在的直线斜率也为 1,正方形的对角线 $CA \parallel y$ 轴,$BD \parallel x$ 轴,故 D 点坐标为 $(1,2)$. 根据点斜式,CD 的直线方程为 $y = x + 1$.

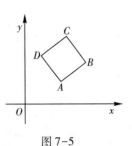

图 7-5

【答案】B

【例题2】曲线 $|xy| + 1 = |x| + |y|$ 所围成的图形的面积为(　　).

A. $\dfrac{1}{4}$ 　　 B. $\dfrac{1}{2}$ 　　 C. 1 　　 D. 2 　　 E. 4

【解析】**思路一**:将 $|xy| + 1 = |x| + |y|$ 两边平方得 $x^2 y^2 + 2|xy| + 1 = x^2 + 2|xy| + y^2$,即 $x^2 y^2 + 1 = x^2 + y^2$,因式分解得 $(x^2 - 1)(y^2 - 1) = 0$. 故 $x = \pm 1$,$y = \pm 1$,方程代表的图形为一个边长为 2 的正方形,面积 $S = 2 \times 2 = 4$.

思路二:直接将 $|xy| + 1 = |x| + |y|$ 因式分解得 $(|x| - 1)(|y| - 1) = 0$,依然可得 $x = \pm 1$,$y = \pm 1$. 之后解法同思路一.

【技巧】直接利用【结论1】,面积为 $4ab = 4$.

【答案】E

【例题3】由曲线 $|x| + |2y| = 4$ 所围图形的面积为(　　).

A. 12 　　 B. 14 　　 C. 16 　　 D. 18 　　 E. 8

【解析】根据绝对值定义分段讨论:

当 $x \geqslant 0$,$y \geqslant 0$ 时,有 $x + 2y = 4$;

当 $x \geqslant 0$,$y < 0$ 时,有 $x - 2y = 4$.

当 $x < 0$,$y \geqslant 0$ 时,有 $-x + 2y = 4$;

当 $x < 0$,$y < 0$ 时,有 $-x - 2y = 4$.

根据以上分析作图 7-6 得:$|x| + |2y| = 4$ 表示一个菱形,根据菱形面积公式可知 $S = \dfrac{1}{2} \times (2 + 2) \times (4 + 4) = 16$.

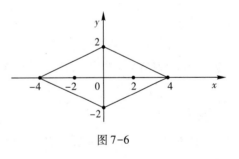

图 7-6

【技巧】直接利用本章考点四【结论3】,面积为 $S = \dfrac{2a^2}{|k_1 k_2|} = \dfrac{2 \times 16}{2} = 16$.

【答案】C

【例题4】已知直线 l 的斜率为 $\dfrac{1}{6}$,且和两坐标轴围成面积为 3 的三角形,则 l 的方程为(　　).

A. $x - 6y + 6 = 0$ 　　　　　　　　 B. $x + 6y + 6 = 0$

C. $x - 6y + 6 = 0$ 或 $x + 6y + 6 = 0$ 　 D. $x - 6y + 6 = 0$ 或 $x - 6y - 6 = 0$

E. 以上结论均不正确

【解析】直线 l 的斜率为 $\dfrac{1}{6}$,设它在 y 轴上的截距为 b,则根据斜截式设 l 的方程为 $y = $

$\frac{1}{6}x+b$,它与 x 轴交于 $(-6b,0)$.根据以上分析作图如图

7-7 所示.

根据直角三角形面积公式可知 $\frac{1}{2} \times |-6b| \times |b| = 3$,

解得 $b = \pm 1$.代入得直线 l 的方程有 $y = \frac{1}{6}x \pm 1$,整理得

$x-6y+6=0$ 或 $x-6y-6=0$.

【答案】D

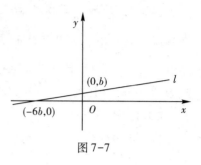

图 7-7

考点五 圆

1. 必备知识点

1）圆的方程的两种表示形式

圆的标准方程

如果一个圆的圆心是点 (a,b),半径为 r,那么这个圆的方程是 $(x-a)^2 + (y-b)^2 = r^2$,这个方程叫作圆的标准方程.

当圆心在原点 $(0,0)$ 时,圆的方程为 $x^2 + y^2 = r^2$.若同时半径 r 为单位长度,则这个圆称为单位圆.

圆的一般式方程

在直角坐标系中,方程 $x^2 + y^2 + Dx + Ey + F = 0$ 叫作圆的一般式方程,其中,系数满足 $D^2 + E^2 - 4F > 0$.

一般式方程用配方法可化为标准方程:$\left(x + \dfrac{D}{2}\right)^2 + \left(y + \dfrac{E}{2}\right)^2 = \dfrac{D^2 + E^2 - 4F}{4}$,即圆心为

$\left(-\dfrac{D}{2}, -\dfrac{E}{2}\right)$,半径 $r = \dfrac{\sqrt{D^2 + E^2 - 4F}}{2}$.

特别地,当圆心在原点 $(0,0)$ 时,圆的方程为 $x^2 + y^2 = r^2$.若同时半径 r 为单位长度,则这个圆称为单位圆.

2）圆与两坐标轴的交点

圆的一般式方程 $x^2 + y^2 + Dx + Ey + F = 0\,(D^2 + E^2 - 4F > 0)$ 中,代入 $y = 0$ 可得圆与 x 轴的交点,代入 $x = 0$ 可得圆与 y 轴的交点.特别地,当 $F = 0$ 时,圆过原点.

3）两圆位置关系

圆与圆的位置关系取决于两个圆心之间的距离和两个圆的半径之间的关系,需要用到在本章前面学习过的两点间距离公式.

设有两圆 $C_1 : (x-x_1)^2 + (y-y_1)^2 = r_1^2$ 和 $C_2 : (x-x_2)^2 + (y-y_2)^2 = r_2^2$,两个圆的圆心分别为 (x_1, y_1) 和 (x_2, y_2),圆心距 $d = \sqrt{(x_1-x_2)^2 + (y_1-y_2)^2}$,半径分别为 r_1 和 r_2.

根据两圆圆心的距离和半径,两圆的关系分为五种:外离（见图 7-8）、外切（见图 7-9）、相交（见图 7-10）、内切（见图 7-11）和内含（见图 7-12）.具体分析如表 7.3 所示.

表7.3

两圆的关系	圆心距与两圆半径的关系	交点个数	公切线	联立两圆方程的解
外离	$d > r_1 + r_2$	无交点	4条	无实数解
外切	$d = r_1 + r_2$	1个交点	3条	1组实数解
相交	$|r_1 - r_2| < d < r_1 + r_2$	2个交点	2条	2组不同实数解
内切	$d = |r_1 - r_2|$	1个交点	1条	1组实数解
内含	$0 \leqslant d < |r_1 - r_2|$	无交点	无公切线	无实数解

注 在讨论两圆位置关系时,一般不用代数法,而用圆心距与半径的大小关系分别确定外离、外切、相交、内切和内含的位置关系.

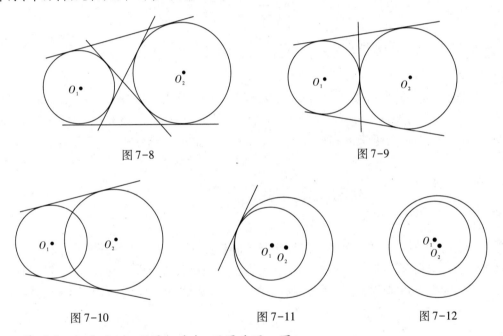

图7-8   图7-9

图7-10   图7-11   图7-12

特别地:当 $d = 0$ 时,两圆心重合,两圆为同心圆.

【标志词汇】两相交圆的公共弦⟹弦所在直线方程为两圆方程相减.

【举例】圆 $x^2 + y^2 - 4x + 6y = 0$ 与 $x^2 + y^2 - 6x = 0$ 相交于 A, B 两点,求线段 AB 所在的直线方程.

【解析】两式相减得, $x^2 + y^2 - 4x + 6y - (x^2 + y^2 - 6x) = 0$,即 $2x + 6y = 0$,线段 AB 所在的直线方程为 $2x + 6y = 0$.

2. 典型例题

【例题1】圆 $x^2 + y^2 + 2x - 3 = 0$ 与圆 $x^2 + y^2 - 6y + 6 = 0$ (   ).

A.外离   B.外切   C.相交   D.内切   E.内含

【解析】将圆的一般式方程 $x^2 + y^2 + 2x - 3 = 0$ 配方转化为标准方程得 $(x+1)^2 + y^2 = 4$,即圆心为 $O_1(-1, 0)$,半径 $r_1 = 2$. 同理,将另一圆的一般式方程 $x^2 + y^2 - 6y + 6 = 0$ 配方转化为标准方程得 $x^2 + (y-3)^2 = 3$,即圆心为 $O_2(0, 3)$,半径 $r_2 = \sqrt{3}$. 两圆圆心距为 $d = $

$\sqrt{(-1-0)^2+(0-3)^2}=\sqrt{10}$, $r_1-r_2=2-\sqrt{3}<d<r_1+r_2=2+\sqrt{3}$, 故两圆相交.

【答案】C

【例题2】（条件充分性判断）圆 $C_1:\left(x-\dfrac{3}{2}\right)^2+(y-2)^2=r^2$ 与圆 $C_2:x^2-6x+y^2-8y=0$ 有交点.

(1) $0<r<\dfrac{5}{2}$.   (2) $r>\dfrac{15}{2}$.

【解析】已知 $C_1:\left(x-\dfrac{3}{2}\right)^2+(y-2)^2=r^2$, 圆心为 $\left(\dfrac{3}{2},2\right)$, 半径为 r. 将圆 C_2 的一般式方程配方化为标准方程得 $(x-3)^2+(y-4)^2=5^2$, 圆心为 $(3,4)$, 半径为5. 故两圆的圆心距 $d=\sqrt{(x_1-x_2)^2+(y_1-y_2)^2}=\sqrt{\left(\dfrac{3}{2}\right)^2+2^2}=\dfrac{5}{2}$. 题干结论成立要求圆 C_1 与圆 C_2 有交点, 即要求 $|r_1-r_2|\le d\le r_1+r_2$, 则 $5-\dfrac{5}{2}\le r\le 5+\dfrac{5}{2}$, 对照条件(1)、条件(2)可知两条件单独或联合均不充分.

【技巧】极限分析法. 题干中圆 C_2 为圆心和半径均确定的圆, 圆 C_1 为圆心固定但半径不确定的圆, 两圆位置关系随着圆 C_1 的半径大小变化而变化. 条件(1)中, 当 r 趋近于零时, 圆很小, 不可能有交点; 条件(2)中, 当 r 趋近于正无穷大时, 圆很大, 亦不可能有交点.

【答案】E

考点六 直线与圆

直线与圆、圆与圆的位置关系是历年联考的热点, 除考查位置关系之外, 还可能考查轨迹问题及与圆有关的最值问题. 利用点到直线的距离公式求圆心到直线距离与利用勾股定理化为平面几何问题是解决与圆有关的问题所常用的两个方法, 用好了能起到事半功倍的效果.

（一） 直线与圆位置关系

1. 必备知识点

1）直线与圆位置关系判断

【标志词汇】判断直线与圆位置关系 $\Rightarrow$ 通过 d 与 r 关系判断.

设有圆 $(x-x_0)^2+(y-y_0)^2=r^2$ 和直线 $Ax+By+C=0$, 则圆心点 (x_0,y_0) 到直线的距离为 $d=\dfrac{|Ax_0+By_0+C|}{\sqrt{A^2+B^2}}$, 根据 d 与圆半径 r 之间的大小关系, 直线与圆的位置关系分为三种: 相交、相切与相离. 具体分析如表7.4所示.

表 7.4

位置关系	距离与半径的关系	交点个数	联立圆与直线方程组的解
相交	$d<r$	2 个交点	2 组不同实数解
相切	$d=r$	1 个交点	1 组实数解
相离	$d>r$	无交点	方程组无解

注　在讨论直线与圆位置关系时,一般不用代数法,而用圆心到直线的距离和半径的大小关系分别确定相交、相切、相离的位置关系.

2)常用性质

若给定直线与圆位置关系,则常利用如下性质结合平面几何知识解题.

相交:垂直于弦的直径(半径)平分弦. 如图 7-13 所示,AB 为圆 O 的弦,CD 为直径,若 $CD \perp AB$,垂足为 H_1,则 $AH_1 = BH_1$. 此即垂径定理.

相切:圆的切线垂直于经过切点的半径. 如图 7-13 所示,直线 l 为圆 O 的切线,切点为 H_2,OH_2 为经过切点的半径,则 $l \perp OH_2$.

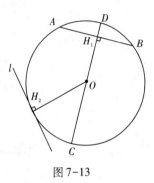

图 7-13

2.典型例题

【例题 1】(条件充分性判断)圆 $(x-1)^2 + (y-2)^2 = 4$ 和直线 $(1+2\lambda)x + (1-\lambda)y - 3 - 3\lambda = 0$ 相交于两点.

(1) $\lambda = \dfrac{2\sqrt{3}}{5}$.　　　　　　　　(2) $\lambda = \dfrac{5\sqrt{3}}{2}$.

【解析】题干要求直线与圆相交于两点,即圆心到直线距离 $d<r$. 已知圆心 $(1,2)$,$r=2$,由点到直线距离公式可知圆心到直线的距离 $d = \dfrac{|(1+2\lambda)+2(1-\lambda)-3-3\lambda|}{\sqrt{(1+2\lambda)^2+(1-\lambda)^2}} < r = 2$,故 $|3\lambda| < 2\sqrt{5\lambda^2 + 2\lambda + 2}$,两边平方整理得 $11\lambda^2 + 8\lambda + 8 > 0$,为开口向上抛物线,$\Delta = 64 - 32 \times 11 < 0$,即对于任意 λ 取值,不等式恒成立,都有 $d<r$. 故条件(1)$\lambda = \dfrac{2\sqrt{3}}{5}$,条件(2)$\lambda = \dfrac{5\sqrt{3}}{2}$ 均充分.

【答案】D

【例题 2】(条件充分性判断)设 a 为实数,圆 $C: x^2 + y^2 = ax + ay$,则能确定圆 C 的方程.
(1)直线 $x+y=1$ 与圆 C 相切.　　　　(2)直线 $x-y=1$ 与圆 C 相切.

【解析】配方得圆 $C: \left(x - \dfrac{a}{2}\right)^2 + \left(y - \dfrac{a}{2}\right)^2 = \dfrac{a^2}{2}$,为圆心在 $\left(\dfrac{a}{2}, \dfrac{a}{2}\right)$,半径 $r = \dfrac{|a|}{\sqrt{2}}$ 的圆,确定 a 值即可确定圆方程.

条件(1):直线 $x+y-1=0$ 与圆 C 相切,即圆心到直线距离 $d = \dfrac{\left|\dfrac{a}{2} + \dfrac{a}{2} - 1\right|}{\sqrt{1^2 + 1^2}} = r = \dfrac{|a|}{\sqrt{2}}$,则

$|a-1|=|a|$,两边平方解得$a=\dfrac{1}{2}$,故条件(1)充分.

条件(2)直线$x-y-1=0$与圆C相切,即圆心到直线距离$d=\dfrac{\left|\dfrac{a}{2}-\dfrac{a}{2}-1\right|}{\sqrt{1^2+(-1)^2}}=r=\dfrac{|a|}{\sqrt{2}}$,$|a|=$

1,$a=\pm1$,无法唯一确定a值,故条件(2)不充分.

【答案】A

【例题3】(条件充分性判断)设a,b为实数,则圆$x^2+y^2=2y$与直线$x+ay=b$不相交.

(1)$|a-b|>\sqrt{1+a^2}$.　　　　　　　　　　　(2)$|a+b|>\sqrt{1+a^2}$.

【解析】直线与圆不相交包括相切和相离两种情况.因此圆心到直线距离需大于或等于半径,即要求$d\geqslant r$. $x^2+y^2=2y\Rightarrow x^2+(y-1)^2=1$,是一个半径为1,圆心为$(0,1)$的圆.直线到圆心的距离$d=\dfrac{|a-b|}{\sqrt{1+a^2}}\geqslant1$,即$|a-b|\geqslant\sqrt{1+a^2}$,故条件(1)充分,条件(2)不充分.

【答案】A

（二）　圆的切线

1.必备知识点

直线与圆的三种位置关系中,最重要的是相切,所以要重点掌握切线的相关考点.

求圆的切线方程一般有如下考查形式,对应的求解思路分别如下:

(1)已知切点求切线:圆$x^2+y^2=r^2$上点$M(x_0,y_0)$处的切线方程为$x_0x+y_0y=r^2$.

(2)过圆外一点求切线:若已知切线过圆外一点$P(x_0,y_0)$,则根据点斜式设切线方程为$y-y_0=k(x-x_0)$,再利用圆心到切线的距离d等于半径r求出k值.如图7-14所示,这时将求出两条切线,同时注意不要漏掉与坐标轴平行的切线.

(3)已知斜率求切线:若已知切线方程的斜率为k,根据斜截式设切线方程为$y=kx+b$,再利用相切条件求出b的值,即可求出互相平行的两条切线,见图7-15.

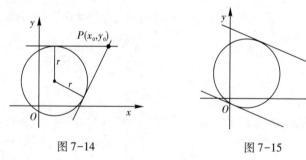

图7-14　　　　　　　　　　　　图7-15

2.典型例题

【例题4】(条件充分性判断)直线$y=k(x+2)$是圆$x^2+y^2=1$的一条切线.

(1)$k=\dfrac{\sqrt{3}}{3}$.　　　　　　　　　　　(2)$k=-\dfrac{\sqrt{3}}{3}$.

【解析】直线$y=k(x+2)$为过定点$(-2,0)$,斜率为k的直线,圆$x^2+y^2=1$为单位圆,圆

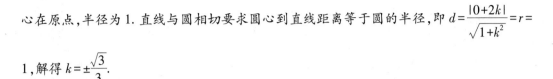

心在原点,半径为 1. 直线与圆相切要求圆心到直线距离等于圆的半径,即 $d=\dfrac{|0+2k|}{\sqrt{1+k^2}}=r=$

1,解得 $k=\pm\dfrac{\sqrt{3}}{3}$.

【总结】过圆外一点可以对圆做两条切线,且这两条切线关于圆外一点与圆心的连线对称.

【答案】D

考点七 对称

关于对称我们需要明确两个定义:轴对称和中心对称.

轴对称 把一个图形沿着某一条直线折叠,如果它能够和另一个图形重合,那么这两个图形关于这条直线对称,这条直线叫作对称轴.

中心对称 把一个图形绕着某一点旋转 180°,如果能够和另一个图形重合,那么这两个图形关于这点对称,这点叫作对称中心.

成轴对称或者中心对称的两个图形是全等图形,面积相等,对称轴是对称点连线的中垂线,对称中心是对称点连线的中心点.

(一) 一般对称

1. 必备知识点

求一点关于某一般直线的对称点,意味着需要分别利用垂直和平分,即对称轴为两对称点的中垂线,两点的中点在对称轴直线上,两点连成的直线与对称轴垂直. 进一步地,求圆关于某一般直线的对称圆,则利用两圆圆心关于直线对称,半径不变,因此有:

【标志词汇1】已知一点,求它关于某一般直线(除 x 轴,y 轴,$y=x$,$y=-x$ 以外)对称的点,则利用两点的中点在对称轴直线上,两点连成的直线与对称轴垂直.

【标志词汇2】已知一圆,求它关于某一般直线(除 x 轴,y 轴,$y=x$,$y=-x$ 以外)对称的圆,则利用圆心关于直线对称(圆心连线被直线垂直平分),半径相等.

【标志词汇3】已知一直线 $l_1:ax+by+c=0$,求它关于某直线 $l_0:Ax+By+C=0$ 的对称直线 l_2,直接记结论 l_2 为 $\dfrac{ax+by+c}{Ax+By+C}=\dfrac{2Aa+2Bb}{A^2+B^2}$.

2. 典型例题

【例题1】在平面直角坐标系中,以直线 $y=2x+4$ 为对称轴,与原点对称的点的坐标是( ).

A. $\left(-\dfrac{16}{5},\dfrac{8}{5}\right)$ B. $\left(-\dfrac{8}{5},\dfrac{4}{5}\right)$ C. $\left(\dfrac{16}{5},\dfrac{8}{5}\right)$ D. $\left(\dfrac{8}{5},\dfrac{4}{5}\right)$ E. 以上均不正确

【解析】如图 7-16 所示,两点关于某直线对称,对称轴为两对称点连线的垂直平分线.

设对称点的坐标为 (x_0,y_0),分别利用垂直(原点与对称点连线与对称轴垂直)和平

分(两点的中点 $\left(\frac{x_0+0}{2},\frac{y_0+0}{2}\right)$ 在对称轴直线方程上)这两个条件建立

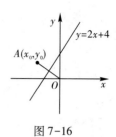

方程得 $\begin{cases} k_1k_2=\frac{y_0-0}{x_0-0}\times2=-1 \\ \frac{y_0+0}{2}=2\times\frac{x_0+0}{2}+4 \end{cases}$，解得 $x_0=-\frac{16}{5}$，$y_0=\frac{8}{5}$.

图 7-16

【答案】A

【例题2】求直线 $x+2y-1=0$ 关于直线 $x+2y+1=0$ 对称的直线方程（　　）.

A. $x+2y-3=0$　　　　　B. $x+2y+3=0$　　　　　C. $x+2y-2=0$

D. $x+2y+2=0$　　　　　E. $x-2y+3=0$

【解析】**思路一**：设对称直线方程为 $x+2y+c=0$，$\frac{|1+1|}{\sqrt{1+2^2}}=\frac{|c-1|}{\sqrt{1+2^2}}$，解得 $c=3$ 或 $c=-1$

（舍去）. 所以所求直线方程为 $x+2y+3=0$.

思路二：求直线 $ax+by+c=0$ 关于 $Ax+By+C=0$ 对称的直线 l 的方程，则直线 l 的方程

有万能公式 $\frac{ax+by+c}{Ax+By+C}=\frac{2Aa+2Bb}{A^2+B^2}$，将两直线方程代入得 $\frac{x+2y-1}{x+2y+1}=\frac{2+2\times2\times2}{1^2+2^2}$，化简后得到直

线 l 的方程为 $x+2y+3=0$.

【答案】B

（二）特殊对称

1.必备知识点

对于某些特殊直线作为对称轴,或原点作为对称中心,有如下速解技巧:

【标志词汇4】求关于 x 轴对称的新曲线方程(纵坐标对称). 将原曲线方程中的 y 用 $-y$ 替换,如图 7-17 所示.

【标志词汇5】求关于 y 轴对称的新曲线方程(横坐标对称). 将原曲线方程中的 x 用 $-x$ 替换,如图 7-18 所示.

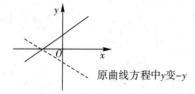

直线 $Ax+By+C=0$ 关于 x 轴对称的
直线方程为 $Ax-By+C=0$

图 7-17

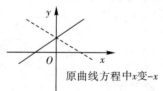

直线 $Ax+By+C=0$ 关于 y 轴对称的
直线方程为 $-Ax+By+C=0$

图 7-18

【标志词汇6】求关于 $y=x$ 对称的新曲线方程. 将原曲线方程中的 x 和 y 互换,如图 7-19 所示.

【标志词汇7】求关于 $y=-x$ 对称的新曲线方程. 将原曲线方程中的 x 变 $-y$，y 变 $-x$，如图 7-20 所示.

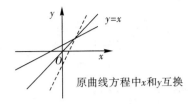

原曲线方程中x和y互换

直线 $Ax+By+C=0$ 关于 $y=x$ 对称的

直线方程为 $Ay+Bx+C=0$

图 7-19

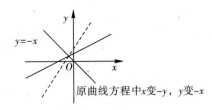

原曲线方程中x变$-y$，y变$-x$

直线 $Ax+By+C=0$ 关于 $y=-x$ 对称的

直线方程为 $-Ay-Bx+C=0$

图 7-20

【标志词汇8】求关于原点$(0,0)$对称的新曲线方程. 将原曲线方程中的 x 变$-x$，y 变 $-y$.

2. 典型例题

【例题3】分别求圆 $C: x^2+y^2+2x-6y-14=0$ 关于 x 轴、y 轴和直线 $y=x$ 对称的圆.

【解析】圆 C 的方程中 y 变为$-y$，得到关于 x 轴对称的圆：$x^2+y^2+2x+6y-14=0$.

圆 C 的方程中 x 变为$-x$，得到关于 y 轴对称的圆：$x^2+y^2-2x-6y-14=0$.

圆 C 的方程中 x 和 y 互换，得到关于直线 $y=x$ 对称的圆：$x^2+y^2+2y-6x-14=0$.

【例题4】(条件充分性判断)直线 L 与直线 $2x+3y=1$ 关于 x 轴对称.

(1) $L: 2x-3y=1$.　　　　　　　　　(2) $L: 3x+2y=1$.

【解析】求关于 x 轴对称的新曲线方程(纵坐标对称)，则将原方程中的 y 用$-y$ 替换即可. 即与直线 $2x+3y=1$ 关于 x 轴对称的直线方程为 $2x-3y=1$. 故条件(1)充分，条件(2)不充分.

【拓展】事实上，可以看出条件(2)中的方程 $3x+2y=1$ 是由原方程中 x 和 y 互换所得，因此它是原直线关于 $y=x$ 轴对称的直线.

【答案】A

模块二 常见标志词汇及解题入手方向

在联考真题中,常出现固定的标志词汇,对应固定的解题入手方向,现总结如下:

标志词汇一 对称

1.一般对称

【标志词汇1】已知一点,求它关于某一般直线(除 x 轴,y 轴,$y=x$,$y=-x$ 以外)对称的点,则利用两点的中点在对称轴直线上,两点连成的直线与对称轴垂直.

【标志词汇2】已知一圆,求它关于某一般直线(除 x 轴,y 轴,$y=x$,$y=-x$ 以外)对称的圆,则利用圆心关于直线对称(圆心连线被直线垂直平分),半径相等.

【标志词汇3】已知一直线 $l_1:ax+by+c=0$,求它关于某直线 $l_0:Ax+By+C=0$ 的对称直线 l_2,直接记结论 l_2 为 $\dfrac{ax+by+c}{Ax+By+C}=\dfrac{2Aa+2Bb}{A^2+B^2}$.

2.特殊对称

对于某些特殊直线作为对称轴,或原点作为对称中心,有如下速解技巧:

【标志词汇4】求关于 x 轴对称的新曲线方程(纵坐标对称).将原曲线方程中的 y 用 $-y$ 替换,如图 7-17 所示.

【标志词汇5】求关于 y 轴对称的新曲线方程(横坐标对称).将原曲线方程中的 x 用 $-x$ 替换,如图 7-18 所示.

【标志词汇6】求关于 $y=x$ 对称的新曲线方程.将原曲线方程中的 x 和 y 互换,如图 7-19 所示.

【标志词汇7】求关于 $y=-x$ 对称的新曲线方程.将原曲线方程中的 x 变 $-y$,y 变 $-x$,如图 7-20 所示.

【标志词汇8】求关于原点(0,0)对称的新曲线方程.将原曲线方程中的 x 变 $-x$,y 变 $-y$.

标志词汇二 距离

解析几何中距离公式主要包括:

(1)两点间距离公式 $P_1P_2=\sqrt{(x_2-x_1)^2+(y_2-y_1)^2}$.

(2)点到直线的距离公式 $d=\dfrac{|Ax_0+By_0+C|}{\sqrt{A^2+B^2}}$.

(3)平行线间的距离公式 $d=\dfrac{|C_1-C_2|}{\sqrt{A^2+B^2}}$.

其中两点间距离公式应用范围最广,常用来判断两圆位置关系;点到直线的距离公式常用来判断直线与圆的位置关系.

标志词汇 三 面积

解析几何中求面积的题目,通常需要先根据所给方程或表达式画出图像,进而借助平面几何的知识进行求解. 记住以下结论:

【结论 1】$|xy| - a|x| - b|y| + ab = 0 (a > 0, b > 0)$.

当 $a = b$ 时,围成一个平放的正方形(各边水平或竖直);

当 $a \neq b$ 时,围成一个平放的矩形;面积均为 $4ab$.

【结论 2】$|x + b_1| + |y + b_2| = a (a > 0)$ 表示一个立放的正方形(对角线水平或竖直).

中心坐标为 $(-b_1, -b_2)$,面积为 $S = 2a^2$.

其中 b_1, b_2 只影响图形中心的位置,不影响面积.

【结论 3】$|k_1 x + b_1| + |k_2 y + b_2| = a (a > 0)$ 表示一个立放的菱形(对角线水平或竖直).

中心坐标为 $\left(-\dfrac{b_1}{k_1}, -\dfrac{b_2}{k_2} \right)$,面积为 $S = \dfrac{2a^2}{|k_1 k_2|}$.

其中 b_1, b_2 只影响图形中心的位置,不影响面积.

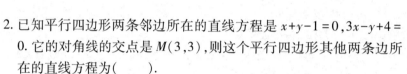

1. 如图 7-21,已知点 $A(-1,2)$,点 $B(3,4)$. 若点 $P(m,0)$ 使得 $|PB| - |PA|$ 最大,则( ).

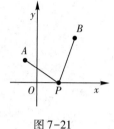

图 7-21

   A. $m = -5$ B. $m = -3$ C. $m = -1$

   D. $m = 1$ E. $m = 3$

2. 已知平行四边形两条邻边所在的直线方程是 $x+y-1=0,3x-y+4=0$. 它的对角线的交点是 $M(3,3)$,则这个平行四边形其他两条边所在的直线方程为( ).

   A. $3x-y+15=0,x+y-11=0$ B. $3x-y-16=0,x+y-11=0$

   C. $3x-y+1=0,x+y-8=0$ D. $3x-y-11=0,x+y-16=0$

   E. $3x-y+1=0,x+y-11=0$

3. 正三角形 ABC 的两个顶点 $A(2,0),B(5,3\sqrt{3})$,则另一个顶点的坐标是( ).

   A. $(8,0)$ B. $(-8,0)$ C. $(1,-3\sqrt{3})$

   D. $(8,0)$ 或 $(-1,3\sqrt{3})$ E. $(6,0)$ 或 $(-1,3\sqrt{3})$

4. 两直线 $3x+y-3=0$ 与 $6x+my+1=0$ 平行,则 m 的值为( ).

   A. 1   B. 2   C. 3

   D. 4   E. 5

5. (条件充分性判断)设集合 $M=\{(x,y)\,|\,(x-a)^2+(y-b)^2\leq 4\}, N=\{(x,y)\,|\,x>0,y>0\}$,则 $M\cap N\neq\varnothing$.

   (1) $a<-2$.   (2) $b>2$.

6. 半径为 6 的圆与 x 轴相切,且与圆 $x^2+(y-3)^2=1$ 内切,则此圆的方程是( ).

   A. $(x-4)^2+(y-6)^2=6$ B. $(x\pm4)^2+(y-6)^2=6$

   C. $(x-4)^2+(y-6)^2=36$ D. $(x\pm4)^2+(y-6)^2=36$

   E. $(x+4)^2+(y+6)^2=36$

7. (条件充分性判断)直线 $y=kx$ 与圆 $x^2+y^2-4x+3=0$ 有两个交点.

   (1) $-\dfrac{\sqrt{3}}{3}<k<0$.   (2) $0<k<\dfrac{\sqrt{2}}{2}$.

8. 设 P 是圆 $x^2+y^2=2$ 上的一点,该圆在点 P 的切线平行于直线 $x+y+2=0$,则点 P 的坐标为(   ).

A. $(-1,1)$ B. $(1,-1)$ C. $(0,\sqrt{2})$

D. $(\sqrt{2},0)$ E. $(1,1)$

9. 若直线 $y=ax$ 与圆 $(x-a)^2+y^2=1$ 相切,则 $a^2=$ (   ).

A. $\dfrac{1+\sqrt{3}}{2}$ B. $1+\dfrac{\sqrt{3}}{2}$ C. $\dfrac{\sqrt{5}}{2}$ D. $1+\dfrac{\sqrt{5}}{3}$ E. $\dfrac{1+\sqrt{5}}{2}$

10. 设圆 C 与圆 $(x-5)^2+y^2=2$ 关于 $y=2x$ 对称,则圆 C 的方程为(   ).

A. $(x-3)^2+(y-4)^2=2$ B. $(x+4)^2+(y-3)^2=2$

C. $(x-3)^2+(y+4)^2=2$ D. $(x+3)^2+(y+4)^2=2$

E. $(x+3)^2+(y-4)^2=2$

11. 以直线 $y+x=0$ 为对称轴且与直线 $y-3x=2$ 对称的直线方程为(   ).

A. $y=\dfrac{x}{3}+\dfrac{2}{3}$ B. $y=\dfrac{x}{-3}+\dfrac{2}{3}$ C. $y=-3x-2$

D. $y=-3x+2$ E. 以上都不是

习题详解

1. 【答案】A

【解析】当点 P,A,B 不共线时,构成三角形,根据三边关系,$|PB|-|PA|<|AB|$,所以当 P 点在 BA 的延长线上时 $|PB|-|PA|$ 最大.

因为 PAB 三点共线,所以直线 PA 与直线 AB 的斜率是相等的,即 $\dfrac{2-0}{-1-m}=\dfrac{2-4}{-1-3}$,解得 $m=-5$.

2. 【答案】B

【解析】方程组 $\begin{cases} x+y=1 \\ 3x-y=-4 \end{cases}$ 的解为 $x=-\dfrac{3}{4}$,$y=\dfrac{7}{4}$,即平行四边形的

一个顶点为 $A\left(-\dfrac{3}{4},\dfrac{7}{4}\right)$,设这个平行四边形其他两边的交点

为 $A'(x,y)$.由平面几何知识可知,平行四边形对角线互相平分,故作图 7-22.

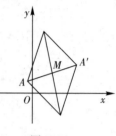

图 7-22

其中 $M(3,3)$ 是 AA' 的中点,所以 $\dfrac{x+\left(-\dfrac{3}{4}\right)}{2}=3$,$\dfrac{y+\dfrac{7}{4}}{2}=3$,解

得 $x=\dfrac{27}{4}$,$y=\dfrac{17}{4}$.则 A' 坐标为 $A'\left(\dfrac{27}{4},\dfrac{17}{4}\right)$.相交于 A' 点的两条临边分别与它们的对边平行,即分别与 $x+y-1=0$,$3x-y+4=0$ 平行,斜率分别为 -1 和 3.根据点斜式可知所求两条边直线方程为 $y-\dfrac{17}{4}=-\left(x-\dfrac{27}{4}\right)$,$y-\dfrac{17}{4}=3\left(x-\dfrac{27}{4}\right)$,整理可得 $x+y-11=0$,$3x-y-16=0$.

3. 【答案】D

【解析】设另一顶点 C 的坐标为 (x,y),根据等边三角形定义可知,三个顶点 A,B,C 之间的距离分别相等,由两点间距离公式得 $\sqrt{(x-2)^2+y^2}=\sqrt{(x-5)^2+(y-3\sqrt{3})^2}=\sqrt{(5-2)^2+(3\sqrt{3})^2}$,解得:$\begin{cases} x=8 \\ y=0 \end{cases}$ 或 $\begin{cases} x=-1 \\ y=3\sqrt{3} \end{cases}$.

【技巧】仅已知正三角形的两个顶点,可以画出关于底边对称的两个正三角形,因此另一个顶点的坐标有两种可能,答案只可能为 D,E 中的一个.

4. 【答案】B

【解析】【标志词汇】两条直线平行.意味着需要用直线斜率关系 $k_1=k_2$,或系数关系 $\dfrac{A_1}{A_2}=\dfrac{B_1}{B_2}\neq\dfrac{C_1}{C_2}$.由直线 $3x+y-3=0$ 与 $6x+my+1=0$ 平行,可得 $\dfrac{3}{6}=\dfrac{1}{m}\neq\dfrac{-3}{1}$,可得 $m=2$.

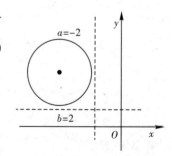

图 7-23

5. 【答案】E

【解析】两条件单独都不充分,考虑联合.

如图 7-23 所示,(a,b) 满足 $a<-2$,$b>2$,但此时 $M\cap N=\varnothing$,故不充分.

6. 【答案】D

【解析】设圆心为 (a,b)，半径为 6，则圆的方程为 $(x-a)^2+(y-b)^2=36$，因为该圆与 x 轴相切，所以 $b=6$ 或 $b=-6$.

当 $b=-6$ 时，此圆一定与 x 轴相切，但不能与圆 $x^2+(y-3)^2=1$ 内切，不符合题意.

当 $b=6$ 时，两圆内切，圆心距 $d=\sqrt{(a-0)^2+(6-3)^2}=\sqrt{a^2+9}=6-1$，$a^2=16$，解得 $a=\pm4$.

故此圆的方程是 $(x\pm4)^2+(y-6)^2=36$.

7. 【答案】A

【解析】配方将圆方程 $x^2+y^2-4x+3=0$ 化为标准式可得 $(x-2)^2+y^2=1$，直线与圆有两个交点即要求圆心到直线的距离小于圆半径，即 $d=\dfrac{|2k|}{\sqrt{k^2+1}}<1$，解得 $-\dfrac{\sqrt{3}}{3}<k<\dfrac{\sqrt{3}}{3}$. 故条件 (1) 充分，条件 (2) 不充分.

8. 【答案】E

【解析】切线平行于直线 $x+y+2=0$，故切线的斜率也为 -1. $x^2+y^2=2$ 为圆心在原点，半径为 $\sqrt{2}$ 的圆，如图 7-24 所示，由于切点与圆心连线垂直于切线，故切点在过原点且倾斜角为 $45°$ 的直线上. 设切点坐标为 $P(x_0,x_0)$，代入圆的方程有 $x_0^2+x_0^2=2\Rightarrow x_0=\pm1$，故切点为 $(-1,-1)$（舍）或 $(1,1)$.

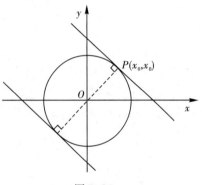

图 7-24

9. 【答案】E

【解析】直线方程为 $ax-y=0$，圆的圆心为 $(a,0)$，由于直线与圆相切，故圆心到直线的距离等于圆的半径，即 $d=\dfrac{|a^2-0|}{\sqrt{a^2+1}}=1\Rightarrow a^4-a^2-1=0$，令 $t=a^2$，得 $t^2-t-1=0$，解得 $t=a^2=\dfrac{1+\sqrt{5}}{2}$ 或 $a^2=\dfrac{1-\sqrt{5}}{2}$（舍去）.

10. 【答案】E

【解析】求关于直线对称的圆的核心依旧是求关于直线对称的点，求出关于直线对称的圆心，半径不变，写出圆的方程即可. 设圆心 $(5,0)$ 关于 $y=2x$ 的对称点为 (x_0,y_0)，则根据两点连线被对称轴垂直且平分可知 $\begin{cases}\dfrac{y_0+0}{2}=2\times\dfrac{x_0+5}{2}\\[2mm]\dfrac{y_0-0}{x_0-5}=-\dfrac{1}{2}\end{cases}$，解得 $\begin{cases}x_0=-3\\y_0=4\end{cases}$，故圆 C 的方程为 $(x+3)^2+(y-4)^2=2$.

【技巧】作图可知圆 C 一定在第二象限，只有选项 B，E 符合.

11. 【答案】A

【解析】直线 $y+x=0$ 即 $y=-x$，将原方程中的 x 变 $-y$，y 变 $-x$ 可得到原直线关于 $y=-x$ 对称的直线方程，即 $-x+3y=2$，整理得 $y=\dfrac{x}{3}+\dfrac{2}{3}$.

数学考点精讲·基础篇

第4部分

数据分析

第八章

排列组合

大纲分析　本章每年约考 1-2 题,考查方式较为灵活,且出题方式经常会有所创新. 另外部分同学对该考点较为陌生,需要从零开始. 对本章内容的学习要进行大量题型的训练,遇到一个题目首先进行题型定位,再对应解法. 重点考查元素的选取、分堆分配、全排列的作用等,分房模型、捆绑法、插空法、隔板法考查较少.

模块一　考点剖析

考点一　排列组合基础知识

(一) 基本计数原理

1. 加法原理(分类计数原理)

如果完成一件事有 n 种不同方案,其中第 1 种方案中有 m_1 种不同方法,第 2 种方案有 m_2 种不同方法,以此类推,第 n 种方案有 m_n 种不同方法. 若不论用哪一种方案中的哪一种方法,都可以完成此事,且它们相互独立,则完成这件事共有:$m_1+m_2+\cdots+m_n$ 种不同方法. 这就是加法原理,或称分类计数原理.

【例题1】从甲地到乙地,可以乘火车、汽车或者轮船,一天中火车有 2 班次,汽车有 4 班次,轮船有 3 班次,那么一天中乘坐这些交通工具从甲地到乙地共有多少种不同的走法?(　　)

A.3　　　　　B.4　　　　　C.6　　　　　D.9　　　　　E.24

【解析】由图 8-1 可知:从甲地到乙地有 3 种方案,其中方案 1 火车有 2 种方法;方案 2 汽车有 4 种方法;方案 3 轮船有 3 种方法,故完成从甲至乙这件事有 $2+4+3=9$ 种方法.

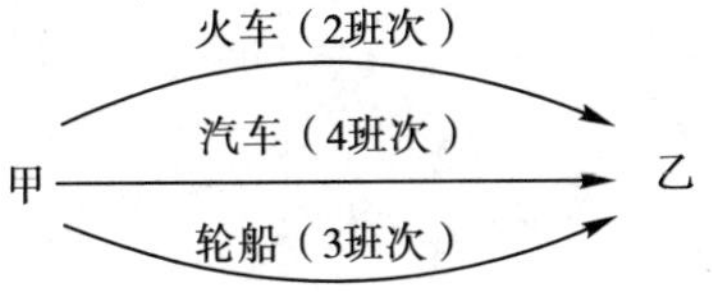

【答案】D

图 8-1

2. 乘法原理(分步计数原理)

如果完成一件事需要经过 n 个步骤,其中做第 1 步有 m_1 种不同的方法,做第 2 步有 m_2 种不同的方法,以此类推,做第 n 步有 m_n 种不同的方法. 只有每个步骤都依次分别完成了,这件事才算完成,那么将各个步骤的方法数相乘,可以得到完成这件事的方法总数.即完成这件事共有 $m_1 \times m_2 \times \cdots \times m_n$ 种不同方法.这就是乘法原理,或称分步计数原理.

【例题2】从甲地到乙地的道路有3条,从乙地到丙地的道路有2条.现在从甲地经过乙地去丙地,共有多少种不同的走法? (   )

A. 2　　　　　B. 3　　　　　C. 6　　　　　D. 8　　　　　E. 9

【解析】由图8-2可知:第一步从甲至乙有3种走法,第二步从乙至丙有2种走法,故从甲经乙至丙共有 $3 \times 2 = 6$ 种走法.

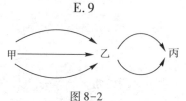

图8-2

【答案】C

3. 加法原理和乘法原理的联系与区别

加法原理与乘法原理都是研究做一件事时,能够完成这件事的不同方案的数量.如果一件事情,既有能够独立完成任务的方案,又有按步骤完成任务的方案,那么在计算的过程中需要综合考虑.

加法原理和乘法原理相同点和不同点总结见表8.1.

表8.1

比较	加法原理	乘法原理
相同点	加法原理和乘法原理研究的都是关于完成一件事情的不同方法种数的问题	
不同点1	分类:完成事情共有 n 类方案	分步:完成事情共分 n 个步骤
不同点2	每类方案都能独立完成此事	每一步得到的只是中间结果,任何一步都不能独立完成此事,缺少任何一步也不能完成此事,只有依次完成所有步骤才能完成此事

(二)　排列数与组合数

1. 定义

(1)组合数:从 n 个不同的元素中,任取 m 个元素 $(m \leqslant n)$,不论顺序组成一组,称为从 n 元素中取出 m 个元素的一个组合.所有这些组合的个数称为组合数,记为 C_n^m.

(2)排列数:从 n 个不同的元素中,任取 m 个元素 $(m \leqslant n)$,按照一定的顺序排成一列,称为从 n 个不同元素中抽取 m 个元素的一个排列.所有这些排列的个数称为排列数,记为 A_n^m.

2. 计算方法

1)组合数 C_n^m

$$C_n^m = \frac{n \times (n-1) \times \cdots \times (n-m+1)}{1 \times \cdots \times (m-1) \times m} = \frac{\text{由 } n \text{ 开始从大往小,数 } m \text{ 个数连乘}}{\text{由 } 1 \text{ 开始从小往大,数 } m \text{ 个数连乘}}.$$

应用1: $C_n^0 = C_n^n = 1$.

当 $m = n$ 时, $C_n^n = \dfrac{n \times (n-1) \times \cdots \times 2 \times 1}{1 \times 2 \times \cdots \times (n-1) \times n} = 1$.

当 $m=n$ 时,等同于在 n 个元素中选取 n 个元素,只有 1 种选法,意味着全部都选.

当 $m=0$ 时等同于在 n 个元素中选取 0 个元素,只有 1 种选法,意味着全部都不选.

应用 2:$C_n^m = C_n^{n-m}(m \leqslant n)$.

【举例1】计算 C_8^3 和 C_8^5.

【解析】$C_8^3 = \dfrac{8 \times 7 \times 6}{1 \times 2 \times 3} = 56$;$C_8^5 = \dfrac{8 \times 7 \times 6 \times 5 \times 4}{1 \times 2 \times 3 \times 4 \times 5} = 56$.

2)排列数 A_n^n(全排列)

$A_n^n = n(n-1)(n-2) \times \cdots \times 3 \times 2 \times 1 = n!$.

【举例2】4 个人排成一队,一共有多少种排队方法?

【解析】排队一共分为 4 步,分别为:

第一步,4 个人中任选一个排在第一位,共有 4 种选法.

第二步,剩下 3 个人中任选一个排在第二位,共有 4-1=3(种)方法.

第三步,剩下 2 个人中任选一个排在第三位,共有 4-2=2(种)方法.

第四步,剩下 1 个人中任选一个(即最后一人自动)排在第四位,共有 1 种方法.

根据乘法原理,共有 $4 \times 3 \times 2 \times 1 = 4! = 24$(种)排队方法.

当扩展到 n 个人排队时,分为 n 步,可以得到:$A_n^n = n \times (n-1) \times \cdots \times 2 \times 1 = n!$

3)排列数 A_n^m

$A_n^m = n(n-1)(n-2)\cdots(n-m+1) = C_n^m \cdot A_m^m$.

注排列数 A_n^m 的意义是从 n 个元素中有顺序地选取 m 个,因此它等于先从 n 个元素中无顺序地选取 m 个,之后再将选出的 m 个元素排序,即 $A_n^m = C_n^m \cdot A_m^m$.

【举例3】从 n 个人里选出 m 个人排成一队,一共有多少种排队方法?

【解析】排队过程分为两步:

第一步:从 n 个人里选出 m 个人,即 C_n^m;

第二步:将这 m 个人进行排队,即 A_m^m.

故根据乘法原理得:共有 $C_n^m \cdot A_m^m = \dfrac{n!}{m!\ (n-m)!} \cdot m! = \dfrac{A_n^m}{m!} \cdot m! = A_n^m$(种)排队方法.

3. 常用公式

$C_n^0 = C_n^n = 1$

$C_n^1 = C_n^{n-1} = n$

$C_n^m = C_n^{n-m}$(若给定两组合数相等:$C_n^a = C_n^b$,那么两种可能:$a=b$ 或者 $a+b=n$)

$A_n^n = n!$,$A_m^m = m!$

$A_n^m = C_n^m \times A_m^m$

【举例】计算 $C_6^2, C_6^4, C_{12}^7, C_{12}^5, C_7^3, A_7^3, A_7^4, A_{10}^6, A_5^5$.

【解析】$C_6^2 = \dfrac{6 \times 5(\text{由 6 开始从大往小,数 2 个数连乘})}{1 \times 2(\text{由 1 开始从小往大,数 2 个数连乘})} = 15$;

$C_6^4 = \dfrac{6 \times 5 \times 4 \times 3(\text{由 6 开始从大往小,数 4 个数连乘})}{1 \times 2 \times 3 \times 4(\text{由 1 开始从小往大,数 4 个数连乘})} = 15 = C_6^2$;

$$C_{12}^7 = C_{12}^5 = \frac{12 \times 11 \times 10 \times 9 \times 8 (\text{由 12 开始从大往小}, \text{数 5 个数连乘})}{1 \times 2 \times 3 \times 4 \times 5 (\text{由 1 开始从小往大}, \text{数 5 个数连乘})} = 792;$$

$$C_7^3 = \frac{7 \times 6 \times 5 (\text{由 7 开始从大往小}, \text{数 3 个数连乘})}{1 \times 2 \times 3 (\text{由 1 开始从小往大}, \text{数 3 个数连乘})} = 35;$$

$$A_7^3 = C_7^3 \times 3! = \frac{7 \times 6 \times 5 (\text{由 7 开始从大往小}, \text{数 3 个数连乘})}{1 \times 2 \times 3 (\text{由 1 开始从小往大}, \text{数 3 个数连乘})} \times 3! = 35 \times 6 = 210;$$

$$A_7^4 = C_7^4 \times 4! = \frac{7 \times 6 \times 5 \times 4}{1 \times 2 \times 3 \times 4} \times 4! = 35 \times 24 = 840;$$

$$A_{10}^6 = C_{10}^6 \times 6! = C_{10}^4 \times 6! = \frac{10 \times 9 \times 8 \times 7}{1 \times 2 \times 3 \times 4} \times 6! = 210 \times 720 = 151200;$$

$$A_5^5 = C_5^5 \times 5! = 1 \times 5! = 120.$$

4. 常用数值

$$C_n^0 = C_n^n = 1,$$

$$A_3^3 = 3! = 6, \ C_3^1 = C_3^2 = 3,$$

$$A_4^4 = 4! = 24, \ C_4^1 = C_4^3 = 4, \ C_4^2 = 6,$$

$$A_5^5 = 5! = 120, \ C_5^1 = C_5^4 = 5, \ C_5^2 = C_5^3 = 10,$$

$$A_6^6 = 6! = 720, \ C_6^2 = C_6^4 = 15, \ C_6^3 = 20.$$

5. 相同点和不同点

排列数、组合数的相同点和不同点见表 8.2.

表8.2

比较	排列数	组合数
相同点	从 n 个不同元素中, 任取 m 个元素	
不同点	排队, 有顺序区别	分组, 没有顺序区别

（三） 解题六大要点

在求解排列组合题目的时候, 只要分析清楚以下六大要点, 就可以快速定位它对应的数学模型, 从而解决问题.

(1) 参与排列组合的元素是否相同;

(2) 是否从相同备选池中选取元素;

(3) 是否为确定分配;

(4) 元素是否有位置顺序的概念, 即元素排列顺序不同, 结果是否会不同;

(5) 有无特殊要求元素;

(6) 所有元素是否均要参与排列组合.

下面就如何判断以上六点进行详细讲解.

1. 参与排列组合的元素是否相同

常见相同元素标志词汇如下:

(1)题干中限定"相同"的元素,如相同的球、相同的书、相同的项目等.

(2)空的位置,如空车位、空座位等.

(3)名额.

常见不同元素标志词汇如下:

(1)人.

(2)题干中未明确限定"相同"的具体实物,如书、车、项目等.

(3)带有标号的实物,如标号的球、标号的盒子等.

2.是否从相同备选池中选取元素

在元素选取时,具有相同属性的元素形成一个备选池.需要区分题目场景是根据不同属性元素分别选取,还是将所有元素看作一个整体进行选取.

3.是否为确定分配

确定分配是指,在分堆问题中,对于分好的每堆元素,可以唯一确定哪一堆分配给哪个人,即既指定每堆所含的元素个数,又指定各堆分别分给谁.若缺少任意一点,则为非确定分配.

【举例】有 3 堆球,每堆分别有 1 个球、2 个球和 3 个球,将其分给甲、乙、丙三个人,每人一堆.

确定分配为:分给甲一个球,乙两个球,丙三个球.此时甲需要分得一个球,则可以确定他一定分得包含 1 个球的堆,乙、丙同理.

非确定分配为:甲、乙、丙三人中,1 人分 1 个,1 人分 2 个,1 人分 3 个.

4.元素是否有"位置或顺序的概念"

元素是否有位置或顺序的概念,即元素排列顺序不同,结果是否会不同,这是区分分组与排列的关键.

常见无顺序区分元素标志词汇如下:

(1)几人一起;

(2)分组完成某事(组内无顺序).

常见有顺序区分元素标志词汇如下:

(1)标号的先后;

(2)时间或上场顺序的先后;

(3)排队顺序的先后;

(4)座位顺序的先后.

5.有无特殊要求元素

一般题目中的特殊元素指的是题目对元素有特殊要求,或元素具有特殊功能,主要表现为以下三点:

(1)是否有某两元素必须相邻或不相邻的要求;

(2)是否有某元素必须排在或不能排在某位置的要求;

(3)是否有特殊功能的元素(偶数、末尾为 0 或 5 的数、双重功能元素等).

【例题3】从 0,1,2,3,5,7,11 七个数字中每次取两个相乘,不同的积有(　　).

A.15 种　　　　B.16 种　　　　C.19 种　　　　D.23 种　　　　E.21 种

【解析】在本题中,区别于其他数字,0乘以其余任何数结果都为0,故0属于特殊功能的元素,需要单独分析.

从7个数字中任取两个数,共有$C_7^2=21$种分法,当其中一个数字选取到0时,无论另一个数字选几,乘积均为0,此情况出现了6次,去掉重复的5次,故不同的乘积有21-5=16种.

【陷阱】要从总情况里面减去重复计算的情况.另外,乘积为0出现了6次,重复的为5次,不要减去6次,否则会误选A.

【答案】B

6. 是否所有元素均要参与排列组合

以选人的题目为例,若要选所有的人,如7个人排成一队,就是所有元素均参与,则为全排列A_7^7;而7个人中选出5个人排成一队,并非所有元素全部参与,则为非全排列A_7^5.

【例题4】在8名志愿者中,只能做英语翻译的有4人,只能做法语翻译的有3人,既能做英语翻译又能做法语翻译的有1人.现从这些志愿者中选取3人做翻译工作,确保英语和法语都有翻译的不同选法共有( )种.

A. 12　　　B. 18　　　C. 21　　　D. 30　　　E. 51

【解析】本题中一共有8名志愿者,但是只选3人,并非所有元素全部参与;此外,能同时做英语和法语翻译的志愿者属于具有双重功能的元素,所以要针对双重功能元素(既能做英语翻译又能做法语翻译)是否被选上做分情况讨论.

情况1:双重功能元素(既能做英语翻译又能做法语翻译)被选中,则从剩余7人中任选2人即可保证英语和法语都有翻译,方法均为C_7^2种.

情况2:双重功能元素(既能做英语翻译又能做法语翻译)未被选中,则有1英2法($C_4^1C_3^2$)或2英1法($C_4^2C_3^1$),

综上,方案数为$C_7^2+C_4^1C_3^2+C_4^2C_3^1=51$(种).

【答案】E

不同关键点对应的元素选取分配问题求解方法见表8.3.

表8.3

n个元素	m个对象	每个对象至少分得一个元素(对象不能为空)	有的对象可以不分得元素(对象可以为空)
相同	相同	穷举法(自1起穷举整数)	穷举法(自0起穷举整数)
相同	不同	隔板法(只看每组的数量)	隔板法进阶
不同	相同	分堆法	分类讨论
不同	不同	先分堆,再分配	分房法

把n个元素分配给m个对象的元素分配问题处理流程如图8-3所示.

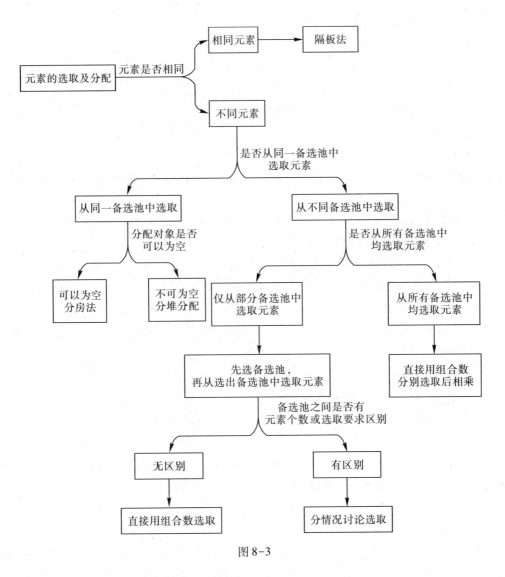

图 8-3

考点二　不同元素选取分配问题

（一）　从不同备选池中选取元素

n 个元素不同,且位于不同属性的备选池,从中选取元素时主要有以下几种出题套路:

1) 每个备选池均选元素

【例题 1】羽毛球队有 4 名男运动员和 3 名女运动员,从中选出两男两女参加比赛,则不同的选取方法有(　　)种.

A. 18　　　　　　B. 36　　　　　　C. 72　　　　　　D. 9　　　　　　E. 24

【解析】本题中 4 名男运动员和 3 名女运动员分别构成属性不同的两个备选池,题目要求分别从两个备选池中均选出元素,则直接用组合数分别按要求选取后相乘,即不同

的选取方法有 $C_4^2 \times C_3^2 = 18$ 种.

【答案】A

2）仅从部分备选池中选取元素，备选池间无元素个数或选取要求的区别

【例题2】从10双鞋中，任选4只：

（1）4只全部恰好成双的方法有多少种？

（2）4只都不成双的方法有多少种？

（3）4只中恰仅有2只成双的方法有多少种？

【解析】本题中10双鞋子分别为10个备选池，每个池中均有2个不同元素（左、右鞋），要求仅从部分备选池中选取元素.

（1）4只全部恰好成双，故从10双鞋中选取2双即可，方法有 $C_{10}^2 = 45$ 种.

（2）4只不成双的单鞋来自4双鞋.

第一步：从10双中选取4双鞋，方法数为 C_{10}^4.

第二步：从选出的4双的每双中分别取出左或右单只，方法数为 $C_2^1 \times C_2^1 \times C_2^1 \times C_2^1$.

根据乘法原理，总方法有 $C_{10}^4 \times C_2^1 \times C_2^1 \times C_2^1 \times C_2^1 = C_{10}^4 \times 2^4 = 3360$（种）.

（3）4只中恰仅有2只成双，同时也意味着另外两只一定不成双，分两步选取，首先选取恰好成双的两只，其次选取恰好不成双的两只.

第一步：从10双中选取1双，方法有 $C_{10}^1 = 10$（种）.

第二步：从剩余9双中选取两双鞋，之后分别取出左右单只，方法数为 $C_9^2 \times C_2^1 \times C_2^1$ 种.

根据乘法原理，总方法有 $C_{10}^1 \times C_9^2 \times C_2^1 \times C_2^1 = C_{10}^1 \times C_9^2 \times 2^2 = 1440$（种）.

3）仅从部分备选池中选取元素，备选池间有元素个数或选取要求的区别

【例题3】某委员会由三个不同专业的人员组成，三个专业的人数分别是2，3，4，从中选派2位不同专业的委员外出调研，则不同的选派方式有（　　　）.

A.36种　　　　B.26种　　　　C.12种　　　　D.8种　　　　E.6种

【解析】

思路一：本题中三个专业分别为三个不同属性的备选池，每个池中元素个数不同，分别为2个、3个和4个，故不可以直接用组合数选定备选池，而需要分情况讨论. 分别从三个专业中两两各选一人参加，不同选派方式有 $C_2^1 C_3^1 + C_2^1 C_4^1 + C_3^1 C_4^1 = 2 \times 3 + 2 \times 4 + 3 \times 4 = 26$ 种.

思路二：逆向思维，总方法数减去不符合要求的方法数即为所求. 总选法为 $C_9^2 = 36$（种），两人来自同一专业的选法为 $C_2^2 + C_3^2 + C_4^2 = 1 + 3 + 6 = 10$ 种，故所选两人来自不同专业的选法为 $36 - 10 = 26$ 种.

【答案】B

（二）　从同一备选池选取元素的分堆分配问题

1.必备知识点

从同一个备选池的 n 个不同元素中按要求选取元素属于分堆分配问题，即把 n 个不同元素分配给 m 个不同对象（每个对象至少分得一个元素）的分法总数的问题.

如果只分堆（每堆之间无差别）不进行分配，那么可以理解为，把 n 个元素堆成 m 堆，

一共有多少种方法,此即仅分堆问题.如果分配的 m 个对象不同,那么在仅分堆的基础上要多加一步,即把已经分好的 m 堆,再分配给 m 个不同的对象,由乘法原理得到方法数,此即分堆分配问题.

【举例1】有 3 个工程师,分别去 3 个不同的地方考察,每个地方至少去一个人,一共有多少种分法?

【解析】第一个工程师可从 3 个地方任选,方案数为 3;第二个工程师从剩余的 2 个地方任选,方案数为 2;第三个工程师仅能选择最后剩余的一个地方,方案数为 1.根据乘法原理总分法为 $3×2×1$.事实上,这就是排列数 $A_3^3 = 3×2×1$.将 m 个不同元素分配到 m 个不同地方,或将 m 个不同元素与另外 m 个不同元素两两配对,方法数均为 A_m^m.

【举例2】有 4 个工程师,分成 3 组去 3 个不同的地方考察,每个地方至少去一个人,一共有多少种分法?

【解析】有 4 个不同的人(元素),分配到 3 个不同的地方(对象),此时人数与地方数不匹配,需要先将 4 个人分为无差别的 3 堆,此时堆数与地方数相同,再将这 3 堆分配到 3 个不同的地方.这个过程即为分堆分配.

第一步,分堆:将 4 个人分为不为空的 3 堆,仅有一种可能即 1+1+2,其中有 2 堆包含的元素数量相同,需要除以 A_2^2 消序.故分堆的方法数为 $\dfrac{C_4^1 C_3^1 C_2^2}{A_2^2}$.

第二步,分配:将 3 堆分配去 3 个不同的地方,方法数为 A_3^3.

故根据乘法原理,一共有 $\dfrac{C_4^1 C_3^1 C_2^2}{A_2^2} × A_3^3$ 种方法.

【答案】$\dfrac{C_4^1 C_3^1 C_2^2}{A_2^2} × A_3^3$.

2.典型例题

1)分堆法的原理

分堆法的本质是乘法原理,实际上就是分步挑选元素.需要分成几堆就分为几步,每步挑选出所需数量的元素,之后将各步骤方法数相乘.

【例题4】在某次比赛中有 6 名选手进入决赛.若决赛设有 1 个一等奖,2 个二等奖,3 个三等奖,则可能的结果共有(　　　)种.

A.16　　　　　B.30　　　　　C.45　　　　　D.60　　　　　E.120

【解析】6 个人分别获得一、二、三等奖,具体的分法分为三步:

第一步:在 6 个人中,挑选 1 个选手获得 1 等奖,共有 C_6^1 种取法;

第二步:在剩下 5 个人中,挑选 2 个选手获得 2 等奖,共有 C_5^2 种取法;

第三步:在剩下 3 个人中,挑选 3 个选手获得 3 等奖,共有 C_3^3 种取法;

根据乘法原理,总的可能结果有 $C_6^1 × C_5^2 × C_3^3 = 6×10×1 = 60$(种).

特别地,先给哪一堆分配元素,不影响最终结果,如先挑选 3 等奖,再挑选 2 等奖,最后挑选 1 等奖,也分为 3 步:

第一步:在 6 个人中,挑选 3 个选手获得 3 等奖,共有 C_6^3 种取法;

第二步：在剩下 3 个人中，挑选 2 个选手获得 2 等奖，共有 C_3^2 种取法；

第三步：在剩下 1 个人中，挑选 1 个选手获得 1 等奖，共有 C_1^1 种取法；

根据乘法原理，总的可能结果为 $C_6^3 \times C_3^2 \times C_1^1 = 20 \times 3 \times 1 = 60$（种）.

【答案】D

2）分堆问题中的消序

在分堆时，如果有几堆含有的元素数量相同，则会因为分步选取顺序不同而产生重复计算. 此时需要进行消序. 消序的方法是：有 k 堆含有的元素数量相同，就在分步选取后除以 A_k^k.

例如：有两堆含有的元素数量相同，在分步选取后除以 $A_2^2 = 2$.

有三堆含有的元素数量相同，在分步选取后除以 $A_3^3 = 6$.

【例题5】将 6 人分成 3 组，每组 2 人，则不同的分组方式共有（　　　）种.

A. 12　　　　　B. 15　　　　　C. 30　　　　　D. 45　　　　　E. 90

【典型错误】依据分堆法分为三步选取：

第一步：6 人中选 2 人组成一组 C_6^2；

第二步：剩下 4 人中选 2 人组成一组 C_4^2；

第三步：剩下 2 人中选 2 人组成一组 C_2^2.

最终得到答案 $C_6^2 \times C_4^2 \times C_2^2 = 90$.

【错误分析】这是一个典型的错误解答，之所以很多考生会犯这个错误，是因为忽略了当有几堆包含的元素数量相同时，会因选取顺序不同产生重复计算，需要消序. 具体分析如下：

题干要求把 6 人分成 3 组，设这 6 人分别为①号至⑥号. 在分步选取时，如表 8.4 所示情况会被重复计算：

表8.4

情况	第一步	第二步	第三步
情况一	选取①+②组成一组	选取③+④组成一组	选取⑤+⑥组成一组
情况二	选取①+②组成一组	选取⑤+⑥组成一组	选取③+④组成一组
情况三	选取③+④组成一组	选取①+②组成一组	选取⑤+⑥组成一组
情况四	选取③+④组成一组	选取⑤+⑥组成一组	选取①+②组成一组
情况五	选取⑤+⑥组成一组	选取①+②组成一组	选取③+④组成一组
情况六	选取⑤+⑥组成一组	选取③+④组成一组	选取①+②组成一组

以上情况在【典型错误】中被计算了 6 次，但由于组与组之间没有区别，所以实际上的分组安排是相同的，均为①+②在一组，③+④在一组，⑤+⑥在一组这一种分组安排. 这样的重复计算是由于分步选取顺序不同而产生的，因此我们需要消序，即在分步选取后除以具有相同数量元素的组数的阶乘，本题中分成的三组含有的元素数量相同（均为 2 人），故需要将以上分步选取的结果除以 A_3^3.

【正确解析】$\dfrac{C_6^2 \times C_4^2 \times C_2^2}{A_3^3} = \dfrac{90}{6} = 15$(种)不同的分组方式.

【答案】B

3)未明确指出每堆的数量

如果题目只是说分了 m 堆,每堆至少有一个元素,但没有明确指出每堆拥有元素的数量,此时需要分情况讨论.

【例题6】将 5 个人分为三个组,每组至少一个人,则不同的分组方式共有(   )种.

A. 20   B. 25   C. 30   D. 45   E. 90

【解析】5 个人分为 3 组,每组至少一个人,有两种可能情况.

情况①:三组人数分别为 3 人+1 人+1 人. 方法数为 $\dfrac{C_5^3 \times C_2^1 \times C_1^1}{A_2^2} = 10$;

情况②:三组人数分别为 2 人+2 人+1 人. 方法数为 $\dfrac{C_5^2 \times C_3^2 \times C_1^1}{A_2^2} = 15$.

故不同的分组方式共有 10+15 = 25 种.

【答案】B

4)仅分堆问题总结

对于仅分堆不分配的问题,需要考虑的问题是是否指定了每组或每堆的元素数量,以及是否需要消序. 现以将 6 本书分为 3 堆为例进行总结,见表8.5.

表 8.5

要 求	举 例	计算方法
指定每堆元素数量	分为 1+2+3 的三堆	每堆数量不同不消序 $C_6^1 \times C_5^2 \times C_3^3$
	分为 2+2+2 的三堆	有三堆数量相同消序 $\dfrac{C_6^2 \times C_4^2 \times C_2^2}{A_3^3}$
	分为 1+1+4 的三堆	有两堆数量相同消序 $\dfrac{C_6^1 \times C_5^1 \times C_4^4}{A_2^2}$
不指定每堆元素数量	把 6 本书分为 3 堆,每堆至少 1 本	分情况讨论后相加: 情况①1+2+3:$C_6^1 \times C_5^2 \times C_3^3$ 情况②2+2+2:$\dfrac{C_6^2 \times C_4^2 \times C_2^2}{A_3^3}$ 情况③1+1+4:$\dfrac{C_6^1 \times C_5^1 \times C_4^4}{A_2^2}$

5)分堆后分配的问题

如果题目需要把 n 个不同元素分给 m 个不同的对象,那么在将 n 个不同元素分为 m 堆之后,还要再将这 m 堆进行一次分配,分给不同对象. 此时需要多加一步判断,即分配是确定分配还是非确定分配. 确定分配是指,对于分好的每堆元素,可以根据题意唯一确定哪一堆分配给哪个对象,即既指定每堆所含的元素个数,又指定各堆分别分给谁. 若缺少任意一点,则为非确定分配. 此类问题由易到难共有三种分类:

(1)完全确定分配:可以唯一确定哪一堆分配给哪个对象,则无须处理,每堆元素自动分配.

【例题7】将6本不同的书分给甲、乙、丙三人,其中甲分1本、乙分2本、丙分3本,共有多少种分法?(   )

A.20 种　　　　B.30 种　　　　C.50 种　　　　D.60 种　　　　E.90 种

【解析】本题将6本书(元素)分配给3个人(对象),此时书的数量与人数不匹配,需要按照题意将6本书先分为三堆,再分配给三个人.

第一步,分堆:6本书先分为数量为1本、2本、3本的三堆,由于每堆元素数量不同,不需要消序,故共有 $C_6^1 \times C_5^2 \times C_3^3 = 60$(种)分法.

第二步,分配:将这三堆分配给三个人.因为明确规定了每个人分配书的数量,所以甲只能分得1本的那一堆,乙只能分得2本的那一堆,丙只能分得3本的那一堆,即可以唯一确定哪一堆会被分配给哪个人,只有一种分配方案.

根据乘法原理,总分法有 $60 \times 1 = 60$ 种.

【答案】D

(2)完全非确定分配:分堆后无法确定哪一堆会分配给哪个对象,则直接乘 A_m^m 将 m 堆分配到 m 个地方.

【例题8】将6本不同的书分为1本、2本、3本这三堆后,再分给甲、乙、丙三个人,共有多少种分法?(   )

A.120 种　　　B.60 种　　　C.180 种　　　D.360 种　　　E.90 种

【解析】第一步,分堆:将6本书分为三堆,由于每堆元素数量不同,不需要消序,故共有 $C_6^1 \times C_5^2 \times C_3^3$ 种分堆方法.

第二步,分配:完全非确定分配三堆书可以任意分配给三个人,有 A_3^3 种分配方案.

根据乘法原理,总分法有 $C_6^1 \times C_5^2 \times C_3^3 \times A_3^3 = 6 \times 10 \times 6 = 360$(种).

【拓展】若将本题改为把6本书分配给甲、乙、丙,其中一人1本,1人2本,1人3本.实际代表数学含义相同,解法及答案完全一致.

【答案】D

(3)部分确定分配:分堆后可以确定部分堆会分配给哪个对象,而另一部分堆无法确定,则有几堆无法确定就乘以几的全排列.

【例题9】将6本不同的书分给甲、乙、丙三人,其中甲4本、乙1本、丙1本,共有多少种分法?(   )

A.20 种　　　　B.30 种　　　　C.50 种　　　　D.60 种　　　　E.90 种

【解析】第一步,分堆:6本不同的书先分为数量为4本、1本、1本的三堆,由于其中两堆元素数量相同,故需要除以 A_2^2 进行消序,则共有 $\dfrac{C_6^4 \times C_2^1 \times C_1^1}{A_2^2} = 15$(种)分堆方法.

第二步,分配:把三堆书分配给三个人.甲确定只能分配4本的那一堆,剩下乙、丙可以在各包含一本书的两堆中任选,由于无法确定会分到哪一堆,因此为部分确定分配,有 $A_2^2 = 2$(种)分配方法.

根据乘法原理,总分法有 $15 \times 2 = 30$(种).

【答案】B

（三）　从同一备选池选取元素的分房问题

1. 必备知识点

1）分堆问题与分房问题

分堆法解决的是计算把 n 个不同元素分配给 m 个不同对象（每个对象至少分得一个元素）的分法总数的问题.

【举例1】将5本书分给3个人，每人至少1本书. 由于每人至少有1本书，属于分堆问题中的分堆后继续分配（未指定分配）.

分房法解决的是计算把 n 个不同元素分配给 m 个不同对象（某些对象可以为空，即未分得元素）的分法总数的问题.

【举例2】将5本书分给3个人，没有其他限制，即意味着有的人可以不拿书，有的人可以拿到全部的书. 由于有人可未分得书，属于分房问题.

同样是将5个不同的待分配的元素进行分配，分堆问题与分房问题的区别在于：

分堆问题：将5本书分给3个人，每人至少1本书，由于有"每人至少有1本"的限制，所以以前面书籍的分配会影响到后面书籍的分配.

即，如果第一个人分了3本书，那么剩下的2本书，只能给剩下的2人一人一本；如第一个人和第二个人各拿了2本书，最后的一本书必须分给第三个人；由于每堆至少1本书，5本书分成3堆的数量只有两种可能，分别为1+1+3 和 2+2+1.

则最终总方法数 $\dfrac{C_5^1 C_4^1 C_3^3}{A_2^2} \times A_3^3 + \dfrac{C_5^2 C_3^2 C_1^1}{A_2^2} \times A_3^3 = 150$.

分房问题：将5本书分给3个人，没有"每人至少有1本"的限制，所以前面书籍的分配不会影响到后面书籍的分配.

即，每本书在分配的时候都是独立的，前面书籍的分配，不会对后面书籍的分配造成影响，所以可以把分配5本书，看成5个步骤，每个步骤分配一本书. 对于每本书，都是从三人中选择一人分配，方法数为 C_3^1，共分配5本. 因此总方法数为 $C_3^1 \times C_3^1 \times C_3^1 \times C_3^1 \times C_3^1 = 3^5 = 243$.

【拓展】进一步思考，是否能用分堆问题的思路解决分房问题呢？

事实上是可以的，在分堆法中，由于每堆至少1本，所以5本书分3堆只有两种可能，分别为1+1+3 和 2+2+1. 但是在分房问题中，没有每堆至少一本的限制，此时将5本书分3堆共有五种可能，分别为：0+0+5, 0+1+4, 0+2+3, 1+1+3, 1+2+2. 计算这些分堆组合的方法数分别如下：

（1）0+0+5：有 $C_5^0 C_5^0 C_5^5 = 1$（种）分堆方法；事实上这是5本书作为同一堆，分配给三个人，有3种分配方案. 根据乘法原理，此情况方法数共 $1 \times 3 = 3$（种）.

（2）0+1+4：有 $C_5^0 C_5^1 C_4^4 = 5$（种）分堆方法；三堆不指定分配给三个人，有 $A_3^3 = 6$（种）分配方案. 根据乘法原理，此情况方法数共 $5 \times 6 = 30$（种）.

（3）0+2+3：有 $C_5^0 C_5^2 C_3^3 = 10$（种）分堆方法；三堆不指定分配给三个人，有 $A_3^3 = 6$（种）分配方案. 根据乘法原理，此情况方法数共 $10 \times 6 = 60$（种）.

(4) $1+1+3$: 有 $\dfrac{C_5^1 C_4^1 C_3^3}{A_2^2}=10$（种）分堆方法；三堆不指定分配给三个人，有 $A_3^3=6$（种）分配方案. 根据乘法原理，此情况方法数共 $10\times 6=60$（种）.

(5) $1+2+2$: 有 $\dfrac{C_5^1 C_4^2 C_2^2}{A_2^2}=15$（种）分堆方法；三堆不指定分配给三个人，有 $A_3^3=6$（种）分配方案. 根据乘法原理，此情况方法数共 $15\times 6=90$（种）.

最后，根据加法原理将所有可能情况相加，共有 $3+30+60+60+90=243$（种）方法，与分房法计算结果一致.

注 在分堆问题中，当且仅当几堆元素个数相同且不为零时，需要消序. 故情况（1）不需要消序. 同时在分配时，几个元素个数为零的堆的分配顺序无影响，故情况（1）中元素个数为零的堆不参与全排列.

【结论】"分房法"跟"分堆法"本质并不矛盾，计算结果也一致. 在分房问题中，由于分配对象可以被重复使用，如将 5 本书分给 3 个人的题目中，在分配每本书时，作为分配对象的三个人均要被同等考虑，或者说可以重复被选择，因此造成有的人可以拿不到书，有的人可以拿到全部的书，即分配对象可以为空（即未分得元素），考试中对于此类题目，推荐直接使用分房法计算.

2）分房法的计算

分房的特点：把 n 个不同的元素，分配给 m 个不同的对象. 这 m 个对象能够重复被选择，可以分配到多个元素，也可以为空（即未分得元素）；每个元素都只能被分配一次，分配给一个对象，同时在分配每个元素时不受其他元素分配结果的影响.

根据乘法原理可知：分房问题方法数 $=\underbrace{C_m^1 C_m^1 \cdots C_m^1 C_m^1}_{n\text{个}}=m^n$，其中 m^n 即为分房法的计算公式.

易错点分析：在分房法中，很多同学经常记不清公式到底应该是 m^n 还是 n^m.

例如，对于 5 本书对应 3 个人的问题，很多同学会疑惑：是把 5 本书分给 3 个人，每本书的分配对象均有 3 个人，即 $C_3^1\times C_3^1\times C_3^1\times C_3^1\times C_3^1=3^5$. 还是由于 3 个人中每个人均有 5 本书备选，即方案数 $C_5^1\times C_5^1\times C_5^1=5^3$.

第一种方法即为分房法，而第二种方法由于没有考虑到某本书一旦被分配给某人后，其他人就不再可能分得这本书而产生错误. 这就是在确定使用分房法后，需要判断的最关键的问题，即哪一个是只能被分配一次，分配给一个对象的元素，哪一个是可以被重复选择（可以分得多个元素，也可以为空）的对象. 需要记住以下口诀：可以为空为底数，只分一次为指数.

$$\text{分房法方法数}=\text{可以为空的对象数 } m^{\text{只分一次的元素数}\,n}$$

注 事实上，由于分房模型中，只有两类元素，要么是只能被分配一次的元素，要么是可以为空的对象，因此只需要判断出底数，剩余的自然为指数；或者判断出指数，剩余的自然为底数.

【举例1】将 8 本书分给 5 个人，没有其他限制，不同的分书情况共有多少种？

【解析】人可以分到多本书，也可以分不到书，故人是可以为空的对象，人的数量 5 为底数;1 本书只分配一次,归属 1 个人,故书是只能分配一次的元素,书的数量 8 为指数.总方法数为 5^8.

【举例2】5 个人参加读书会,每个人只能选择一本书读,共有 8 本书备选,并且多人可以选择读同一本书一起读,不同的选书情况共有多少种?

【解析】每本书都可以供多个人一起读,也可以没有人读,故书为可以为空的对象,书的数量 8 为底数;一个人只能选择一次且只选一本书读,故人为只能分配一次的元素,人的数量 5 为指数. 总方法数为 8^5.

2. 典型例题

【例题10】5 人参加 7 项比赛,每个比赛项目只产生一个冠军,并且每个项目的冠军一定在这 5 个人之中产生,有人可以获得多个项目的冠军,有人可以不得冠军,则不同的夺冠情况共有_____种.

【解析】**思路一**:乘法原理. 每项比赛冠军均从 5 人中产生,方法数为 C_5^1,7 项比赛不同的夺冠情况共有 $C_5^1 \times C_5^1 \times C_5^1 \times C_5^1 \times C_5^1 \times C_5^1 \times C_5^1 = 5^7$(种).

思路二:分房法公式. 其中每个人都可以获得多个比赛的冠军,也可以不获得冠军,故人为可以为空的对象,人数 5 为底数. 每项比赛都只能产生一个冠军,故比赛项目为只能分配一次的元素,比赛项目数 7 为指数,不同夺冠情况有 5^7 种.

【答案】5^7

【例题11】5 人参加 7 个比赛项目,每个人只参加一个项目,不同人可以参加相同项目,有项目可以没人参加,则不同的参加的方法共有_____种.

【解析】**思路一**:乘法原理. 每个人均从 7 项比赛中任选一个参加,方法数为 C_7^1,故 5 个人不同的参加方法共有 $C_7^1 \times C_7^1 \times C_7^1 \times C_7^1 \times C_7^1 = 7^5$(种).

思路二:分房法公式. 每个项目都可以有多个人选择,也可以没有人选择,故比赛项目为可以为空的对象,比赛项目数 7 为底数. 每个人都只能选择一次参加一项比赛,故人为只能分配一次的元素,人数 5 为指数. 不同参加方法有 7^5 种.

【答案】7^5

考点三 相同元素选取分配问题

(一) 相同元素仅分堆

【例题1】将六个相同的小球分为三堆,求:
(1)每堆至少有 1 个球的方法数;
(2)有的堆可以未分得球的方法数.

【解析】本题参与排列组合的元素相同,元素分为的各堆之间也无区别,属于相同元素仅分堆问题,采用穷举法求解.

(1)自 1 起穷举整数:$\{1,2,3\}$,$\{2,2,2\}$,$\{1,1,4\}$,共 3 种.

(2)自 0 起穷举整数:$\{0,1,5\}$,$\{0,2,4\}$,$\{0,3,3\}$,$\{0,0,6\}$,$\{1,2,3\}$,$\{2,2,2\}$,$\{1,1,4\}$,共 7 种.

（二） 相同元素选取分配-隔板法

本节将解决把 n 个相同元素分配给 m 个不同对象的分法总数的问题. 当所有元素完全相同,在分配给 m 个不同对象时,每个对象分得的元素只有数量上的区别,此时需使用的是隔板法.

1）标准隔板法——至少分 1 个

有 n 个相同的元素,投放到 m 个不同的地方或分配给 m 个不同的人,要求每个地方或每个人至少分得一个元素（即不为空）,则可使用标准隔板法求解.

【例题 2】若将 10 只相同的球随机放入编号为 1,2,3,4 的四个盒子中,则每个盒子不为空的投放方法有(   ).

A. 72 种   B. 84 种   C. 96 种   D. 108 种   E. 120 种

【解析】由于球是完全相同的,因此放入盒子中的球只有数量上的区别,此时可以理解为 10 个球排成一排,它们之间有 9 个空档,在这些空挡中插入三个"板子",恰好可以把 10 个球分为 4 部分. 如图 8-4 所示:

图 8-4

故投放方法共有 $C_{10-1}^{4-1} = 84$ 种.

【答案】B

【例题 3】把 12 颗相同的糖分给 5 个小朋友,每个小朋友至少分得一颗糖,则一共有(   )种不同的分法.

A. 90   B. 110   C. 330   D. 450   E. 640

【解析】由于糖是完全相同的,因此每个小朋友分得的糖只有数量上的区别,此时可以理解为 12 颗糖排成一排,它们之间有 11 个空档,在这些空挡中插入 4 个"板子",恰好可以把 12 颗糖分为给 5 个小朋友的 5 个部分. 故不同的分糖方法共有 $C_{12-1}^{5-1} = C_{11}^4 = 330$ （种）.

【答案】C

由以上例题,可以总结出隔板法公式为 C_{n-1}^{m-1}.

使用条件:

(1) n 个待分配元素完全相同,每个不同的对象或人分到的元素只有数量上的区别.

(2) 分配对象为不同的对象.

(3) 每个对象或人至少分得一个元素.

(4) 全部分配所有元素.

2）隔板法进阶——可以为空

当题目中没有限定每个不同的对象或人至少分得一个元素的条件（或者题目给出有的对象或人可以未分得元素）时,需要使用隔板法的进阶公式. 见以下例题:

【例题 4】若将 10 个相同的球随机放入编号为 1,2,3,4 的四个盒子中,允许有些盒子没分到球的不同的投放方法有(   )种.

A. 273   B. 286   C. 290   D. 300   E. 256

【解析】对于允许有些盒子没分到球的情况,不能直接使用隔板法.

第一步:假设增加 4 个球,把问题变为"有 14 个相同的球,放入 4 个不同的盒子里,每个盒子至少分得 1 个球". 此时符合标准隔板法使用条件,根据公式得出共有 C_{14-1}^{4-1} 种方法.

第二步:此时每个盒中至少有一个球,我们从每个盒子均拿出一个,共拿出 4 个,所有盒子中剩余的球为 10 个(即可能有些盒子内没分到球). 各拿出一球方法数为 1.

根据乘法原理可知,允许有的盒子没分到球的方法数为 $C_{14-1}^{4-1} \times 1 = C_{14-1}^{4-1} = C_{13}^{3} = 286$.

【答案】B

【例题5】10 个相同的排球分给 3 个班级,允许有些班级没有分到排球的分法有( )种.

A. 72   B. 84   C. 66   D. 108   E. 120

【解析】对于允许有些班级没有分到排球的情况,不能直接使用隔板法.

第一步:假设增加 3 个排球,把问题变为有 13 个相同的排球,分给 3 个不同的班级,每个班至少分得 1 个排球. 此时符合标准隔板法使用条件,根据公式得出共有 C_{13-1}^{3-1} 种方法.

第二步:此时每个班至少有一个排球,我们从每个班均拿走一个排球,共拿走 3 个,所有班级中剩余的排球为 10 个(即可能有些班级没有分到排球). 各拿走一个排球方法数为 1.

根据乘法原理可知,允许有的班级没分到排球的方法数为 $C_{13-1}^{3-1} \times 1 = C_{13-1}^{3-1} = 66$.

【答案】C

由以上例题,可以总结出的隔板法进阶——可以为空情况下的隔板法公式为

$$C_{n+m-1}^{m-1}$$

其中,n 为需要分配的相同元素个数,m 为可以为空的不同对象或人的数量. 由于可以为空的隔板法计算时,为满足可以为空,首先要添加球数分配,因此可助记为"添加球数隔板法".

3)隔板法公式的拓展

隔板法公式表达式简单,但应用场景多变,建模难度相对较高,在部分较难的题目中有多种多样的拓展应用. 但是只需要掌握好隔板法基础和进阶隔板法的两个公式及思维方式,均可以快速解题.

【例题6】若将 10 只相同的球随机放入编号为 1,2,3,4 的 4 个盒子中,要求每个盒子中至少两只球,则不同的投放方法有_____种.

【解析】本题中待分配元素为相同的 10 只球,考虑采用隔板法,但要求每个盒子中至少两只球,因此不能直接使用标准隔板法.

第一步:每个盒子先放入一只球,方法数为 1.

第二步:将剩余的 6 只球放入盒中,每个盒中至少分得这 6 只中的一只,此时符合标准隔板法,方法数为 $C_{6-1}^{4-1} = C_{5}^{3} = 10$.

根据乘法原理可知,不同的投放方法有 $1 \times C_{6-1}^{4-1} = 10$ 种.

【总结】事实上,对于这种要求全部或部分盒中元素数量大于等于 2 的隔板法题目,采用先投入最少球数,待其符合标准隔板法要求后再根据公式进行计算,计算时由于已投入部分球,因此隔板法公式中球数减少,可助记为"减少球数隔板法".

【答案】10

【例题 7】将 20 个相同的小球放入编号分别为 1,2,3,4 的 4 个盒子中,要求每个盒子中的球数不少于它的编号数,则不同放法总数有多少种?

【解析】第一步:通过先给部分盒中投入小球将题目处理为标准隔板法. 1 号盒子要求分得大于等于一个球,不做处理;2 号盒子要求分得大于等于 2 个球,则先投入 1 个球;同理,3 号盒子先投入 2 个球;4 号盒子先投入 3 个球. 由于小球为相同元素,故第一步方法数为 1.

第二步:通过标准隔板法解题. 此时题目变为将 20-1-2-3＝14 个相同的小球投入四个不同的盒子中,每个盒子至少分得一个球,符合标准隔板法要求,应用隔板法公式得方法数为 $C_{14-1}^{4-1} = C_{13}^3 = 286$.

根据乘法原理可知,不同的投放方法有 $1 \times C_{13}^3 = 286$ 种.

【答案】286 种.

【例题 8】某校准备参加今年高中数学联赛,把 20 个相同的参赛名额分配到高三年级的一班、二班、三班和四班,每班分得的参赛名额数大于等于该班的序号数,则不同的分配方案共有多少种?

【解析】事实上,例题 9 与例题 8 对应的数学模型完全一致.

第一步:通过先分配部分名额将题目处理为标准隔板法. 一班要求分得大于等于 1 个名额,不做处理;二班要求分得大于等于 2 个名额,则先分 1 个名额;同理,三班先分 2 个名额;四班先分 3 个名额. 由于名额为相同元素,故第一步方法数为 1.

第二步:通过标准隔板法解题. 此时题目变为将 20-1-2-3＝14 个相同的名额分给四个不同的班级,每个班至少分得一个名额,符合标准隔板法要求,应用隔板法公式得方法数为 $C_{14-1}^{4-1} = C_{13}^3 = 286$.

根据乘法原理可知,不同的投放方法有 $1 \times C_{13}^3 = 286$（种）.

【答案】286 种.

【例题 9】若将 10 个相同的球随机放入编号为 1,2,3,4 的 4 个盒子中,恰好有 1 个盒子没有球,投放方法有_____种.

【解析】恰好有 1 个盒子没有球,意味着要求其余 3 个盒子中至少有 1 个球,分两步求解:

第一步:4 个盒子中选 1 个盒子不放球,方法数为 $C_4^1 = 4$. 其余 3 个盒子均至少分得 1 个球.

第二步:此时题目变为,将 10 只相同的球放到 3 个不同的盒子里,每个盒子至少分得一个球,符合标准隔板法要求,应用隔板法公式得方法数为 C_{10-1}^{3-1}.

根据乘法原理可知,不同的投放方法有 $C_4^1 \times C_{10-1}^{3-1} = 144$（种）.

【总结】要注意排列组合和概率题目中的"恰"字,它同时具有正反两方面的含义. 本题中"恰好有一个有盒子没有球",同时意味着"其余三个盒子均至少有一个球".否则若其余三盒不做约束,当其中有空盒时,就不满足四个盒子中"恰"一个盒子没有球了.

【答案】144

4) 分堆法、分房法、隔板法总结

我们已学习了分堆法、分房法,和将相同的 n 个元素分给不同的 m 个对象的隔板法,可将以上考点的知识表格扩展为表 8.6.

表 8.6

要 求			举 例	计算方法
不同的 n 个元素分为不同的 m 堆	每堆至少分配一个元素	只分堆不分配	把 6 本书分为 1+2+3 三堆	每堆数量不同不消序: $C_6^1 \times C_5^2 \times C_3^3$
			把 6 本书分为 2+2+2 三堆	有三堆数量相同消序: $\dfrac{C_6^2 \times C_4^2 \times C_2^2}{A_3^3}$
			把 6 本书分为 1+1+4 三堆	有两堆数量相同消序: $\dfrac{C_6^1 \times C_5^1 \times C_4^4}{A_2^2}$
			把 6 本书分为 3 堆,每堆至少 1 本	分情况讨论后相加: ① 1+2+3: $C_6^1 \times C_5^2 \times C_3^3$; ② 2+2+2: $\dfrac{C_6^2 \times C_4^2 \times C_2^2}{A_3^3}$; ③ 1+1+4: $\dfrac{C_6^1 \times C_5^1 \times C_4^4}{A_2^2}$
			指定每堆元素数量 不指定每堆元素数量	
			完全确定分配:可以唯一确定哪一堆分配给哪个人,无须处理,每堆元素自动分配	把 6 本书分给甲、乙、丙 3 人,甲拿 1 本、乙拿 2 本、丙拿 3 本	方法数 $C_6^1 \times C_5^2 \times C_3^3$
			完全非确定分配:分堆后无法确定哪一堆会分配给哪个对象,则直接乘 A_m^m 将 m 堆分配到 m 个地方	把 6 本书分为 1 本、2 本、3 本的 3 堆,分配给甲、乙、丙 3 个人	方法数 $C_6^1 \times C_5^2 \times C_3^3 \times A_3^3$
			部分确定分配:分堆后可以确定部分堆会分配给哪个对象,而另一部分堆无法确定,则有几堆无法确定就乘以几的全排列	6 本不同的书分给甲、乙、丙 3 人,其中甲 4 本、乙 1 本、丙 1 本	方法数 $\dfrac{C_6^4 \times C_2^1 \times C_1^1}{A_2^2} \times A_2^2$

续表

要　求			举　例	计算方法
不同的 n 个元素分为不同的 m 堆	有的堆可以为空	把 n 个不同的元素配给 m 个不同的对象	m 个对象可以为空；n 个元素都只能被分配一次，分配给一个对象	5 位客人住 4 家店，每人任选一家店住 4^5 种	可以为空为底数，只分一次为指数
				5 人参加 7 项比赛，每人任选一项参加 7^5 种	
				5 人参加 7 个比赛项目，每个项目只有一个冠军且一定从这 5 人中产生，一人可以拿多个冠军 5^7 种	
相同的 n 个元素分为不同的 m 堆	每组不能为空	标准隔板法：n 个相同的元素，投放到 m 个地方或分配给 m 个人，每个地方或每个人至少分得 1 个元素	将 10 个相同的球随机放入编号为 1,2,3,4 的 4 个盒子中，每个盒子至少有 1 球 方法数 C_9^3	方法数为 C_{n-1}^{m-1}
			将 8 个相同的保送名额分给 3 个班，每个班至少分到一个名额 方法数 C_7^2	
	每组可以为空	进阶隔板法：n 个相同的元素，投放到 m 个地方或给 m 个人，允许有地方或人没有分到元素，即可以为空	若将 10 只相同的球随机放入编号为 1,2,3,4 的 4 个盒子中，有盒子可以没有球 方法数 C_{13}^3	方法数为 C_{m+n-1}^{m-1}
			将 8 个相同的保送名额分给 3 个班，有的班可以不分名额 方法数 C_{10}^2	

考点四　排列问题

（一）　基本问题

排列类问题本质也是选取元素的问题，与组合问题的不同在于由于有顺序的区别，因此多了一步排列，所以可以把排列问题看成是先选（分组问题）再排，即 $A_n^m = C_n^m \times A_m^m$. 单纯的排列问题非常简单，实际考试中往往不会单独考察，而会为了增加难度添加一些限制条件.

【例题 1】从 8 个人中选出 3 个人排队，一共有多少种排法？（　　　）

A. 300　　　　　　B. 316　　　　　　C. 336　　　　　　D. 356　　　　　　E. 386

【解析】从 8 个人中选 3 人排队的问题可以理解为，第一步：先从 8 个人中选出 3 人，方法数为 C_8^3；第二步：将这 3 人进行全排列，方法数为 A_3^3. 根据乘法原理，一共有 $A_8^3 = C_8^3 \times A_3^3 = 56 \times 6 = 336$（种）排法.

【答案】C

（二）　消序——局部定序或局部元素相同

当多个元素进行排列的时候,如果局部某些元素顺序固定(如要求从大到小排列等),或者局部的元素相同,都会减少排列的方法总数,减少的倍数为定序元素数量或相同元素数量的全排列.

【标志词汇】局部元素定序或相同⇒局部有几个元素定序或相同,就除以几的全排列.

有几组元素定序或相同,就分别除以各组元素数的全排列.

(1)除以全排列:消序

$C_n^m = \dfrac{A_n^m}{A_m^m}$ → 从 n 个不同元素中选取 m 个排列,消去 m 个元素的顺序.

$\dfrac{A_n^m}{A_p^p}$ → 从 n 个不同元素中选取 m 个排列,消去 p 个元素的顺序区别.

(2)乘以全排列:添加顺序或一一配对

$A_n^m = C_n^m \cdot A_m^m$,给 m 个元素添加顺序,先选再排.

【例题2】请思考下面的问题.

(1)5 面旗子排序,其中有 3 面相同的白旗,2 面相同的红旗,一共有多少种排序方法?

(2)5 面旗子排序,有 3 面标有 1,2,3 号的白旗,和 2 面相同的红旗,一共有多少种排序方法?

(3)5 面旗子排序,其中有 3 面相同的白旗和 2 面标有 4,5 号的红旗,一共有多少种排序方法?

(4)5 人排队,其中 3 个男生,2 个女生,男生按身高从高到低排序,一共有多少种排序方法?

(5)5 人排队,其中 3 个男生,2 个女生,女生按身高从高到低排序,一共有多少种排序方法?

(6)5 人排队,其中 3 个男生,2 个女生,男女均按身高从高到低排序,一共有多少种排序方法?

【解析】(1)5 面不同的旗子全排列为 A_5^5,但由于其中 3 面红旗相同,红旗间互换位置对排列无影响,故由于局部元素相同需要除以 A_3^3 消序;同理对于相同的 2 面白旗也需要除以 A_2^2 消序.故总排序方法共有 $\dfrac{A_5^5}{A_2^2 \times A_3^3}$ 种.同理可得(2)(3)的排序方法.

(2)$\dfrac{A_5^5}{A_2^2}$.

(3)$\dfrac{A_5^5}{A_3^3}$.

(4)5 个不同的人全排列为 A_5^5,但由于要求其中 3 个男生按身高从高到低排序,男生排列方法只有 1 种,故由于局部元素定序,需要除以 A_3^3 消序.故总排序方法共有 $\dfrac{A_5^5}{A_3^3}$ 种.同理可得(5)(6)的排序方法.

(5) $\dfrac{A_5^5}{A_2^2}$.

(6) $\dfrac{A_5^5}{A_2^2 \times A_3^3}$.

【例题3】将 A,B,C,D,E 排成一列,要求 A,B,C 在排列中顺序为"A,B,C"(不必相邻),这样的排列方法有( ).

A.12 种   B.20 种   C.24 种   D.40 种   E.60 种

【解析】5 个元素全排列共有 $A_5^5=120$(种)方法,其中 3 个元素定序,即要求以确定顺序排列,故由于局部元素定序需要除以 A_3^3 消序.总方法数为 $\dfrac{A_5^5}{A_3^3}=\dfrac{120}{6}=20$ 种.

【答案】B

（三）　某元素必须或不能处于某个位置（全选时）

在排列时,要求某个元素必须或者不能处于某个位置,属于对位置有特殊要求的元素,此时一般优先处理特殊元素,再用排列的标准方法处理其他元素.

注　需要注意的是,本考点要求所有元素全部参与排列分配,否则需要分情况讨论(详见本章考点三),如 8 个人并不全部参与排队,而只选出其中 3 人排队,要求甲不能当排头,则需要分成选中甲排队与未选中甲排队两种情况讨论.

【例题4】某公司的电话号码有 5 位,若第一位数字必须是 5,其余各位可以是 0 到 9 的任意一个,则由完全不同的数字组成的电话号码的个数是( ).

A.126   B.1260   C.3024   D.5040   E.30240

【解析】第一步:优先处理特殊元素.第一位数字必须放 5,方法数为 1.

第二步:由于要求选用完全不同的数字组成电话号码,故 5 不再参与选取和排序,其余 4 位码从剩余的 9 个数字中任选 4 个进行全排列即可,方法数为 $C_9^4 \times A_4^4=3024$.

根据乘法原理,由完全不同的数字组成的电话号码的个数为 $1 \times 3024=3024$.

【答案】C

【例题5】加工某产品需要经过 5 个工序,其中确定的某一工种不能最后加工,试问可安排( )种工序.

A.96   B.102   C.112   D.92   E.86

【解析】**思路一:**第一步:有特殊要求的工种优先安排:该确定工种只能安排在前 4 个工序中的一个,方法数为 $C_4^1=4$;

第二步:剩下的 4 个工序没有要求,将它们对应剩余工序中全排列,方法数为 A_4^4.

根据乘法原理,可安排 $C_4^1 \times A_4^4=96$(种)工序.

思路二:逆向思维.所有可能的安排种数为 A_5^5,减去有特殊要求的某一工序恰在最后

的方案数 A_4^4, 即为符合要求的方案数, 共有 $A_5^5 - A_4^4 = 96$ (种).

【答案】A

(四) 相邻问题——捆绑法

1. 必备知识点

对于要求某几个元素必须相邻的排列组合题目, 标准解题流程如下:

第一步: 捆绑. 整体考虑, 将要求相邻的特殊元素"捆绑"在一起, 视为一个"大元素"与其余"普通元素"进行排列.

第二步: 松绑. 根据题目需求对每个捆绑整体内的元素进行组内排列.

2. 典型例题

【例题6】有 3 对夫妇和 1 个牧师站成一排照相, 要求每对夫妻必须相邻站立, 一共有多少种排列方法? (   )

A. 24   B. 36   C. 96   D. 128   E. 192

【解析】第一步: 捆绑. 先将夫妻"捆绑"作为一个整体, 将这 3 个"大元素"与牧师一起进行排列, 方法数为 A_4^4.

第二步: 松绑. 每对夫妻 2 人可以互换位置, 共有 3 对夫妻, 方法数为 $A_2^2 \times A_2^2 \times A_2^2$.

根据乘法原理, 一共有 $A_4^4 \times A_2^2 \times A_2^2 \times A_2^2 = 192$ (种) 排列方法.

【答案】E

【例题7】3 个三口之家一起观看演出, 他们购买了同一排的 9 张座位相连的票, 则每一家的人都坐在一起的不同坐法有 (   ).

A. $(3!)^2$ 种   B. $(3!)^3$ 种   C. $3(3!)^3$ 种   D. $(3!)^4$ 种   E. 9! 种

【解析】第一步: 捆绑. 将 3 个三口之家分别捆绑在一起作为三个"大元素", 三个大元素全排列的方法数为 A_3^3.

第二步: 松绑. 将 3 个捆绑的"大元素"内部的家人进行排列, 排列的方法数为 $A_3^3 \times A_3^3 \times A_3^3$.

根据乘法原理, 总方法数为 $A_3^3 \times A_3^3 \times A_3^3 \times A_3^3 = (3!)^4$.

【答案】D

(五) 不相邻问题——插空法

1. 必备知识点

当题目中要求某几个元素在排列中两两不能相邻时, 采用插空法解决.

1) 插空法解题步骤

插空法解的问题类型如下: 参与排列的元素可以分为两类, 一类是元素要求彼此之间不能两两相邻, 另一类是元素之间没有相邻要求的时候, 用插空法求排列方法数. 主要分为以下两步:

第一步: 插空. 将不能相邻的元素插入没有相邻要求的元素中间及两端的空隙中.

第二步: 排列. 视题干需求对两类元素分别排列.

2)插空法公式

假设一共有$m+n$个元素,其中有n个有特殊要求的元素,每个都不能相邻.剩下的m个元素没有不相邻要求.

第一步:插空.在这m个元素两两之间及左右两端共有$m+1$个空隙,把n个不能相邻的元素插入到$m+1$个空位里,插空方法有C_{m+1}^n种.此时即满足这n个元素不相邻.

第二步:排列.若两类元素各不同且有顺序区别,还需要对不同的两类元素分别排序,排列方法有$A_m^m \times A_n^n$种.否则不需要排列.

综上所述,插空法公式为:

(1)两类元素内部彼此相同或无顺序区别,方法数为C_{m+1}^n.

(2)两类元素彼此不同并且有顺序区别,方法数为$C_{m+1}^n \times A_m^m \times A_n^n$.

3)隔板法与插空法的区别

隔板法与插空法的区别见表8.7.

表8.7

区别	隔板法	插空法
元素种类	将n个完全相同的元素,分配给m个对象,每个人至少分得一个元素.(一般m和n是两类截然不同的元素)	一共有$m+n$个元素,其中有n个有特殊要求的元素,每个都不能相邻.剩下有m个没有不相邻要求的元素.(一般m和n是同一类元素,仅对是否相邻有特殊要求)
使用条件	①n个待分配元素必须相同,每个不同的对象分到的元素只有数量区别; ②m个分配对象为不同的对象; ③全部分配所有元素,且每个对象至少分得一个元素	①插空排列的元素可以相同,也可以不相同; ②所有$m+n$个元素共分为两类,一类n个元素要求两两不能相邻,另一类m个元素没有位置要求
解题步骤	将n个相同的元素排成一排,在这n个元素两两之间的$n-1$个间隙中任选$m-1$个,插入隔板,这$m-1$个隔板恰好把n个元素分成了不为空的m个不同组. 需要注意的是,隔板左右都必须有元素,所以n个元素只有中间的$n-1$个空位可以插入隔板	将m个没有位置要求的元素排成一排,它们之间及左右两端共有$m+1$个空隙,从中选出n个空隙插入n个要求不能相邻元素. 由于仅要求n个元素两两不相邻,因此m个没有位置要求的元素的左右两端也可以插入,即$m+1$个空隙可供选择插空
是否需要再排列	不需要再排列	视题目需求,可能排列,也可能不再排列.即:若元素相同或无位置区别则不用排列,反之则将m个元素和n个元素分别进行全排列
方法数	共有C_{n-1}^{m-1}种方法	无须再排列时:C_{m+1}^n 需要再排列时:$C_{m+1}^n \times A_m^m \times A_n^n$

2.典型例题

【例题8】学校组织文艺演出,依次演出8个不同的节目.其中有3个舞蹈类节目,它们不能紧挨着先后上场,则一共有(　　)种排法.

A. $C_6^3 \times A_5^5 \times A_3^3$ 　　　　B. $C_5^3 \times A_5^5 \times A_3^3$ 　　　　C. $A_5^5 \times A_3^3$

D. $A_3^3 \times A_5^5 \times A_3^3$ 　　　　E. $\dfrac{A_8^8}{A_3^3}$

【解析】8个节目可以分为两类,一类为3个不能相邻的舞蹈节目,另一类为5个没有要求的其他节目.因此可使用插空法,具体步骤如下:

第一步:插空.如图8-5所示,在这五个没有要求的节目两两之间及左右两端一共有6个空隙,在这6个空隙中任选3个插入舞蹈类节目,就可以确保舞蹈类节目两两不相邻.方法数为 C_6^3.

图8-5

第二步:排列.由于是不同的节目且有顺序区别,故需要将3个不同的舞蹈节目和5个其他节目分别进行全排列,方法数为 $A_5^5 \times A_3^3$.

根据乘法原理,总方法数为 $C_6^3 \times A_5^5 \times A_3^3$.

【答案】A

【例题9】马路上有9盏路灯排成一排,现要关掉其中的3盏,但不能关掉相邻的灯,求满足条件的关灯方法有多少种?(　　)

A. $C_9^3 \times C_9^6$ 　　B. $C_7^3 \times A_6^6$ 　　C. $C_7^3 \times A_3^3$ 　　D. C_6^3 　　E. C_7^3

【解析】9盏灯可以分为两类,一类是6盏亮的灯,另一类是3盏不亮的灯,要求不亮的灯不能相邻,因此可使用插空法,具体步骤如下:

第一步:插空.如图8-6所示,6盏亮的灯两两之间及左右两端共有7个空隙,在这7个空隙中任选3个插入3盏不亮的灯,方法数为 C_7^3 种.

第二步:按要求排列.由于本题中灯只有亮与不亮的区别,每盏亮的灯和不亮的灯都是一样的,没有顺序区别,故不需要再分类进行排列.

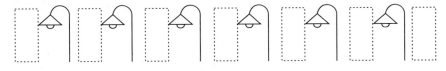

图8-6

综上所述,满足条件的关灯方法有 C_7^3 种.

【答案】E

模块二 习题自测

1. 从甲城到乙城有直飞航班,也有经停丙、丁两地的航班. 从甲城到乙城的直飞航班有 3 个班次,从甲城到丙城有 2 个班次,从丙城到乙城有 3 个班次,从甲城到丁城有 3 个班次,从丁城到乙城有 4 个班次,丙城与丁城之间没有航班. 问从甲城到乙城一共有多少种方法? (   )
   A. 15   B. 18   C. 21   D. 24   E. 30

2. 一个自然数的各位数字都是 105 的质因数,且每个质因数最多出现一次,这样的自然数有(   )个.
   A. 6   B. 9   C. 12   D. 15   E. 27

3. 甲、乙两组同学中,甲组有 3 男 3 女,乙组有 4 男 2 女,从甲、乙两组中各选出 2 名同学,这 4 人中恰有 1 女的选法有(   )种.
   A. 26   B. 54   C. 70   D. 78   E. 105

4. 某中学的 5 个学科各推举 2 名教师作为支教候选人,若从中选派来自不同学科的 2 人参加支教工作,则不同的选派方式有(   )种.
   A. 20   B. 24   C. 30   D. 40   E. 45

5. 将 9 人分别按照以下 3 种方法分成 3 组:
   分组方法 1:一组 4 人,一组 3 人,一组 2 人.
   分组方法 2:一组 5 人,另外两组各 2 人.
   分组方法 3:每组各 3 人.
   则以上 3 种分组方法,分别有(   )种分法.
   A. 1260,756,1680   B. 1260,756,280   C. 1260,378,280
   D. 1260,378,1680   E. 1260,378,840

6. 将 6 本不同的书分为 2 本、2 本、2 本这 3 堆后,再分给甲、乙、丙 3 个人. 共有多少种分法? (   )
   A. 120 种   B. 60 种   C. 180 种   D. 360 种   E. 90 种

7. 3 位教师分配到 6 个班级任教,若其中 1 人教 4 个班,其余 2 人各教 1 个班,则不同的安排方法共有(   ).
   A. 20 种   B. 90 种   C. 120 种   D. 60 种   E. 80 种

8. 某大学派出 5 名志愿者到西部 4 所中学支教,若每所中学至少有 1 名志愿者,则不同的分配方案共有(   ).
   A. 240 种   B. 144 种   C. 120 种   D. 60 种   E. 24 种

9. 6 本不同的书分给甲、乙、丙 3 人,其中甲 2 本、乙 2 本、丙 2 本,共有多少种分法?( )

A. 20 种　　　　B. 30 种　　　　C. 50 种　　　　D. 60 种　　　　E. 90 种

10. 有 5 项不同的工程,要发包给 3 个工程队,要求每个工程队至少要得到 1 项工程. 共有多少种不同的发包方式?( )

A. 120 种　　　　B. 540 种　　　　C. 150 种　　　　D. 360 种　　　　E. 90 种

11. 将甲、乙、丙 3 位教师分配到 5 个班级任教,若甲教 1 个班,乙教 2 个班,丙教 2 个班,则共有多少种分配方法?( )

A. 15 种　　　　B. 20 种　　　　C. 30 种　　　　D. 40 种　　　　E. 45 种

12. 有 5 人报名参加 3 项不同的培训,每人都只报 1 项,则不同的报法有( ).

A. 243 种　　　　　　　　B. 125 种　　　　　　　　C. 81 种

D. 60 种　　　　　　　　E. 以上结论均不正确

13. 10 个相同的篮球和 6 个相同的排球分给 4 个班级,要求每个班级至少分到 1 个篮球,但是允许有的班级没分到排球,设分篮球的方法数为 a,分排球的方法数为 b,则 a,b 的关系为( ).

A. $a>b$　　　　B. $a<b$　　　　C. $a\geq b$　　　　D. $a=b$　　　　E. 以上均不正确

14. 方程 $x+y+z=10$ 的正整数解有( )组.

A. 72　　　　B. 66　　　　C. 36　　　　D. 108　　　　E. 120

15. 方程 $x+y+z=10$ 的非负整数解有( )组.

A. 72　　　　B. 66　　　　C. 36　　　　D. 108　　　　E. 120

16. 将 A,B,C,D,E 排成一列,要求 A,B,C 在排列中顺序为"A,B,C"或"C,B,A"(不必须相邻),这样的排列方案有( ).

A. 12 种　　　　B. 20 种　　　　C. 24 种　　　　D. 40 种　　　　E. 60 种

17. 信号兵把红旗与白旗从上到下挂在旗杆上表示信号,现有 3 面相同的红旗,和标有 A,B 的 2 面白旗,把这 5 面旗子都挂上去,可以表示不同信号的种数是( )种.

A. 10　　　　B. 15　　　　C. 20　　　　D. 30　　　　E. 40

18. 信号兵把红旗与白旗从上到下挂在旗杆上表示信号,现有 3 面相同的红旗,2 面相同的白旗,把这 5 面旗子都挂上去,可以表示不同信号的种数是( )种.

A. 10　　　　B. 15　　　　C. 20　　　　D. 30　　　　E. 40

19. 将 2 个 a,3 个 b,4 个 c 共 9 个字母排成一列,共有( )种排法.

A. 1160　　　　B. 1280　　　　C. 1220　　　　D. 1240　　　　E. 1260

20. 用 0,1,2,3,4,5 组成没有重复数字的四位数,其中千位数字大于百位数字且百位数字大于十位数字的四位数的个数是( ).

   A. 36　　　　B. 40　　　　C. 48　　　　D. 60　　　　E. 72

21. 某公司的电话号码有 5 位,若第 3 位数字必须是 1 或 5,其余各位可以是 1 到 9 的任意一个,则由完全不同的数字组成的电话号码的个数是( ).

   A. 126　　　　B. 336　　　　C. 396　　　　D. 3360　　　　E. 1024

22. 一共有 8 个座位,分为 2 排,每排 4 个,安排甲、乙、丙、丁 4 个人入座,甲必须坐在前排,并且不能坐在 1 号座位,乙必须坐在后排,并且不能坐在偶数座位. 一共有多少种座位的排法?( )

   A. 90　　　　B. 180　　　　C. 360　　　　D. 1080　　　　E. 2160

23. 3 个三口之家和一对情侣一起观看演出,他们购买了同一排的 11 张座位相连的票,则每一家人坐在一起并且情侣也坐在一起的不同坐法有( ).

   A. $3\times4!\times(3!)^3$ 种　　　　B. $2\times4!\times(3!)^3$ 种　　　　C. $3\times(3!)^3\times4!$ 种

   D. $(4!)^4$ 种　　　　E. $(3!)^2(4!)^2$ 种

24. 3 个三口之家和 2 个单身青年一起观看演出,他们购买了同一排的 11 张座位相连的票,则每一家人座位都连在一起的不同坐法有( ).

   A. $5!\times(3!)^3$ 种　　　　B. $2\times5!\times(3!)^3$ 种　　　　C. $3\times5!\times(3!)^3$ 种

   D. $4\times5!\times(3!)^3$ 种　　　　E. $5\times5!\times(3!)^3$ 种

25. 马路上有 9 盏路灯排成一排,现要关掉其中的 3 盏,但不能关掉相邻的灯,也不能关掉两端的 2 盏,求满足条件的关灯方法有多少种?( )

   A. C_9^3　　　　B. C_9^6　　　　C. C_5^3　　　　D. C_6^3　　　　E. C_7^3

26. 有 8 个发光二极管排成 1 排,每个二极管点亮时可发出红光或绿光,每次恰有 3 个二极管点亮,且相邻的 2 个二极管不能同时点亮,根据这 3 个点亮的二极管的不同位置和不同颜色来表示不同的信息,求这排二极管能表示的信息种数共有多少种?( ).

   A. 20　　　　B. 40　　　　C. 80　　　　D. 160　　　　E. 240

习题详解

1. 【答案】C

【解析】从图8-7可以看出，有3种方式可以完成从甲到乙的路程.

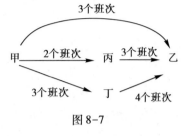

图8-7

(1)先使用加法原理:甲到乙总方法数＝甲乙直飞＋通过丙转机＋通过丁转机.

(2)通过丙、丁转机分别有两步,分别使用乘法原理,

通过丙转机方法数＝甲到丙方法数×丙到乙方法数＝6.

通过丁转机方法数＝甲到丁方法数×丁到乙方法数＝12.

(3)所以从甲城到乙城的总方法数为3＋6＋12＝21.

2. 【答案】D

【解析】$105=3\times5\times7$,即105有3,5,7这3个质因数.因此这个自然数可能是一位数、两位数或三位数,分情况讨论如下:

情况①:自然数为一位数,方案数为$C_3^1=3$.

情况②:自然数为两位数,方案数为$C_3^2A_2^2=6$.

情况③:自然数为三位数,方案数为$C_3^3A_3^3=6$.

根据加法原理,这样的自然数有3＋6＋6＝15个.

3. 【答案】D

【解析】分情况讨论:女生恰来自甲组的方法数为$C_3^1\times C_3^1\times C_4^2=3\times3\times6=54$,女生恰来自乙组的方法数为$C_3^2\times C_4^1\times C_2^1=3\times4\times2=24$.故总选取方法为54＋24＝78.

4. 【答案】D

【解析】**思路一**:本题中5个学科分别为5个属性不同的备选池,每个池中均有2个不同元素.

题目要求选出来自不同学科的2人,则这2人一定来自2个不同备选池,即仅从部分备选池中选取元素,直接用组合数先选备选池,再从中选取元素即可.

第一步:从5个学科(备选池)中选出2个学科,有C_5^2种选法.第二步:从选出的2个学科推举的候选人中各选出1名,方法数为$C_2^1\times C_2^1$.故根据乘法原理,不同的选派方式共有$C_5^2\times C_2^1\times C_2^1=40$(种).

思路二:逆向思维.5个学科各有2名候选人,共10人,从中任选2人的方案数为C_{10}^2.题目要求选派来自不同学科的2人参加支教工作,则不符合要求的选择方式为选中2人恰为同一学科,共有5种.总方案数减去不满足要求的方案数即为符合要求方案数,即$C_{10}^2-5=45-5=40$(种).

5. 【答案】C

【解析】分组方法1:

第一步:9人中选4人组成一组C_9^4;

第二步:剩下的5人中选3人组成一组 C_5^3;

第三步:剩下的2人中选2人组成一组 C_2^2.

根据乘法原理,分组方法为 $C_9^4 \times C_5^3 \times C_2^2 = 126 \times 10 \times 1 = 1260$(种).

因为3组包含元素数量分别为4,3,2均不相同,故不需要消序,1260即为最终方法数.

分组方法2:

第一步:9人中选5人组成一组 C_9^5;

第二步:剩下的4人中选2人组成一组 C_4^2;

第三步:剩下的2人中选2人组成一组 C_2^2.

根据乘法原理,分组方法为 $C_9^5 \times C_4^2 \times C_2^2 = 126 \times 6 \times 1 = 756$(种).

因为3组包含元素数量分别为5,2,2,有2组元素数量相同,故需要消序,即以上分步选取结果除以 A_2^2,最终得到方法数为 $\dfrac{756}{A_2^2} = 378$(种).

分组方法3:

第一步:9人中选3人组成一组 C_9^3;

第二步:剩下的6人中选3人组成一组 C_6^3;

第三步:剩下的3人中选3人组成一组 C_3^3.

计算出分组方法为: $C_9^3 \times C_6^3 \times C_3^3 = 84 \times 20 \times 1 = 1680$(种).

因为3组包含元素数量分别为3,3,3,有3组元素数量相同,所以需要消序,即以上分步选取结果除以 A_3^3,最终得到方法数为 $\dfrac{1680}{A_3^3} = 280$(种).

6.【答案】E

【解析】第一步,分堆:将6本书分为3堆,由于3堆包含元素数量相同,需要除以 A_3^3 进行消序,故共有 $\dfrac{C_6^2 \times C_4^2 \times C_2^2}{A_3^3}$ 种分堆方法.

第二步,分配:完全非确定分配,3堆书可以任意分配给3个人,有 A_3^3 种分配方案.

根据乘法原理,总安排方法有 $\dfrac{C_6^2 \times C_4^2 \times C_2^2}{A_3^3} \times A_3^3 = 90$(种).

7.【答案】B

【解析】第一步,分堆:6个班级分为4+1+1三堆,其中2堆所含元素个数相同,需要除以 A_2^2 消序,故共有 $\dfrac{C_6^4 \times C_2^1 \times C_1^1}{A_2^2}$ 种分堆方法.

第二步,分配:题目中没有规定每个教师需要教的班级数,为完全非确定分配,共有 A_3^3 种分配方案.

根据乘法原理,总安排方法有 $\dfrac{C_6^4 \times C_2^1 \times C_1^1}{A_2^2} \times A_3^3 = 90$(种).

8.【答案】A

【解析】第一步,分堆:将5名志愿者分为与中学数量相匹配的4堆,每所中学至少有1名志愿者,只有2人+1人+1人+1人这一种分堆方案,有3堆人数相同,需要除以 A_3^3

消序,共有 $\dfrac{C_5^2 \times C_3^1 \times C_2^1 \times C_1^1}{A_3^3}$ 种分堆方法.

第二步,分配:无法确定每个学校接受志愿者数量,属于完全非确定分配,故 4 堆分配给 4 个中学,共有 A_4^4 种分配方案.

根据乘法原理,总分配方案有 $\dfrac{C_5^2 \times C_3^1 \times C_2^1 \times C_1^1}{A_3^3} \times A_4^4 = 240$ 种.

9. 【答案】E

【解析】第一步,分堆:6 本不同的书先分为数量为 2+2+2 的 3 堆,由于这 3 堆元素数量相同,故需要除以 A_3^3 进行消序,共有 $\dfrac{C_6^2 \times C_4^2 \times C_2^2}{A_3^3} = 15$ 种分堆方法.

第二步,分配:把 3 堆书分配给 3 个人.因为 3 堆书的数量都是 2 本,故可以任意分给 3 个人,因此依然为完全非确定分配,共有 $A_3^3 = 6$ 种方法.

根据乘法原理,总分法有 15×6＝90 种.

10. 【答案】C

【解析】第一步,分堆:在未指定每堆数量的情况下,需要分情况讨论.将 5 项工程分为与工程队数量相匹配的 3 堆,每堆至少包含 1 项工程,则有以下 2 种可能情况:

情况①:5 个工程分为 1+2+2 的 3 堆,这种情况下有 $\dfrac{C_5^1 \times C_4^2 \times C_2^2}{A_2^2} = 15$ 种分堆方法;

情况②:5 个工程分为 1+1+3 的 3 堆,这种情况下有 $\dfrac{C_5^1 \times C_4^1 \times C_3^3}{A_2^2} = 10$ 种分堆方法;

根据加法原理,共有 15+10＝25 种分堆方法.

第二步分配:3 堆工程可以任意分配给 3 个工程队,为完全非确定分配,有 $A_3^3 = 6$ 种分配方案.

根据乘法原理,总分法有 25×6＝150 种.

11. 【答案】C

【解析】第一步,分堆:将 5 个班级分为 2 个、2 个、1 个 3 堆,因为有 2 堆包含班级数量相同需要除以 A_2^2 消序,所以共有 $\dfrac{C_5^2 \times C_3^2 \times C_1^1}{A_2^2}$ 种分堆方法.

第二步,分配:甲确定只能分配到包含 1 个班的 1 堆,而乙、丙可以在各包含 2 个班的 2 堆中任选,无法确定会分到哪一堆,因此为部分确定分配,有 A_2^2 种分配方法.

根据乘法原理,总安排方法有 $\dfrac{C_5^2 \times C_3^2 \times C_1^1}{A_2^2} \times A_2^2 = 30$ 种.

【技巧】分堆分配问题中,不用每一步均计算出具体数字,很多情况下列出算式后分子分母可以一定程度相消化简,从而提高解题速度.

12. 【答案】A

【解析】**思路一**:乘法原理.每个人均从 3 项培训中任选 1 项报名,对每个人可选方案均为 C_3^1,则 5 个人总方案数为 $C_3^1 \times C_3^1 \times C_3^1 \times C_3^1 \times C_3^1 = 3^5 = 243$ 种.

思路二:分房法公式.每个培训项目都可以有多个人选择,也可以没有人选择,故培训项目为可以为空的对象,培训项目数 3 为底数.5 个人每人只能选择 1 次报 1 项培训,故人为只能分配 1 次的元素,人数 5 为指数.不同的报法有 $3^5 = 243$ 种.

【拓展】若本题改为:有 5 人报名参加 3 项不同的培训,每人都只报 1 项,每项培训都至少有 1 人报名,则不同的报法有_____种.

答:此时由于规定每项培训都至少有 1 人报名,则不符合分房问题,而是分堆问题.将 5 人分为 3 堆,每堆不为空,之后将这 3 堆未指定分配给 3 个项目.

方案一:将 5 人分为 3+1+1 的 3 组,后全排列分配,方案数为 $\dfrac{C_5^3 \times C_2^1 \times C_1^1}{A_2^2} \times A_3^3 = 60$.

方案二:将 5 人分为 2+2+1 的 3 组,后全排列分配,方案数为 $\dfrac{C_5^1 \times C_4^2 \times C_2^2}{A_2^2} \times A_3^3 = 90$.

故根据加法原理,不同的报法共有 $60 + 90 = 150$ 种.

13. 【答案】D

【解析】10 个相同的篮球分给 4 个班级,每个班级至少分到 1 个篮球,符合标准隔板法使用条件,根据公式可得,分篮球的方法数为 $a = C_{10-1}^{4-1} = C_9^3 = 84$.

  6 个相同的排球分给 4 个班级,允许有的班级没分到排球,不能直接使用隔板法,而应先增加球数.第一步假设增加 4 个排球,即 10 个相同的排球分给 4 个班,每班至少 1 球,此时符合标准隔板法使用条件,根据公式得出共有 $C_{10-1}^{4-1} = C_9^3 = 84$ 种;第二步从每班拿走 1 球,方法数为 1.根据乘法原理知总方法数 $b = 84 \times 1 = 84$.所以 $a = b$.

14. 【答案】C

【解析】由于题目要求的是正整数的解,最小单位为 1.所以题干的问题等同于,有 10 个相同的元素 1,分给 x, y, z 三个对象,每个对象至少分得 1 个元素,共有多少种分法.

符合标准隔板法要求,应用隔板法公式得方法数为 $C_{10-1}^{3-1} = C_9^2 = \dfrac{9 \times 8}{2} = 36$.

15. 【答案】B

【解析】由于要求的是非负整数解,最小为零.所以题干的问题等同于,有 10 个相同的元素 1,分给 x, y, z 三个对象,允许有的对象没分到元素(可以为空),共有多少种分法.符合进阶隔板法(可以为空),根据公式可得方法数为 $C_{13-1}^{3-1} = \dfrac{12 \times 11}{2} = 66$.

16. 【答案】D

【解析】**思路一**:5 个字母全排列共有 $A_5^5 = 120$(种)方法,当定序为 "A,B,C" 时,根据局部元素定序消序可知,方法数为 $\dfrac{120}{A_3^3}$.

当定序为 "C,B,A" 时,根据局部元素定序消序可知,方法数为 $\dfrac{120}{A_3^3}$.

故总排列方案共有 $\dfrac{120}{A_3^3} \times 2 = 40$(种).

  思路二:5 个字母全排列共有 $A_5^5 = 120$(种)方法,其中 A,B,C 三个字母可能的位置顺序由 $A_3^3 = 6$(种),变为 "A,B,C" 或 "C,B,A" 这 2 种,即减少为原来的 $\dfrac{1}{3}$.故总排

列方案共有 $\frac{120}{3}=40$（种）.

17.【答案】C

【解析】5 面旗子全排列共有 $A_5^5=120$（种）方法,其中 3 面红旗相同,由于局部元素相同需要除以 A_3^3 消序;2 面白旗标号不同,为不同的旗子,不需要消序,故可以表示不同信号的种数为 $\frac{A_5^5}{A_3^3}=20$（种）.

18.【答案】A

【解析】5 面旗子全排列共有 $A_5^5=120$（种）方法,其中 3 面红旗相同,由于局部元素相同需要除以 A_3^3 消序;2 面白旗相同,由于局部元素相同需要除以 A_2^2 消序,故可以表示不同信号的种数为 $\frac{A_5^5}{A_3^3\times A_2^2}=10$（种）.

19.【答案】E

【解析】先将 9 个字母全排列,共有 A_9^9 种方法,其中对相同的字母分别进行消序,即对 2 个相同的 a 消序,除以 A_2^2;对 3 个相同的 b 消序,除以 A_3^3;对 4 个相同的 c 消序,除以 A_4^4. 故排法共有 $\frac{A_9^9}{A_2^2\times A_3^3\times A_4^4}=1260$（种）.

20.【答案】D

【解析】四位数中,千位、百位、十位有顺序要求,而个位数可以任取,可分为以下四步:

第一步:从 6 个数中任取一个作为个位,有 C_6^1 种方法;

第二步:从剩下的五个数中取不同的 3 个作为千位、百位、十位,由于规定从大到小排列（定序）,故由于局部元素定序需要除以 A_3^3 消序,即 $\frac{A_5^3}{A_3^3}=10$ 种取法.

根据乘法原理,满足要求的数字共有 $6\times10=60$ 个.

21.【答案】D

【解析】第一步:优先处理特殊元素. 第 3 位数字为 1 或者 5,有 2 种可能,方法数为 2;

第二步:对其他元素进行排列. 剩下的 4 位电话号码从除过第 3 位被选走的 1 个数字外剩余的 8 个数字中任选 4 个进行全排列即可,方法数为 $C_8^4\times A_4^4=70\times24=1680$.

根据乘法原理,由完全不同的数字组成的电话号码的个数为 $2\times1680=3360$.

22.【答案】B

【解析】由于甲、乙有特殊位置要求,属于特殊元素,依次分步优先处理,每次处理一个特殊元素. 排座位共分三步:

第一步:安排甲. 前排的 4 个座位中只能从 2,3,4 号中任选 1 个坐,方法数为 $C_3^1=3$;

第二步:安排乙. 后排的 4 个座位中只能从 1,3 号中任选 1 个坐,方法数为 $C_2^1=2$;

第三步:安排无特殊要求的丙和丁. 剩余 6 个座位任选 2 个,全排列入座,方法数为 $C_6^2\times A_2^2=30$.

根据乘法原理,一共有 $3\times2\times30=180$（种）座位的排法.

23.【答案】B

【解析】第一步:捆绑.将3个家庭和1对情侣分别用捆绑法捆在一起,作为4个"大元素"进行排列,方法数为 A_4^4.

第二步:松绑.3个家庭和1对情侣这四个"大元素"内部分别排列,方法数为 $A_3^3 \times A_3^3 \times A_3^3 \times A_2^2$.

根据乘法原理,总方法数为 $A_4^4 \times A_3^3 \times A_3^3 \times A_3^3 \times A_2^2 = 2 \times 4! \times (3!)^3$.

24.【答案】A

【解析】第一步:捆绑.将3个家庭分别用捆绑法捆在一起,作为3个"大元素",与2个单身青年这5个元素一起进行排列,方法数为 A_5^5.

第二步:松绑.3个家庭内部分别排列,方法数为 $A_3^3 \times A_3^3 \times A_3^3$.

根据乘法原理,总方法数为 $A_5^5 \times A_3^3 \times A_3^3 \times A_3^3 = 5! \times (3!)^3$.

25.【答案】C

【解析】9盏灯可以分为2类,一类是6盏亮的灯,另一类是3盏不亮的灯,要求不亮的灯不能相邻,因此可使用插空法.

如图8-8所示,由于不能关掉两端的灯,所以只能在6盏点亮的灯中间的5个空隙中插入3个不亮的灯,方法数为 C_5^3. 由于本题中灯只有亮与不亮的区别,每盏亮的灯之间和不亮的灯之间是一样的,没有顺序区别,故不需要再分类进行排列.

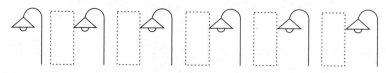

图8-8

综上所述,满足条件的关灯方法有 C_5^3 种.

26.【答案】D

【解析】8个二极管分为2类,一类为3个点亮的二极管,另一类为5个不亮的二极管,要求亮的二极管不能相邻.因此可使用插空法,具体步骤如下:

第一步:插空.5个不亮的发光二极管两两之间及左右两端共有6个空隙,在这6个空隙中任选3个插入点亮的发光二极管,方法数为 $C_6^3 = 20$;

第二步:分别确定每个发光二极管的颜色,方法数为 $2 \times 2 \times 2 = 8$.

根据乘法原理,这排二极管能表示的信息种数共有 $20 \times 8 = 160$(种).

第九章　　　概　率

　　大纲分析　本章每年约考2~3题,题目相对较难.求解概率题目要有一定排列组合基础,所以要更加注重排列组合基础的扎实.主要内容有古典概型、概率加法与乘法公式、伯努利概型、几何概型等,其中古典概型、概率乘法与加法公式考查的相对较多.

模块一　考点剖析

考点一　概率基础知识

　　1. 随机事件:在随机试验中,可能出现也可能不出现,而在大量重复试验中具有某种规律性的事件叫作随机事件.

　　随机试验同时具有以下3个特征:

　　①可重复性:试验在相同条件下可重复进行;

　　②可知性:每次试验的可能结果不止一个,但事先能明确所有可能的结果;

　　③不确定性:进行一次试验之前不能确定哪一个结果会出现,但必然会出现结果中的一个.

　　2. 必然事件:在一定的条件下重复进行试验时,有的事件在每次试验中必然会发生,这样的事件叫作必然发生的事件,简称必然事件.必然事件发生的概率为1,但概率为1的事件不一定为必然事件.

　　3. 不可能事件:在一定条件下不可能发生的事件叫作不可能事件.人们通常用0来表示不可能事件发生的可能性,即:不可能事件的概率为0,但概率为0的事件不一定为不可能事件.

　　必然事件和不可能事件统称为确定事件.

　　4. 互斥事件与对立事件:

　　在一次试验中,不可能同时发生的事件是互斥事件,也叫作互不相容事件.

　　在一次试验中,如果两个互斥事件必有一个发生,则这两个事件为对立事件.对立事件概率和等于1,即如果一件事情 A 发生的概率为 P,那么这件事情不发生记作 $\overline{A}$,叫作与之对立的事件,则它们的概率有: $P(A)+P(\overline{A})=1$.

　　对立事件一定是互斥事件,而互斥事件不一定是对立事件.

　　【举例】指出掷骰子试验的下面4个事件两两之间的关系:

（1）掷出 1 点；　　　　　　　　　（2）掷出 2 点；

（3）掷出 2 点及以上；　　　　　　（4）掷出 4 点或 5 点.

【解析】（1）和（2）"掷出 1 点"与"掷出 2 点"是互斥事件,但不是对立事件.

（1）和（3）"掷出 1 点"与"掷出 2 点及以上"不仅是互斥事件,也是对立事件.

（1）和（4）"掷出 1 点"与"掷出 4 点或 5 点"是互斥事件,但不是对立事件.

（2）和（4）"掷出 2 点"与"掷出 4 点或 5 点"是互斥事件,但不是对立事件.

（3）和（4）"掷出 2 点及以上"与"掷出 4 点或 5 点"既不是对立事件,也不是互斥事件.

5. 独立事件:在掷硬币或者掷骰子的时候,不管第一次掷出的结果是什么,都不会对第二次的结果产生影响. 也就是说如果做多次试验(可能是相同试验,亦可能是不同试验),每一次试验的结果都不会对另一次的试验结果产生影响,那么它们就叫作独立事件.

6. 概率:我们在相同条件下对油菜籽进行发芽试验,结果发现,当试验的油菜籽粒数很多时,油菜籽的发芽数 m 与被试验的油菜籽数 n 的比 $\dfrac{m}{n}$,即油菜籽发芽的频率接近于一个常数,并在它附近摆动.

一般地,在大量重复进行同一试验时,随机事件 A 发生的频率 $\dfrac{m}{n}$ 总是接近于某个常数,并在它附近摆动,即随机事件 A 发生的频率具有稳定性,这时就把这个常数叫作事件 A 的概率,记做 $P(A)$,有 $0 \leqslant P(A) \leqslant 1$. 这是概率的统计定义.

概率反映了一个随机事件出现的频繁程度,但频率是随机的,而概率是一个确定的值,因此,人们用概率来反映随机事件发生的可能性的大小,它是事件本身的属性,不随试验次数的变化而变化. 在实际问题中,某些随机事件的概率往往难以确切得到,因此我们常常通过做大量的重复试验,用随机事件发生的频率作为它的概率的估计值.

7. 概率乘法公式与概率加法公式:

概率乘法公式:两个独立事件同时发生的概率,为两者单独发生的概率之积,即若事件 A 发生的概率为 $P(A)$,事件 B 发生的概率为 $P(B)$,则 A 和 B 均发生的概率为 $P(A) \times P(B)$.

【举例】掷 A 骰子掷出 1 点的概率为 $\dfrac{1}{6}$,掷 B 骰子掷出 1 点的概率为 $\dfrac{1}{6}$,则掷出 A,B 两个骰子均是 1 点的概率为 $\dfrac{1}{6} \times \dfrac{1}{6} = \dfrac{1}{36}$.

概率加法公式:对于两互斥事件 A 和 B,如果事件 A 发生的概率为 $P(A)$,事件 B 发生的概率为 $P(B)$,那么事件 $A+B$ 发生(即 A,B 中至少有一个发生)的概率等于 A,B 分别发生的概率之和,即 $P(A+B) = P(A) + P(B)$.

【举例】掷骰子掷出 1 点的概率为 $P(A) = \dfrac{1}{6}$,掷骰子掷出 2 点的概率为 $P(B) = \dfrac{1}{6}$.

掷骰子掷出的点数小于等于 2 点(即掷出 1 点或掷出 2 点)的概率是 $P(A+B) = P(A) + P(B) = \dfrac{1}{3}$.

考点二 古典概型

（一） 古典概型基础

1. 必备知识点

1）古典概型的定义

古典概型也叫传统概率,其定义由法国数学家拉普拉斯（Laplace）提出. 如果一个随机试验的结果包含的基本事件数量是有限的,且每个基本事件发生的可能性均相等,则这个随机试验叫作拉普拉斯试验,这种条件下的概率模型就叫古典概型.

古典概型的核心条件是,每个基本事件发生的概率相同. 因此古典概型概率又叫等可能事件的概率. 如掷1个均匀的骰子,掷出1~6每一个数字的可能性是相同的,那么掷骰子试验就可以使用古典概型概率的方法来计算.

2）古典概型的特征

(1) 有限性:试验中所有可能出现的基本事件数量为有限个.

(2) 等可能性:每个基本事件出现的可能性相同.

3）古典概型的计算公式

如果一次试验中共有 n 种等可能出现的结果（即所有基本事件数为 n）,而事件 A 由其中 m 种等可能事件出现的结果所组成（即满足事件 A 要求的基本事件的数量为 m）,那么事件 A 的概率规定为

$$P(A)=\frac{满足事件 A 要求的基本事件数}{样本空间总基本事件数}=\frac{m}{n}.$$

【举例】求"掷出骰子点数小于等于2"这个事件 A 发生的概率 $P(A)$.

【解析】满足条件的基本事件有2个,分别为{掷出1点}和{掷出2点},而样本空间 Ω 中共包含6个基本事件,所以事件 A 发生的概率 $P(A)=\frac{满足事件 A 要求的基本事件数}{样本空间总基本事件数}=\frac{2}{6}=\frac{1}{3}.$

4）古典概型与排列组合

在联考的古典概型题目中,公式中的所有基本事件数和满足要求的基本事件数,常需要利用排列组合公式计算,因此实际上它们都是在考查排列组合知识,而每一道排列组合的题目也都可以改为古典概型的概率题. 因此古典概型公式此时可写为:

$$P(A)=\frac{满足事件 A 要求的方法数}{总方法数}.$$

由公式可知,此类古典概型需要进行两次排列组合的计算,一次通过排列组合计算满足条件的方法数,另一次通过排列组合计算总方法数,两者相除即可得到所求事件发生的概率.

【举例】将2本不同的数学书和3本不同的语文书在书架上随机排成一排,则2本数学书不相邻的概率为多少?

【解析】本题穷举样本空间总基本事件数及满足要求的基本事件数较为复杂,可直接采用排列组合求解.

计算总方法数:5 本不同的书随机排列,方法数为 A_5^5.

计算满足要求的方法数:要求 2 本数学书不相邻,则使用排列组合中的插空法,将 2 本数学书有序地插入 3 本语文书中间及两边的 4 个空隙中,方法数为 $C_4^2 \times A_2^2 \times A_3^3$.

则所求概率为:$\dfrac{\text{满足事件要求的方法数}}{\text{总方法数}} = \dfrac{C_4^2 \times A_2^2 \times A_3^3}{A_5^5} = \dfrac{3}{5}$.

5)常见误区:区分"结果"和"基本事件"

我们看到的"满足要求的结果"并不一定与"基本事件"一一对应. 由于基本事件是可直接观察到的、最基本的不能再分解的结果,因此一个结果有可能是多个基本事件的集合,所以在计算概率的时候,用 $\dfrac{\text{满足条件的结果总数}}{\text{试验结果总数}}$ 来计算,就会产生错误的结果. 正确的算法是 $\dfrac{\text{满足事件 } A \text{ 要求的基本事件数}}{\text{样本空间总基本事件数}}$.

【举例】从分别写着 1~6 的六张卡片中选择两张不同的卡片,求"这两张卡片上数字之和小于等于 8"这个事件 A 发生的概率 $P(A)$.

【解析】从 1~6 中取两个不同的数字,没有顺序的区分,一共有 $C_6^2 = 15$ 种可能的组合,即样本空间中有 15 个等可能的基本事件,它们分别如下:$\{1,2\}$,$\{1,3\}$,$\{1,4\}$,$\{1,5\}$,$\{1,6\}$,$\{2,3\}$,$\{2,4\}$,$\{2,5\}$,$\{2,6\}$,$\{3,4\}$,$\{3,5\}$,$\{3,6\}$,$\{4,5\}$,$\{4,6\}$,$\{5,6\}$.

最终得到的两数之和结果有如下几种可能:

可能结果①,两数的和为 3:$\{1,2\}$.

可能结果②,两数的和为 4:$\{1,3\}$.

可能结果③,两数的和为 5:$\{1,4\}$,$\{2,3\}$.

可能结果④,两数的和为 6:$\{1,5\}$,$\{2,4\}$.

可能结果⑤,两数的和为 7:$\{1,6\}$,$\{2,5\}$,$\{3,4\}$.

可能结果⑥,两数的和为 8:$\{2,6\}$,$\{3,5\}$.

可能结果⑦,两数的和为 9:$\{3,6\}$,$\{4,5\}$.

可能结果⑧,两数的和为 10:$\{4,6\}$.

可能结果⑨,两数的和为 11:$\{5,6\}$.

注 集合具有无序性,集合内无顺序区分,如 $\{1,2\}$ 和 $\{2,1\}$ 表示的是同时选中 1 和 2 的同一种卡片选取结果.

样本空间基本事件总数为 15,满足事件 A 要求的基本事件数为 11.

正确的计算方法:概率 $P(A) = \dfrac{\text{满足事件 } A \text{ 要求的基本事件数}}{\text{样本空间总基本事件数}} = \dfrac{11}{15}$.(正确答案).

试验结果总数有 9 种,满足两数之和小于等于 8 的可能结果有 6 种.

错误的计算方法:概率 $P(A) = \dfrac{\text{满足条件的结果总数}}{\text{试验结果总数}} = \dfrac{6}{9}$.(错误答案).

2.典型例题

【例题 1】求下列事件的概率(　　　　).

（1）投掷一枚质地均匀的硬币，正面向上的概率.

（2）掷一枚骰子，出现偶数点的概率.

A. $\frac{1}{2},\frac{1}{3}$　　　　　B. $\frac{1}{3},\frac{1}{2}$　　　　　C. $\frac{1}{2},\frac{1}{2}$

D. $\frac{1}{2},\frac{1}{6}$　　　　　E. $\frac{1}{3},\frac{1}{3}$

【解析】掷硬币一共有2种等可能基本事件，即正面向上和反面向上，满足要求的为其中的1种基本事件，故正面向上的概率为$\frac{满足要求的基本事件数}{样本空间总基本事件数}=\frac{1}{2}$.

掷骰子一共有6种等可能基本事件，其中满足要求出现偶数点为其中的3种，即2点，4点和6点. 故出现偶数点的概率为$\frac{满足要求的基本事件数}{样本空间总基本事件数}=\frac{3}{6}=\frac{1}{2}$.

【答案】C

【例题2】（1）李明的讲义夹里放了大小相同的试卷共12页，其中语文5页、数学4页、英语3页，他随机地从讲义夹中抽出1页数学试卷的方法有（　　　）种.

A. 3　　　B. 4　　　C. 5　　　D. 6　　　E. 7

（2）李明的讲义夹里放了大小相同的试卷共12页，其中语文5页、数学4页、英语3页，他随机地从讲义夹中抽出1页，抽出的是数学试卷的概率等于（　　　）.

A. $\frac{1}{12}$　　　B. $\frac{1}{6}$　　　C. $\frac{5}{12}$　　　D. $\frac{1}{3}$　　　E. $\frac{1}{8}$

【解析】（1）讲义夹中数学卷子共有4页，因此抽出1页数学卷子有$C_4^1=4$（种）方法.

（2）第一步：计算总方法数. 从12页卷子中，抽出1页卷子，共有$C_{12}^1=12$（种）方法；

第二步：计算满足要求的方法数. 数学卷子共有4页，因此抽出一页数学卷子有$C_4^1=4$（种）方法；

第三步：计算概率. 随机抽到1张数学卷子的概率$P(A)=\frac{满足要求的方法数}{总方法数}=\frac{C_4^1}{C_{12}^1}=\frac{1}{3}$.

【答案】（1）B；（2）D

【例题3】（1）1到100的整数中同时能被5和7整除的数字有（　　　）个.

A. 2　　　B. 3　　　C. 4　　　D. 5　　　E. 6

（2）从1到100的整数中任取一个数，则该数同时能被5和7整除的概率为（　　　）.

A. 0.02　　　B. 0.14　　　C. 0.2　　　D. 0.32　　　E. 0.34

【解析】（1）由穷举法可知，在1~100的整数中能同时被5和7整除的数字只有2个，它们均为5和7最小公倍数的倍数，即35和70.

（2）第一步：计算总方法数. 1~100一共有100个整数.

第二步：计算满足要求的方法数，即1~100的整数中能同时被5和7整除的数字有两个.

第三步：计算概率. 所求概率为$\frac{满足要求的方法数}{总方法数}=\frac{2}{100}=0.02$.

【答案】（1）A；（2）A

（二） 取出后不放回

1.必备知识点

取出后不放回:每次抽取所面临的情况随前面抽取结果的不同而不同.在取球的题目中,需要先用排列组合的知识计算方法总数.

本考点主要解题技巧如下:

【技巧】在不放回取球题目中,对于相同的抽取结果组合,分次抽和一把抓概率相同,可直接用排列组合计算分子分母,如【例题4】.

2.典型例题

【例题4】5个不同的球里,有3个白球,2个红球,抽出的球不放回.求:

(1)甲先抽1个球,后再抽1个球,抽出1红1白球的概率;

(2)甲一次性抽出2个球,抽到1红1白球的概率(   ).

A.$\frac{3}{5},\frac{2}{5}$ B.$\frac{3}{5},\frac{3}{5}$ C.$\frac{2}{5},\frac{4}{5}$ D.$\frac{2}{5},\frac{2}{5}$ E.$\frac{2}{5},\frac{3}{5}$

【解析】(1)分情况讨论.先后抽出1红1白,有两种可能.

①先在5个球中抽到白球,在剩下的4个球中抽到红球.概率为$\frac{3}{5}\times\frac{2}{4}=\frac{3}{10}$.

②先在5个球中抽到红球,在剩下的4个球中抽到白球.概率为$\frac{2}{5}\times\frac{3}{4}=\frac{3}{10}$.

所以$P(先后抽出1红1白)=\frac{3}{10}+\frac{3}{10}=\frac{3}{5}$.

(2):利用古典概型公式计算.

第一步:计算总方法数.从5个球中任意抽出2个,方法数共有$C_5^2=10$(种).

第二步:计算满足要求的方法数.从5个球中抽出1红1白,方法数共有$C_2^1C_3^1=6$(种).

第三步:计算概率.$P(一次抽到1红1白)=\frac{C_2^1\times C_3^1}{C_5^2}=\frac{3}{5}$.

【总结】本题说明:在不放回取球中,对于相同的抽取结果,先后抽和一次抽的概率相等,两种抽取方式对概率无影响.

【答案】B

【例题5】袋中装有8个白球及5个黑球.

问1:从袋中一次任取6个球,求所取的球中恰好有4个白球和2个黑球的概率. (   )

A.$\frac{C_8^2\times C_5^2}{C_{13}^4}$ B.$\frac{C_8^4\times C_5^4}{C_{13}^6}$ C.$\frac{C_8^2\times C_5^2}{C_{13}^4}$ D.$\frac{C_8^4\times C_5^2}{C_{13}^6}$ E.$\frac{C_8^5\times C_5^2}{C_{13}^6}$

问2:从袋中接连不放回地任取5个球,求最后取出的球是白球的概率. (   )

A.$\frac{6}{13}$ B.$\frac{7}{24}$ C.$\frac{8}{13}$ D.$\frac{3}{5}$ E.$\frac{5}{21}$

【解析】问题1:

第一步:计算总方法数.从13个球中任取6个,总取法有C_{13}^6(种).

第二步:计算满足要求的方法数.从13个球中恰好取出4白2黑,取法有$C_8^4 \times C_5^2$(种).

第三步:计算概率.$P = \dfrac{C_8^4 \times C_5^2}{C_{13}^6}$.

问题2:根据【抽签技巧1】详见本书强化篇第九章考点一.每一次抽取到白球跟第一次抽取到白球的概率相同,即有P(第5次取出的球是白球)$= P$(第1次取出的球是白球)$= \dfrac{8}{8+5} = \dfrac{8}{13}$.

【答案】(1)D;(2)C

(三) 取出后放回(分房模型)

1.必备知识点

在取出后放回的题目中,一般会含有"取出后放回""可重复选取""分房""分岗位""不限量买"等关键字,在这个题型中每次抽取所面临的情况是完全相同的,所以本类题型推荐使用"抽签法",具体抽签法的应用会在下文例题中进行详细介绍.现就"取出后放回"与"取出后不放回"进行对比.

1)可重复选取数字与不同数字

对于可重复选取的数字,相当于取出后放回,继续参与下一次的选取;而对于要求选取不同的数字,为不放回取球模型,每次取出后不放回,下一次从剩余的数字中进行选择.

【举例】

(1)1~9中可重复地选取6个数组成6位数,求这6个数完全不相同的概率.

(2)1~9中选取6个不相同的数组成6位数,求这个6位数是偶数的概率.

【解析】(1)9个数中可重复地选取6个方案数为$9 \times 9 \times 9 \times 9 \times 9 \times 9 = 9^6$.

选定6个不相同的数的方案数为$9 \times 8 \times 7 \times 6 \times 5 \times 4 = A_9^6$,根据古典概型公式有$P = \dfrac{A_9^6}{9^6}$.

(2)选定6个不相同的数的方案数为$9 \times 8 \times 7 \times 6 \times 5 \times 4 = A_9^6$.

1~9中共有2,4,6,8这4个偶数,作为这个6位数的末位.其余5位有顺序地从剩余数字中选择,即偶数的方案数为$C_4^1 \times A_8^5$.根据古典概型公式有:$P = \dfrac{C_4^1 \times A_8^5}{A_9^6}$.

【总结】根据以上分析可以将题目总结如图9-1所示:

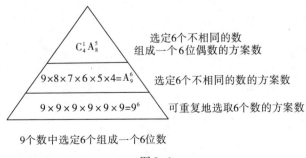

图9-1

【答案】$(1) \dfrac{A_9^6}{9^6}, (2) \dfrac{C_4^1 \times A_8^5}{A_9^6}$

2) 容纳数量有限制 VS 容纳数量无限制

取出后不放回对应容纳数量有限制, 取出后放回对应容纳数量无限制, 分别举例如下:

(1) 取出后不放回: 甲、乙两个会议室各能容纳 4 个人, 6 个同学来开会, 每个同学只能选择去 1 个会议室, 有多少种可能?

4 人进甲会议室, 2 人进乙会议室: $C_6^4 \times C_2^2$,

3 人进甲会议室, 3 人进乙会议室: $C_6^3 \times C_3^3$,

2 人进甲会议室, 4 人进乙会议室: $C_6^2 \times C_4^4$,

(2) 取出后放回: 甲、乙两个会议室可容纳人数不限, 6 个同学来开会, 每个同学只能选择去 1 个会议室, 有多少种可能?

每个同学面临 2 种选择, 去甲会议室或者去乙会议室, 重复 6 次, 共有 $2 \times 2 \times 2 \times 2 \times 2 \times 2 = 2^6$ (种) 可能.

2. 典型例题

【例题 6】1 ~ 9 这 9 个数中可重复地选取 6 个数, 组成一个 6 位数, 求下列事件的概率:

(1) 6 个数完全不相同.

(2) 6 个数不含奇数.

(3) 6 个数中 5 恰好出现 4 次.

【解析】**思路一**: 利用古典概型公式. $(1) \dfrac{9 \times 8 \times 7 \times 6 \times 5 \times 4}{9^6}$; $(2) \dfrac{4^6}{9^6}$; $(3) \dfrac{C_6^4 \times 8^2}{9^6}$.

思路二: 抽签法. 将这 9 个数字视作 9 张不同号码的签, 可重复抽取, 每次抽取均面临同样的 9 个选择, 互不影响, 每次都是独立随机事件, 故可用概率乘法公式, 即有:

(1) 第 1 个数可以任取, 满足要求的概率为 $\dfrac{9}{9}$; 第 2 个数要求与第 1 个数不同, 满足要求的概率为 $\dfrac{8}{9}$; 第 3 个数要求与前 2 个均不相同, 满足要求的概率为 $\dfrac{7}{9}$, 依此类推, 6 个数完全不相同的概率为 $\dfrac{9}{9} \times \dfrac{8}{9} \times \dfrac{7}{9} \times \dfrac{6}{9} \times \dfrac{5}{9} \times \dfrac{4}{9} = \dfrac{9 \times 8 \times 7 \times 6 \times 5 \times 4}{9^6}$.

同理可得:

$(2) \dfrac{4}{9} \times \dfrac{4}{9} \times \dfrac{4}{9} \times \dfrac{4}{9} \times \dfrac{4}{9} \times \dfrac{4}{9}$,

$(3) C_6^4 \times \dfrac{1}{9} \times \dfrac{1}{9} \times \dfrac{1}{9} \times \dfrac{1}{9} \times \dfrac{8}{9} \times \dfrac{8}{9}$.

【答案】$(1) \dfrac{9 \times 8 \times 7 \times 6 \times 5 \times 4}{9^6}$; $(2) \dfrac{4^6}{9^6}$; $(3) \dfrac{C_6^4 \times 8^2}{9^6}$.

【例题 7】甲、乙、丙 3 名志愿者, 分别被随机地分到 A, B, C, D 四个岗位工作, 求:

(1) 甲、乙同时参加 A 岗位的概率; (2) 甲、乙两个人不在同一岗位的概率.

【解析】根据抽签法,将 A,B,C,D 视为 4 种签,每种签可以被重复抽取,甲、乙、丙 3 人分别各抽 1 次.

(1)甲必须抽到 A,则 $P_甲=\dfrac{1}{4}$;乙亦必须抽到 A,则 $P_乙=\dfrac{1}{4}$;丙随便抽都符合题干要求,则 $P_丙=\dfrac{4}{4}=1$. 故所求概率 $P=\dfrac{1}{4}\times\dfrac{1}{4}\times1=\dfrac{1}{16}$.

(2)甲先抽,他从 4 个岗位中任意抽取,均可满足题干要求,则 $P_甲=\dfrac{4}{4}=1$.

乙要求与甲不在同一岗位,即从 4 个岗位中,除过甲已选的以外,剩余 3 个任选均满足题干要求,则 $P_乙=\dfrac{3}{4}$.

丙随便抽均符合要求,则 $P_丙=\dfrac{4}{4}=1$.

故所求概率 $P=1\times\dfrac{3}{4}\times1=\dfrac{3}{4}$.

【答案】(1)$\dfrac{1}{16}$;(2)$\dfrac{3}{4}$.

（四）　至少和至多

1. 必备知识点

1）正向列举与正难则反

本考点特征为题目中包含"至少""至多""不全"等关键字. 主要的解题方法为"正向列举法"分情况讨论或者"正难则反法"分情况讨论.

正难则反法利用的是对立事件的概率计算公式,即如果一件事情发生的概率为 P,那么这件事情不发生就叫作与之对立的事件,它不发生的概率为 $1-P$.

至少与至多的数学含义:如果题干中一共有 n 个元素. 要求:

(1)至少有 1 个:即大于等于 1 个,它的对立事件为"小于 1 个",即 0 个.

(2)至少有 2 个:即大于等于 2 个,它的对立事件为"小于 2 个",即 1 个或 0 个,需分类讨论.

(3)至多有 1 个:即 0 个或 1 个,正向列举时需分类讨论;它的对立事件为"大于 1 个",即 2~n 个.

总结:当题干中有"至多"或"至少"关键字的时候,往往需要分情况讨论. "正向列举法"和"正难则反"的本质是完全相同的,具体采用哪种解题方法一般取决于题干中的数字,哪种方法需要讨论的情况数少就优先使用哪种.

2）"至少"问题的常见错误

【举例】袋子中有 5 个黑球,3 个蓝球,任取 4 个,求取出的球至少有 2 个蓝球的概率是多少?

【正确解析】8 只球中任取 4 只,总方案数为 $C_8^4=70$.

思路一:正向列举. 至少有 2 个蓝球,即 2 蓝 2 黑或者 3 蓝 1 黑,需分情况讨论.

情况①：2 蓝 2 黑，方案数为 $C_3^2 \times C_5^2 = 30$；

情况②：3 蓝 1 黑，方案数为 $C_3^3 \times C_5^1 = 5$.

根据古典概型公式，所求概率为：$P = \dfrac{30+5}{70} = \dfrac{1}{2}$.

思路二：正难则反. 至少有两个蓝球的对立事件为没有蓝球或只有 1 个蓝球，需分情况讨论.

情况①：0 蓝 4 黑，方案数为 $C_5^4 = C_5^1 = 5$；

情况②：1 蓝 3 黑，方案数为 $C_3^1 \times C_5^3 = 30$.

根据古典概型公式，所求概率为 $P = 1 - \dfrac{30+5}{70} = \dfrac{1}{2}$.

【答案】$\dfrac{1}{2}$

【错误解析】8 个球中任取 4 个，总方案数为 $C_8^4 = 70$. 求满足要求的方案数时，先选 2 个蓝球，剩下 6 个球任选 $C_3^2 \times C_6^2 = 45$，$P = \dfrac{45}{70} = \dfrac{9}{14}$.

【错误分析】重复计算. 如图 9-2 所示，设有蓝球为 1-3 号，黑球为 1-5 号.

①②③①②③④⑤

图 9-2

对于取出的同一种组合（如图 9-3 所示，取出 1～3 号 3 个蓝球和 1 号黑球），由于选取顺序的不同将产生重复计算. 恰好共多计算了 10 种.

①②	③①
①③	②①
②③	①①

先选 2 个蓝球 + 剩下 6 个球任选

图 9-3

总结：在"至少"问题中应按需分情况讨论，不能先取出最少量，之后剩余任取，此时会产生重复计算.

2. 典型例题

【例题8】甲、乙、丙 3 人进行定点投篮比赛，已知甲的命中概率为 0.9，乙的命中概率为 0.8，丙的命中概率为 0.7，现每人各投 1 次，求：

(1) 3 人中至少有 2 人投进的概率是（　　）.

A. 0.802　　　B. 0.812　　　C. 0.832　　　D. 0.842　　　E. 0.902

(2) 3 人中至多有 2 人投进的概率是（　　）.

A. 0.396　　　B. 0.416　　　C. 0.426　　　D. 0.496　　　E. 0.506

【解析】(1) 至少 2 人投进包括恰有 2 人投进和 3 人均投进，$P = 0.9 \times 0.8 \times (1-0.7) + 0.9 \times (1-0.8) \times 0.7 + (1-0.9) \times 0.8 \times 0.7 + 0.9 \times 0.8 \times 0.7 = 0.902$.

(2) 至多 2 人投进的对立事件为 3 人全投进，则有 P（至多两人投进）$= 1 - P$（三人全投进)=1−0.9×0.8×0.7=0.496.

【答案】(1)E;(2)D.

【例题9】(1)某公司有9名工程师,6男3女,从中任意抽调4人组成攻关小组,则恰好包含1个女生的概率为_____.

(2)某公司有9名工程师,6男3女,从中任意抽调4人组成攻关小组,则至少包含1个女生的概率为_____.

【解析】(1)恰包含1个女生,意味着攻关小组中另外3人均为男生,则根据古典概型公式有 $P = \dfrac{C_3^1 \times C_6^3}{C_9^4} = \dfrac{30}{63}$.

(2)至少包含一名女生的对立事件为一个女生也没有,即全为男生,采用对立事件法得概率为 $P = 1 - \dfrac{C_6^4}{C_9^4} = \dfrac{111}{126}$.

【答案】(1)$\dfrac{30}{63}$;(2)$\dfrac{111}{126}$.

【例题10】甲、乙2人参加普法知识大赛,一共有10道不同的题目,其中选择题6道,判断题4道,甲、乙2人依次各抽1题,则至少有1个抽到选择题的概率是_____.

【解析】甲、乙2人至少有1个抽到选择题的对立事件为没有人抽到选择题,即甲、乙2人都抽到判断题.则对立事件概率为 $\dfrac{C_4^1 \times C_3^1}{C_{10}^1 \times C_9^1} = \dfrac{4 \times 3}{10 \times 9} = \dfrac{2}{15}$,题目所求概率为 $P = 1 - \dfrac{2}{15} = \dfrac{13}{15}$.

【答案】$\dfrac{13}{15}$

考点三　概率乘法公式与加法公式

(一)　基本应用

【例题1】设甲、乙两射手独立地对同一目标射击1次,他们的命中率分别是0.7与0.8,求:(1)2人均击中目标的概率 P_1;(2)恰好有1人击中目标的概率 P_2;(3)至少有1人击中目标的概率 P_3.

【解析】由题意知,P(甲击中)=0.7,P(乙击中)=0.8,且甲、乙2人射击为相互独立事件.

(1)同时击中,根据概率乘法公式可得 $P_1 = P$(甲击中)$\times P$(乙击中)=0.7×0.8=0.56.

(2)恰有1人击中,根据概率乘法公式可得

$P_2 = P$(甲击中)$\times P$(乙未击中)$+ P$(甲未击中)$\times P$(乙击中)=0.7×(1−0.8)+(1−0.7)×0.8=0.38.

(3)至少1人击中,其对立事件为没有人击中,根据对立事件概率和为1可得 $P_3 = 1 - P$(全未击中)$= 1 - P$(甲未击中)$\times P$(乙未击中)=1−(1−0.7)×(1−0.8)=0.94.

【答案】(1)0.56;(2)0.38;(3)0.94.

（二） 需分情况讨论的问题

如果完成一件事情需要两步,第一步可能有几种不同的结果,并且第一步所选的不同的结果会令第二步面临不同情况时,需要根据第一步的结果分情况讨论.

【例题2】有一个岔路口如图9-4所示,请问小老鼠只能朝右走,不能回头,最后能够吃到奶酪的概率为(   ).

A. 1   B. $\frac{1}{2}$ C. $\frac{1}{3}$ D. $\frac{2}{5}$ E. $\frac{7}{18}$

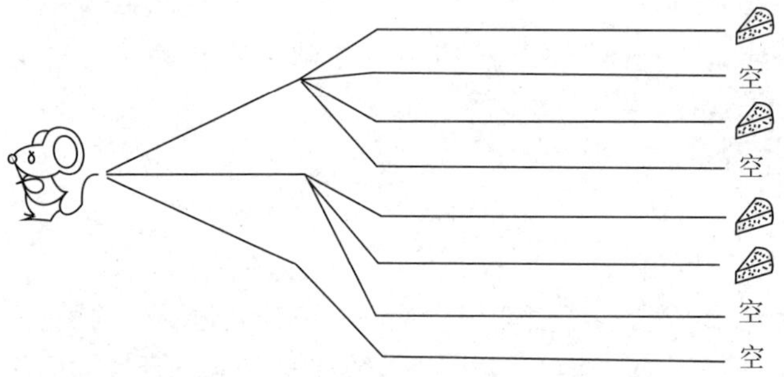

图9-4

【解析】先在第一个路口选择岔道:每个岔道有$\frac{1}{3}$被选择的机会.第一个岔道有$\frac{1}{2}$的机会能吃到奶酪,第二个岔道有$\frac{2}{3}$机会能吃到奶酪,第三个岔道没有机会吃到奶酪.

故小老鼠吃到奶酪的概率为$\frac{1}{3}\times\frac{1}{2}+\frac{1}{3}\times\frac{2}{3}+\frac{1}{3}\times0=\frac{7}{18}$.

【陷阱】误以为8个终点,有4块奶酪,所以吃到奶酪的概率为$\frac{1}{2}$.错误原因在于,老鼠最初只能看到3个选择,并不能看到8个终点的选择.所以选择每条路的概率都是$\frac{1}{3}$,最终每个终点被选择的概率并不是$\frac{1}{8}$.

【答案】E

【例题3】甲盒内有4个红球,2个黑球,2个白球;乙盒内有5个红球,3个黑球;丙盒内有2个黑球,2个白球,从这3个盒子的任意1个中任取1个球,它是红球的概率是(   ).

A. 0.5625   B. 0.5   C. 0.45   D. 0.375   E. 0.225

【解析】首先先选盒子:每个盒子都有$\frac{1}{3}$被选中的概率.之后选球:选中第1个盒子后,选中红球的概率为$\frac{4}{4+2+2}=\frac{1}{2}$;选中第2个盒子后,选中红球的概率为$\frac{5}{5+3}=\frac{5}{8}$;选中第3个盒子后,选中红球的概率为0.故选中红球的概率为$\frac{1}{3}\times\frac{1}{2}+\frac{1}{3}\times\frac{5}{8}+\frac{1}{3}\times0=\frac{3}{8}=0.375$.

【陷阱】误以为所有颜色的球共 20 个,其中有红球 9 个,所以选中红球的概率为 $\frac{9}{20} =$ 0.45. 错误原因在于,最初只能看到 3 个盒子,并不能看到 20 个球的选择. 选中每个盒子的概率都是 $\frac{1}{3}$,而最终每个球被选中的概率并不是 $\frac{1}{20}$.

【答案】D

考点四　伯努利概型

（一）伯努利概型基础

1. 必备知识点

1）伯努利概型

独立重复试验:进行 n 次试验,如果每次试验的条件都相同,且各次试验相互独立(即每次试验的结果都不受其他各次试验结果的影响)则称为 n 次独立重复试验.

伯努利概型特征:

(1)每次试验条件相同,重复地做相同试验;

(2)每次试验相互独立,试验结果互不影响,即各次试验中发生(不发生)的概率保持不变;

(3)对于某事件 A,每次试验的结果只有发生(A)与不发生($\bar{A}$)两种. (一般将 A 发生记为试验成功,不发生记为试验失败).

伯努利公式:它表示独立重复试验的概率,即:如果在一次试验中,某事件发生的概率是 p,那么在 n 次独立重复试验中这件事恰好发生 k 次的概率,即:

$$P_n(k) = C_n^k p^k q^{n-k} (k = 0, 1, 2, \cdots, n)$$

式中,n 为伯努利试验的重复次数,重复多少次就叫作多少重的伯努利试验. p 为事件 A 发生的概率. k 为事件 A 发生的次数. q 为事件 A 不发生的概率,$q = 1 - p$. $n - k$ 为事件 A 不发生的次数. 特别地,系数 C_n^k 的数值即为二项式定理中,$(p+q)^n$ 展开式的第 $k+1$ 项的系数.

2）古典概型与伯努利概型对比

古典概型:研究在一个试验有多种等可能结果的情况下,某些结果组成的事件发生的概率,即等可能事件的概率.

它的典型出题场景为【抽取后不放回问题】,特征是下一次动作面临的场景随着上一次动作的不同而不同.

伯努利概型:研究独立重复试验的概率,即每次试验相互独立并且重复发生多次.

它的典型出题场景为【抽取后放回问题】,特征是每次试验面对场景相同,前后试验结果互不影响.

伯努利概型的基础题型的提问方式为:共进行 n 次试验,某事件成功概率为 p,恰好有 m 次成功的概率为多少?

这类问题一般只需要直接代入公式即可解决. 即只要明确"试验次数 n""事件 A""每次试验事件 A 发生的概率 p""事件 A 发生的次数 k",通过古典概型公式即可迅速计算出答案.

2. 典型例题

【例题 1】根据伯努利概型公式写出下列概率的表达式：

（1）将一枚质地均匀的骰子投掷 10 次, 恰好掷出 4 次 6 点的概率 P_1.

（2）在装有 8 个正品、2 个次品的箱子中, 每次取出一个产品, 然后放回. 一共取 5 次, 恰好有 2 次取出的是次品的概率 P_2.

（3）向目标独立地射击 15 次, 每次击中的概率为 0.7, 观察恰好击中目标 8 次的概率 P_3.

【解析】（1）本试验为 10 重伯努利试验, $n=10$, 要求事件 A（掷出 6 点）恰好发生 4 次的概率.

其中 $p=\dfrac{1}{6}$（掷出 6 点的概率）, $q=1-p=\dfrac{5}{6}$（没有掷出 6 点的概率）, $k=4$（事件 A 恰好发生 4 次）, $\mathrm{C}_n^k=\mathrm{C}_{10}^4$, 故根据伯努利公式可得概率为 $P_1=\mathrm{C}_{10}^4\times\left(\dfrac{1}{6}\right)^4\left(1-\dfrac{1}{6}\right)^6$.

（2）本试验为 5 重伯努利试验, $n=5$, 要求事件 A（取出次品）恰好发生 2 次的概率.

其中 $p=\dfrac{\mathrm{C}_2^1}{\mathrm{C}_{10}^1}=\dfrac{1}{5}$（从 10 个产品任取出一个, 取到的为 2 个次品中的 1 个的概率）, $q=1-p=\dfrac{4}{5}$（没有取到次品的概率）, $k=2$（事件 A 恰好发生 2 次）, $\mathrm{C}_n^k=\mathrm{C}_5^2$, 故根据伯努利公式可得概率为 $P_2=\mathrm{C}_5^2\times\left(\dfrac{1}{5}\right)^2\left(1-\dfrac{1}{5}\right)^3$.

（3）本试验为 15 重伯努利试验, $n=15$, 要求事件 A（击中目标）恰好发生 8 次的概率.

其中 $p=0.7$（击中目标的概率）, $q=1-p=0.3$（没有击中目标的概率）, $k=8$（事件 A 恰好发生 8 次）, $\mathrm{C}_n^k=\mathrm{C}_{15}^8$, 故根据伯努利公式可得概率为：$P_3=\mathrm{C}_{15}^8\times(0.7)^8(1-0.7)^7$

【例题 2】（条件充分性判断）若王先生驾车从家到单位必须经过三个有红绿灯的十字路口, 则他没有遇到红灯的概率为 0.125（每个路口遇见红灯的事件相互独立）.

（1）他在每一个路口遇到红灯的概率都是 0.5.

（2）他在每一个路口遇到红灯的概率都是 0.6.

【解析】本试验为 3 重伯努利试验, $n=3$, 事件 A 为"遇到红灯", p（每个路口遇到红灯的概率）, $q=1-p$（每个路口没有遇到红灯的概率）, $k=0$（恰好遇到 0 次红灯）, 系数 $\mathrm{C}_n^k=\mathrm{C}_3^0=1$.

条件（1）：$p=0.5$, 代入公式可得：$P=\mathrm{C}_3^0\times0.5^0\times0.5^3=0.125$, 故条件（1）充分.

条件（2）：$p=0.6$, 代入公式可得：$P=\mathrm{C}_3^0\times0.6^0\times0.4^3=0.064$, 故条件（2）不充分.

【答案】A

（二） 伯努利概型拓展 1——可确定次数

1. 必备知识点

1）核心思维

本考点题目的条件中会明确地给出试验终止的次数, 以及最后一次试验成功或者失败的情况. 只需要理解结束条件的含义,思考清楚下面三个问题,即可将本题型转化为伯努利基础题型,进而套用公式求解出概率.

(1)一共进行了几次试验(几局).

(2)最后一次试验是否成功(最后一局输赢情况).

(3)前面几次试验成败(输赢次数)的顺序有无特殊要求(决定是否需要乘系数 C_n^k).

2)出题形式

本考点题目的出题方式可归纳为以下三种:

(1)共有 n 次试验,成功概率为 p,在成功之前恰好失败 m 次的概率.

(2)明确给出试验结束的条件,问恰好在某次结束试验的概率.

(3)明确给出试验结束的条件,问几次内能够结束的概率.

出题方式(3)为方式(2)的"升级版本",需先分情况讨论结束的次数,再根据不同结束次数按出题方式(2)的思路分别求解概率,最后相加即可.

2. 典型例题

【例题3】进行一系列独立的试验,每次试验成功的概率为 p,则在失败 3 次之前已经成功 5 次的概率为(　　).

A. $21p^5(1-p)^3$ 　　　　　　 B. $21p(1-p)^3$ 　　　　　　 C. $10p^2(1-p)^3$

D. $p^2(1-p)^3$ 　　　　　　 E. $(1-p)^3$

【解析】在第 3 次失败的时候,前面已经成功了 5 次,且失败了 2 次. 即:

(1)一共进行了 8 次试验.

(2)最后一次试验恰好失败.

(3)前面 7 次试验中有 5 次成功和 2 次失败,且成败的顺序无特殊要求.

故概率为 $P=C_7^5p^5(1-p)^2 \cdot (1-p)=21p^5(1-p)^3$

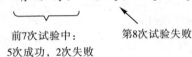

前7次试验中:　　　第8次试验失败
5次成功,2次失败

【答案】A

【例题4】掷一枚不均匀的硬币若干次,每次投掷正面朝上的概率为 p,当有 3 次正面朝上的时候停止,则恰好在第 5 次停止的概率为(　　).

A. $4p^2(1-p)^3$ 　　　　　　 B. $6p^2(1-p)^3$ 　　　　　　 C. $6p^3(1-p)^2$

D. $4p^3(1-p)^2$ 　　　　　　 E. $6(1-p)^5$

【解析】要求有 3 次正面朝上的时候停止,恰好在第 5 次停止. 即

(1)一共进行了 5 次试验.

(2)最后一次试验恰好成功.

(3)前面 4 次试验中有 2 次成功和 2 次失败,且成败的顺序无特殊要求.

故概率为: $P=C_4^2p^2(1-p)^2 \cdot p=6p^3(1-p)^2$.

前4次试验中:　　第5次试验成功
2次成功,2次失败

【答案】C

模块二 习题自测

古典概型基础

1. (1) 李明的讲义夹里放了大小相同的试卷共 12 页,其中语文 5 页、数学 4 页、英语 3 页,他随机地从讲义夹中抽出 2 页,1 页是数学,1 页是英语的方法有(   )种.
   A. 8   B. 9   C. 10   D. 11   E. 12

   (2) 李明的讲义夹里放了大小相同的试卷共 12 页,其中语文 5 页、数学 4 页、英语 3 页,他随机地从讲义夹中抽出 2 页,一页是数学,一页是英语的概率等于(   ).
   A. $\frac{1}{5}$ B. $\frac{2}{11}$ C. $\frac{1}{6}$ D. $\frac{3}{11}$ E. $\frac{5}{12}$

2. (1) 在分别标记了数字 1,2,3,4,5,6 的 6 张卡片中随机取 3 张不同的卡片,则其上数字之和等于 10 的方法有(   )种.
   A. 3   B. 4   C. 5   D. 10   E. 20

   (2) 在分别标记了数字 1,2,3,4,5,6 的 6 张卡片中随机取 3 张不同的卡片,其上数字之和等于 10 的概率为(   ).
   A. 0.05   B. 0.1   C. 0.15   D. 0.2   E. 0.25

3. (1) 在一次商品促销活动中,主持人出示一个 9 位数,让顾客猜测商品的价格,商品的价格是该 9 位数中从左到右相邻的 3 个数字组成的 3 位数,若主持人出示的是 513535319,则一共有(   )种可能的价格.
   A. 3   B. 4   C. 6   D. 8   E. 9

   (2) 在一次商品促销活动中,主持人出示一个 9 位数,让顾客猜测商品的价格,商品的价格是该 9 位数中从左到右相邻的 3 个数字组成的 3 位数,若主持人出示的是 513535319,则顾客一次猜中价格的概率是(   ).
   A. $\frac{1}{7}$ B. $\frac{1}{6}$ C. $\frac{1}{5}$ D. $\frac{2}{7}$ E. $\frac{1}{3}$

4. (1) 从标号为 1 到 10 的 10 张卡片中随机抽取 2 张,则它们的标号之和能被 5 整除的抽取方式有(   )种.
   A. 3   B. 6   C. 9   D. 12   E. 45

   (2) 从标号为 1 到 10 的 10 张卡片中随机抽取 2 张,它们的标号之和能被 5 整除的概率为(   ).
   A. $\frac{1}{5}$ B. $\frac{1}{9}$ C. $\frac{2}{9}$ D. $\frac{2}{15}$ E. $\frac{7}{45}$

5. (1) 从 1 到 100 的整数中能被 5 或 7 整除的数有(   )个.

    A. 10   B. 15   C. 30   D. 32   E. 34

    (2) 从 1 到 100 的整数中任取一个数,则该数能被 5 或 7 整除的概率为(   ).

    A. 0.02   B. 0.14   C. 0.2   D. 0.32   E. 0.34

6. 如图 9-5,节点 A,B,C,D 两两相连,从一个节点沿线段到另一个节点当作一步,若机器人从节点 A 出发,随机走 3 步,则机器人未到达过节点 C 的概率为(   ).

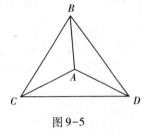

图 9-5

    A. $\dfrac{4}{9}$ B. $\dfrac{11}{27}$ C. $\dfrac{10}{27}$

    D. $\dfrac{19}{27}$ E. $\dfrac{8}{27}$

7. 从 1 至 10 这 10 个整数中任取 3 个数,恰有 1 个质数的概率是(   ).

    A. $\dfrac{2}{3}$ B. $\dfrac{1}{2}$ C. $\dfrac{5}{12}$ D. $\dfrac{2}{5}$ E. $\dfrac{1}{120}$

不放回取球

8. 一共有 10 张奖券,其中有 1 张有奖,其余 9 张均无奖. 甲先抽 1 次,之后乙抽 2 次,最后甲再抽 1 次,则他们中奖的概率分别为多少?(   )

    A. $\dfrac{1}{10},\dfrac{1}{9}$ B. $\dfrac{1}{9},\dfrac{1}{9}$ C. $\dfrac{1}{10},\dfrac{1}{10}$ D. $\dfrac{1}{5},\dfrac{1}{5}$ E. 无法确定

9. 9 个产品里,有 2 个次品,从中间随机取出 3 个,恰好有一个是次品的概率是(   ).

    A. 0.3   B. 0.4   C. 0.5   D. 0.6   E. 0.7

10. 某项活动中,将 3 男 3 女 6 名志愿者随机地分成甲、乙、丙 3 组,每组 2 人,则每组志愿者均性别不同的概率为(   ).

    A. $\dfrac{1}{90}$ B. $\dfrac{1}{15}$ C. $\dfrac{1}{10}$ D. $\dfrac{1}{5}$ E. $\dfrac{2}{5}$

取出后放回(分房模型)

11. 分配 5 名老师到 3 所学校任教,则每所学校至少分配 1 名老师的概率为(   ).

    A. $\dfrac{49}{81}$ B. $\dfrac{50}{81}$ C. $\dfrac{25}{27}$ D. $\dfrac{4}{27}$ E. $\dfrac{1}{27}$

12. 将 3 人以相同的概率分配到 4 间房的每 1 间中,恰有 3 间房中各有 1 人的概率是(   ).

    A. 0.75   B. 0.375   C. 0.1875   D. 0.125   E. 0.105

13. (条件充分性判断)信封中装有 10 张奖券,只有 1 张有奖. 从信封中同时抽取 2 张,中奖概率为 P;从信封中每次抽取 1 张奖券后放回,如此重复抽取 n 次,中奖概率为 Q,则 $P < Q$.

(1) $n = 2$.　　　　　　　　　　　(2) $n = 3$.

14. 甲、乙、丙 3 名志愿者,分别被随机地分到 A,B,C,D 四个岗位工作,求甲、乙两个人不在同一岗位,但是其中一人与丙在相同岗位的概率.

15. 甲、乙、丙 3 名志愿者,分别被随机地分到 A,B,C,D 四个岗位工作,求甲不在 D 岗位,乙不在 A 岗位,丙与甲、乙两者均不在相同岗位的概率.

16. 将 3 人分配到 4 间房的每 1 间中,若每人被分配到这 4 间房的每 1 间房中的概率都相同,则第一、二、三号房中各有 1 人的概率是(　　　).

A. $\dfrac{3}{4}$　　　B. $\dfrac{3}{8}$　　　C. $\dfrac{3}{16}$　　　D. $\dfrac{3}{32}$　　　E. $\dfrac{3}{64}$

17. 某剧院正在上演一部新歌剧,前座票价为 50 元,中座票价为 35 元,后座票价为 20 元,如果购到任何 1 种票是等可能的,现任意购买到 2 张票,则其值不超过 70 元的概率是(　　　).

A. $\dfrac{1}{3}$　　　B. $\dfrac{1}{2}$　　　C. $\dfrac{3}{5}$　　　D. $\dfrac{2}{3}$　　　D. $\dfrac{2}{5}$

至少和至多

18. 在 10 道备选试题中,甲能答对 8 道题,乙能答对 6 道题;若某次考试从这 10 道备选题中随机抽出 3 道作为考题,至少答对 2 题才算合格,则甲、乙 2 人考试都合格的概率是(　　　).

A. $\dfrac{28}{45}$　　　B. $\dfrac{2}{3}$　　　C. $\dfrac{14}{15}$　　　D. $\dfrac{26}{45}$　　　E. $\dfrac{8}{15}$

19. 10 件产品中有 3 件次品,从中随机抽出 2 件,至少抽到 1 件次品的概率是(　　　).

A. $\dfrac{1}{3}$　　　B. $\dfrac{2}{5}$　　　C. $\dfrac{7}{15}$　　　D. $\dfrac{8}{15}$　　　E. $\dfrac{3}{5}$

20. 某公司有 9 名工程师,6 男 3 女,从中任意抽调 4 人组成攻关小组,则至少包含 2 名女生的概率为_____.

21. 将 2 个红球与 1 个白球随机地放入甲、乙、丙 3 个盒子中,则乙盒中至少有 1 个红球的概率为(　　　).

A. $\dfrac{1}{9}$　　　B. $\dfrac{8}{27}$　　　C. $\dfrac{4}{9}$　　　D. $\dfrac{5}{9}$　　　E. $\dfrac{17}{27}$

22. 从装有 1 个红球,2 个白球,3 个黑球的袋中随机取出 3 个球,则这 3 个球的颜色至多有 2 种的概率( ).

    A. 0.3　　　　B. 0.4　　　　C. 0.5　　　　D. 0.6　　　　E. 0.7

23. 如图 9-6 所示,由 P 到 Q 电路中有 3 个元件,分别为 T_1,T_2,T_3,电流能通过 T_1,T_2,T_3 的概率分别为 0.9, 0.9,0.99. 假设电流能否通过 3 个元件相互独立,则电流能在 P,Q 之间通过的概率是( ).

    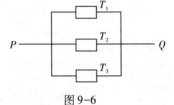

    图 9-6

    A. 0.8019　　　　B. 0.9989　　　　C. 0.999

    D. 0.9999　　　　E. 0.99999

概率乘法公式和加法公式

24. 一位出租司机从饭店到火车站途中会经过 6 个十字路口,假设他在各十字路口遇到红灯这一事件是相互独立的,并且概率均为 $\frac{1}{3}$,那么这位司机遇到红灯前,已经通过了 2 个十字路口的概率为( ).

    A. $\frac{1}{6}$　　　　B. $\frac{4}{9}$　　　　C. $\frac{4}{27}$　　　　D. $\frac{1}{27}$　　　　E. $\frac{4}{25}$

25. 某次网球比赛的四强对阵为甲对乙,丙对丁,两场比赛的胜者将争夺冠军,选手之间相互获胜的概率见表 9.1,则甲获得冠军的概率为( ).

表 9.1

概率	甲	乙	丙	丁
甲获胜概率		0.3	0.3	0.8
乙获胜概率	0.7		0.6	0.3
丙获胜概率	0.7	0.4		0.5
丁获胜概率	0.2	0.7	0.5	

    A. 0.165　　　B. 0.245　　　C. 0.275　　　D. 0.315　　　E. 0.330

26. 甲文具盒内有 2 支蓝色和 3 支黑色笔,乙文具盒内也有 2 支蓝色和 3 支黑色笔,现从甲文具盒中任取 2 支笔放入乙文具盒,然后再从乙文具盒中任取 2 支笔,则最后取出的 2 支笔都是黑色笔的概率是( ).

    A. $\frac{23}{70}$　　　　B. $\frac{27}{70}$　　　　C. $\frac{29}{70}$

    D. $\frac{3}{7}$　　　　E. $\frac{31}{70}$

27. 甲、乙2人进行射击比赛,在一轮比赛中,甲、乙各射击1发子弹.根据以往资料知,甲击中8环、9环、10环的概率分别为0.6,0.3,0.1,乙击中8环、9环、10环的概率分别为0.4,0.4,0.2.设甲、乙的射击相互独立,则在一轮比赛中甲击中的环数多于乙击中环数的概率为(   ).

    A.0.4   B.0.6   C.0.8   D.0.2   E.0.25

伯努利概型

28. (条件充分性判断)甲,乙,丙3人独立向目标射击,每个人开枪射击一次,则恰好有2发子弹命中目标的概率为$\frac{2}{9}$.

    (1)甲,乙,丙击中目标的概率分别为$\frac{1}{2},\frac{1}{3},\frac{1}{6}$.

    (2)甲,乙,丙击中目标的概率分别为$\frac{1}{3},\frac{1}{3},\frac{1}{3}$.

29. (条件充分性判断)张三以卧姿射击10次,命中靶子7次的概率为$\frac{15}{128}$.

    (1)张三以卧姿打靶的命中率是0.2.
    (2)张三以卧姿打靶的命中率是0.5.

30. 有6个人,每个人都以相同的概率被分配到4间房间中的1间,则指定房间中恰好有2人的概率为(   ).

    A.$\frac{1245}{4096}$ B.$\frac{1205}{4096}$ C.$\frac{1415}{4096}$ D.$\frac{1015}{4096}$ E.$\frac{1215}{4096}$

31. 某乒乓球男子单打决赛在甲乙两选手间进行,比赛用7局4胜制.已知每局比赛甲选手战胜乙选手的概率为0.7,则甲以4:1战胜乙的概率为(   ).

    A.0.84×0.7^3 B.0.7×0.7^3 C.0.3×0.7^3

    D.0.9×0.7^3 E.以上都不对

32. 甲、乙两人进行射击比赛,在一轮比赛中,甲、乙各射击1发子弹.根据以往资料知,甲击中8环、9环、10环的概率分别为0.6,0.3,0.1,乙击中8环、9环、10环的概率分别为0.4,0.4,0.2.设甲、乙的射击相互独立.在三轮独立的比赛中,至少有两轮甲击中的环数多于乙击中环数的概率为(   ).

    A.0.176   B.0.104   C.0.154   D.0.2   E.0.25

33. 掷一枚均匀的硬币若干次,当正面向上次数大于反面向上次数时停止,则在4次之内停止的概率为(   ).

    A.$\frac{1}{8}$ B.$\frac{3}{8}$ C.$\frac{5}{8}$ D.$\frac{3}{16}$ E.$\frac{5}{16}$

34. 某乒乓球男子单打决赛在甲、乙两选手间进行,比赛用7局4胜制.已知每局比赛甲选手战胜乙选手的概率为0.7,则甲选手以3:4输给乙的概率为(　　).

A. $0.84×0.7^3$　　　　　B. $0.7×0.7^3$　　　　　C. $0.162×0.7^3$

D. $0.324×0.7^3$　　　　　E. 以上都不对

习题详解

1. 【答案】(1)E;(2)B.

【解析】(1)讲义夹中数学卷子共4页、英语卷子共3页,根据排列组合乘法原理,满足要求的抽取方法共 $C_4^1 \times C_3^1 = 12$(种).

(2)第一步:计算总方法数.从12页卷子中随机抽取2页,共有 $C_{12}^2 = 66$(种)方法.

第二步:计算满足要求的方法数.抽出的1页是数学,1页是英语卷子共有 $C_4^1 \times C_3^1 = 12$(种)方法.

第三步:计算概率.随机抽到1页是数学,1页是英语的概率为 $\dfrac{满足要求的方法数}{总方法数} = \dfrac{C_4^1 \times C_3^1}{C_{12}^2} = \dfrac{12}{66} = \dfrac{2}{11}$.

2. 【答案】(1)A;(2)C.

【解析】(1)由穷举法可知,从1~6中挑3个数字和为10的方法共有3种,分别为{1,3,6},{1,4,5},{2,3,5}.

(2)第一步:计算总方法数.从6张卡片中抽随机取3张不同的卡片,共有 $C_6^3 = 20$(种)方法.

第二步:计算满足要求的方法数.从1~6中挑3个数字和为10的方法共有3种,分别为{1,3,6},{1,4,5},{2,3,5}.

第三步:计算概率.三张卡片数字之和为10的概率为 $\dfrac{满足要求的方法数}{总方法数} = \dfrac{3}{C_6^3} = \dfrac{3}{20} = 0.15$.

3. 【答案】(1)C;(2)B.

【解析】(1)513535319从左到右相邻的三个数字分别是513,135,353,535,353,531,319,因商品的价格为一个确定的数字,所以去掉重复数字,则商品可能的价格共有6种,分别为513,135,353,535,531,319.

(2)第一步:计算总方法数.由(1)题可知商品可能的价格有6种.

第二步:计算满足条件方法数.商品实际的价格只可能为一个,所以满足要求的方法只有1种.

第三步:计算概率.顾客一次猜中的概率为 $\dfrac{满足要求的方法数}{总方法数} = \dfrac{1}{6}$.

4. 【答案】(1)C;(2)A.

【解析】(1)由穷举法可知,随机抽取两张标号之和能被5整除共有9种可能,它们分别是:

2张数字和为5:{1,4},{2,3}.

2张数字和为10:{1,9},{2,8},{3,7},{4,6}.

2张数字和为15:{5,10},{6,9},{7,8}.

(2)第一步:计算总方法数.10 张卡片抽取 2 张,共有 C_{10}^2 =45(种)方法.

第二步:计算满足要求的方法数.由(1)题中穷举可知,满足要求的方法数为 9.

第三步:计算概率.2 张卡片数字之和能被 5 整除的概率为 $\dfrac{\text{满足要求的方法数}}{\text{总方法数}}$ =

$\dfrac{9}{C_{10}^2}=\dfrac{1}{5}$.

5.【答案】(1)D;(2)D.

【解析】(1)1 到 100 的整数中:能被 5 整除的数共有 20 个($5k,k=1,2,\cdots,20$),能被 7 整除的数共有 14 个($7k,k=1,2,\cdots,14$),既能被 5 整除又能被 7 整除的数共有 2 个($35k,k=1,2$),它们被重复计算了,需要减去重复计算的部分,因此所有可以能被 5 或 7 整除的整数一共有 20+14−2=32(个).

(2)第一步:计算总方法数.1 到 100 一共有 100 个整数.

第二步:计算满足要求的方法数,所有能被 5 或 7 整除的整数一共有 32 个.

第三步:计算概率.所求概率为 $\dfrac{\text{满足要求的方法数}}{\text{总方法数}}=\dfrac{32}{100}=0.32$.

6.【答案】E.

【解析】本题符合古典概型概率.

第一步:计算总方法数.机器人每次均有 3 种可能走法,随机走 3 步,共有 3×3×3=27 种可能情况.

第二步:计算满足要求的方法数.A,B,D 3 个节点均与 C 相连,故在任意节点处均不能选通往 C 的路线,满足要求的方法数为 2×2×2=8.

第三步:计算概率.$P=\dfrac{2×2×2}{3×3×3}=\dfrac{8}{27}$.

7.【答案】B.

【解析】本题符合古典概型.

第一步:计算总方案数.$C_{10}^3=\dfrac{10×9×8}{3×2×1}=120$.

第二步:计算满足要求的方案数.10 以内质数有 2,3,5,7 共 4 个,非质数有 6 个,恰有 1 个质数同时意味着恰有 2 个非质数,故满足要求的方法数为 $C_4^1×C_6^2=60$.

第三步:计算概率.$P=\dfrac{60}{120}=\dfrac{1}{2}$.

8.【答案】D.

【解析】**思路一**:分步计算.2 人共抽奖 4 次,分别分析如下.

第一次抽奖:甲抽第 1 次,中奖概率为 $\dfrac{1}{10}$,未中奖概率为 $\dfrac{9}{10}$.

第二次抽奖:若在第 1 次抽奖时甲抽到奖,则此次乙的中奖概率为 0;若在第 1 次抽奖时甲未抽到奖,则剩余 9 张奖券中有 1 张有奖,在这种情况下乙抽中概率为 $\dfrac{1}{9}$.故本次抽奖乙的中奖概率为 $\dfrac{1}{10}×0+\dfrac{9}{10}×\dfrac{1}{9}=\dfrac{1}{10}$,未中奖概率为 $\dfrac{9}{10}$.

第三次抽奖:若在前 2 次抽取中甲或乙已抽到奖 $\left(\text{概率为}\dfrac{1}{5}\right)$,则此次乙的中奖概率为 0;若在前 2 次抽取中均未抽到奖 $\left(\text{概率为}\dfrac{4}{5}\right)$,则剩余 8 张奖券中有 1 张有奖,在这种情况下乙抽中的概率为 $\dfrac{1}{8}$.故本次抽奖乙的中奖概率为 $\dfrac{1}{5}\times 0+\dfrac{4}{5}\times\dfrac{1}{8}=\dfrac{1}{10}$.

第四次抽奖:若在前 3 次抽取中甲或乙抽到奖 $\left(\text{概率为}\dfrac{3}{10}\right)$,则此次甲的中奖概率为 0;若在前 3 次抽取中均未抽到奖 $\left(\text{概率为}\dfrac{7}{10}\right)$,则剩余 7 张奖券中有 1 张有奖,在这种情况下甲抽中的概率为 $\dfrac{1}{7}$.故本次抽奖甲的中奖概率为 $\dfrac{3}{10}\times 0+\dfrac{7}{10}\times\dfrac{1}{7}=\dfrac{1}{10}$.

所以甲、乙各抽两次中奖概率均为 $\dfrac{1}{10}+\dfrac{1}{10}=\dfrac{1}{5}$.

思路二: 根据【技巧3】(详见本书强化篇第九章考点一)可知每个人的中奖概率与抽取顺序无关,抽 k 次的中奖概率为单次中奖概率乘以 k.所以甲、乙均各抽了 2 次,中奖概率均等于 $2\times\dfrac{\text{有奖票数}}{\text{总奖票数}}=2\times\dfrac{1}{10}=\dfrac{1}{5}$.

9.【答案】C

【解析】第一步:计算总方法数.从 9 个产品中任意抽出 3 个,方法数共有 $C_9^3=84$(种).

第二步:计算满足要求的方法.从 9 个产品中抽出 1 个次品和 2 个合格品,方法数共有 $C_2^1\times C_7^2=42$(种).

第三步:计算概率. $P(\text{取 3 只恰好有 1 只是次品})=\dfrac{C_2^1\times C_7^2}{C_9^3}=\dfrac{42}{84}=\dfrac{1}{2}$.

【总结】本问题也可以理解为,9 只球中有 2 只黑球和 7 只白球,从中任意取出 3 个,求恰好是 1 只黑球和 2 只白球的概率.可以看出,它们的场景设置不同,但是对应的数学模型完全一致,同学们在解题中需要注意总结.

10.【答案】E

【解析】第一步:计算总方法数.将 6 人两两分成 3 个不同的组,根据排列组合分堆问题知识可知,总方法数为 $\dfrac{C_6^2 C_4^2 C_2^2}{A_3^3}\times A_3^3=90$.

第二步:计算满足要求的方法数.要求每组均性别不同,即每组都是 1 男 1 女,故先选 1 男 1 女,方法数为 $C_3^1 C_3^1$;在剩下的 4 人中再选 1 男 1 女,方法数为 $C_2^1 C_2^1$;最终剩下 1 男 1 女恰成 1 组,方法数为 $C_1^1 C_1^1$.根据排列组合乘法原理,满足要求的方法数为 $C_3^1 C_3^1 C_2^1 C_2^1 C_1^1 C_1^1=36$.

第三步:计算概率:$P(\text{每组均性别不同})=\dfrac{36}{90}=\dfrac{2}{5}$.

11.【答案】B

【解析】第一步:计算总方法数.5 个人每人都可以在 3 所学校中选择,所以共有 3^5 种方法数.

　　第二步:计算满足要求的方法数:每所学校至少分配 1 名老师,为排列组合章节讲过的未指定分配问题.分两种情况讨论:

　　情况①:5 名老师分为 2+2+1 的 3 组,再分配给 3 个学校,方法数为 $\dfrac{C_5^2 C_3^2 C_1^1}{2!} \times A_3^3 = 90$.

　　情况②:5 名老师分为 3+1+1 的 3 组,再分配给 3 个学校,方法数为 $\dfrac{C_5^3 C_2^1 C_1^1}{2!} \times A_3^3 = 60$.

　　第三步:计算概率.$P($每所学校至少分配 1 名老师$) = \dfrac{150}{3^5} = \dfrac{50}{81}$.

12.【答案】B

【解析】思路一:古典概型公式.

将 3 人无限制地分配到 4 间房,符合分房模型,其中 4 间房为可重复分配元素,故共有 $4^3 = 64$(种)方案.恰有 3 间房各有 1 人,可用 C_4^3 从 4 间房选出 3 间,再用 A_3^3 全排列分配给 3 个人,即满足要求的共有 $C_4^3 \times A_3^3 = 24$(种)方案.根据古典概型公式可得 $P = \dfrac{C_4^3 \times A_3^3}{4^3} = \dfrac{24}{64} = 0.375$.

　　思路二:抽签法.每个人每次选房都是面临同样的 4 个选择,互不影响,每次都是独立随机事件.

　　第 1 个人在 4 间房中,任意房间都可以选,$P_1 = \dfrac{4}{4} = 1$;第 2 个人在 4 间房中,除了第 1 个人已选走的,剩下 3 间均可以选,$P_2 = \dfrac{3}{4}$;第三个人在 4 间房中,除了前 2 个人已选走的,剩下 2 间均都可以选,$P_3 = \dfrac{2}{4} = \dfrac{1}{2}$,故 $P = P_1 \cdot P_2 \cdot P_3 = 1 \times \dfrac{3}{4} \times \dfrac{1}{2} = \dfrac{3}{8} = 0.375$.

13.【答案】B

【解析】从 10 张奖券中同时抽取 2 张奖券,中奖概率 $P = \dfrac{C_1^1 C_9^1}{C_{10}^2} = \dfrac{1}{5} = 0.2$.从信封中每次抽取 1 张奖券后放回,如此重复 n 次,为有放回抽取,不管重复抽取多少次,每次中奖概率恒定不变,中奖概率 $Q = 1 - P_{全未中奖} = 1 - \left(\dfrac{9}{10}\right)^n = 1 - 0.9^n$.

　　条件(1):$n = 2$ 时,$Q = 1 - \left(\dfrac{9}{10}\right)^2 = 0.19, Q < P$,故条件(1)不充分.

　　条件(2):$n = 3$ 时,$Q = 1 - \left(\dfrac{9}{10}\right)^3 = 0.271, Q > P$,故条件(2)充分.

14.【答案】$\dfrac{3}{8}$

【解析】根据抽签法,将 A,B,C,D 视为 4 种签,每种签可以被重复抽取,甲、乙、丙 3 人分别各抽 1 次.

　　甲从 4 个岗位中任意抽取,均可满足题干要求,则 $P_甲 = \dfrac{4}{4} = 1$.

乙从 4 个岗位中,除过甲已选的以外,剩余 3 个任选均可满足要求,则 $P_乙=\dfrac{3}{4}$.

丙只能从 4 个岗位中选取与甲相同或者与乙相同的岗位,则 $P_丙=\dfrac{2}{4}=\dfrac{1}{2}$.

故所求概率 $P=1\times\dfrac{3}{4}\times\dfrac{1}{2}=\dfrac{3}{8}$.

15.【答案】$\dfrac{5}{16}$

【解析】根据抽签法,将 A,B,C,D 视为 4 种签,每种签可以被重复抽取,甲、乙、丙 3 人分别各抽一次.同时,本题为多个元素有位置要求的题目,需要分情况讨论.

情况①:甲抽到 A,则 $P_甲=\dfrac{1}{4}$,此时乙一定不在 A 岗位,故乙可在剩下的 B,C,D 岗位中任意抽取,$P_乙=\dfrac{3}{4}$.丙在 4 个岗位中抽取与甲、乙不同的一个,即 $P_丙=\dfrac{2}{4}$.故情况①的概率为 $P_1=\dfrac{1}{4}\times\dfrac{3}{4}\times\dfrac{1}{2}=\dfrac{3}{32}$.

情况②:甲抽到 B,C 之一,则 $P_甲=\dfrac{2}{4}=\dfrac{1}{2}$.若乙抽到与甲相同的岗位,则 $P_乙=\dfrac{1}{4}$.丙选取一个与甲、乙不同的岗位(甲、乙同岗位),则 $P_丙=\dfrac{3}{4}$.故情况②的概率为 $P_2=\dfrac{1}{2}\times\dfrac{1}{4}\times\dfrac{3}{4}=\dfrac{3}{32}$.

情况③:甲抽到 B,C 之一,则 $P_甲=\dfrac{2}{4}=\dfrac{1}{2}$.若乙选取到与甲不同的岗位,同时题目限制不能在 A 岗位,则 $P_乙=\dfrac{2}{4}=\dfrac{1}{2}$.丙选取一个与甲和乙均不同的岗位,$P_丙=\dfrac{2}{4}=\dfrac{1}{2}$.故情况③概率为 $P_3=\dfrac{1}{2}\times\dfrac{1}{2}\times\dfrac{1}{2}=\dfrac{1}{8}$.

总概率为所有满足要求的情况概率之和,即 $P_1+P_2+P_3=\dfrac{3}{32}+\dfrac{3}{32}+\dfrac{1}{8}=\dfrac{5}{16}$.

16.【答案】D

【解析】**思路一**:古典概型公式.

将 3 人无限制地分配到 4 间房中,符合分房模型,其中房间为重复分配元素,总情况数为 4^3.一共 3 人,要求第一、二、三号房中各 1 人,即满足要求的方法数为 A_3^3.根据古典概型公式可得概率为 $P=\dfrac{A_3^3}{4^3}=\dfrac{3}{32}$.

思路二:抽签法.每个人每次选房都是面临的同样的 4 个选择,互不影响,每次都是独立随机事件:

第 1 个人:在 4 间房中,满足要求的一、二、三号任意选中 1 个,$P_1=\dfrac{3}{4}$.

第2个人:在4间房中,除了第1个人已选的,剩下2个满足要求的,$P_2 = \frac{2}{4} = \frac{1}{2}$.

第3个人:在4间房中,满足要求的3间只剩1间可选,他必须选到此间,$P_3 = \frac{1}{4}$.

故 $P = \frac{3}{4} \times \frac{1}{2} \times \frac{1}{4} = \frac{3}{32}$.

17.【答案】D

【解析】**思路一**:古典概型公式.

从前、中、后中无限制地任意购买2张票,每种票为可重复分配元素,故共有 3^2 种选择,穷举可得,其中有6种满足题干不超过70元要求,它们分别是后前(70元)、前后(70元)、中中(70元)、中后(55元)、后中(55元)、后后(40元),则 $P = \frac{6}{3^2} = \frac{2}{3}$.

思路二:抽签法.

若第1张从3种座位中买到前座,则第2张只有买到后座才符合要求,即前座+后座组合:$\frac{1}{3} \times \frac{1}{3} = \frac{1}{9}$;若第1张买到中座,则第2张买到中座或后座都可以符合要求,即中座+中座/后座组合:$\frac{1}{3} \times \frac{2}{3} = \frac{2}{9}$;若第1张买到后座,则第2张任意买均可以符合要求,即后座+任意组合:$\frac{1}{3} \times \frac{3}{3} = \frac{1}{3}$. 根据概率加法公式,所求概率为 $\frac{1}{9} + \frac{2}{9} + \frac{1}{3} = \frac{2}{3}$.

18.【答案】A

【解析】考试合格要求至少答对2题,即甲至少对2题,它的对立事件为答对不足2题,即对1错2,或对0错3,但甲本身可以答对8题,故不可能对0错3,对立事件仅为对1错2,即甲合格概率 $P(甲合格) = 1 - \frac{C_8^1 \times C_2^2}{C_{10}^3} = \frac{14}{15}$. 同理乙合格概率 $P(乙合格) = \frac{C_6^3}{C_{10}^3} + \frac{C_6^2 \times C_4^1}{C_{10}^3} = \frac{2}{3}$. 故甲、乙都合格的概率 $= P(甲合格) \times P(乙合格) = \frac{14}{15} \times \frac{2}{3} = \frac{28}{45}$.

【拓展】甲、乙都不合格的概率 $= P(甲不合格) \times P(乙不合格)$;甲、乙至少1个人合格概率 $= 1 - P(甲不合格) \times P(乙不合格)$;甲、乙至少1个人不合格概率 $= 1 - P(甲合格) \times P(乙合格)$.

19.【答案】D

【解析】至少抽到1件次品的对立事件为1件次品也没有抽到,即抽到全为正品,故所求的概率 $P(至少抽到1件次品) = 1 - P(抽到的全为正品) = 1 - \frac{C_7^2}{C_{10}^2} = 1 - \frac{7}{15} = \frac{8}{15}$.

20.【答案】$\frac{51}{126}$

【解析】**思路一**:正向列举法. 至少包含2名女生,即包含2名或3名女生,需分情况讨论:

情况①:2女2男,$\frac{C_3^2 \times C_6^2}{C_9^4} = \frac{45}{126}$,

情况②：3 女 1 男，$\dfrac{C_3^3 \times C_6^1}{C_9^4} = \dfrac{6}{126}$，

则至少包含 2 名女生的概率为 $P = \dfrac{45}{126} + \dfrac{6}{126} = \dfrac{51}{126}$.

思路二：正难则反法. 至少包含 2 名女生的对立事件为没有女生或只有 1 名女生，需分情况讨论：

情况①：0 女 4 男，$\dfrac{C_6^4}{C_9^4} = \dfrac{15}{126}$，

情况②：1 女 3 男，$\dfrac{C_3^1 \times C_6^3}{C_9^4} = \dfrac{60}{126}$，

则至少包含 2 名女生的概率为 $P = 1 - \dfrac{75}{126} = \dfrac{51}{126}$.

【总结】本题中正向列举和正难则反均需要分两种情况讨论，此时更推荐采用正向列举法.

21.【答案】D

【解析】将 3 个球无限制地随机放入 3 个盒子中，符合分房模型，3 个盒子为可重复分配元素，故总方法数为 3^3. 题目要求乙盒中至少有 1 个红球，它的对立事件为乙盒中 1 个红球也没有，则此时 2 个红球将无限制地随机投入甲、丙 2 个盒子，符合分房模型，方法数为 2^2. 同时白球可以在 3 个盒子中任选，方法数为 C_3^1，故满足对立事件要求的方法数为 $C_3^1 \times 2^2$，对立事件概率为 $\dfrac{C_3^1 \times 2^2}{3^3} = \dfrac{4}{9}$，所求概率为 $1 - \dfrac{4}{9} = \dfrac{5}{9}$.

22.【答案】E

【解析】本题属于至多问题，可用对立事件法求解. 从 6 个球中任意取出 3 个球，颜色至多有 2 种的对立事件为这 3 个球恰分别为 3 种颜色. $P_{3个球3种颜色} = \dfrac{C_1^1 C_2^1 C_3^1}{C_6^3} = \dfrac{6}{20} = 0.3$.

因此 $P_{3个球颜色至多2种} = 1 - P_{3个球3种颜色} = 1 - 0.3 = 0.7$.

23.【答案】D

【解析】电流不能通过 T_1, T_2, T_3 的概率分别为 $0.1, 0.1$ 和 0.01. 根据对立事件法，能通过的概率为 $1 - P_{全不通过} = 1 - 0.1 \times 0.1 \times 0.01 = 0.9999$.

24.【答案】C

【解析】出租司机在各十字路口遇到红灯这一事件是相互独立的，司机在第 3 个路口遇到红灯，概率为 $\dfrac{1}{3}$，在前 2 个十字路口遇到绿灯，概率均为 $\left(1 - \dfrac{1}{3}\right)$（同一个路口遇到红灯与遇到绿灯为对立事件，概率和为 1）. 故根据概率乘法公式可得 $P = \left(1 - \dfrac{1}{3}\right) \times \left(1 - \dfrac{1}{3}\right) \times \dfrac{1}{3} = \dfrac{4}{27}$.

25.【答案】A

【解析】**思路一**：第一步，甲对乙要获胜，有 0.3 的概率. 其后在丙对丁中分丙、丁获胜

的情况分别讨论.

情况①:丙胜丁,然后甲胜丙夺冠.发生概率为 0.5×0.3.

情况②:丁胜丙,然后甲胜丁夺冠.发生概率为 0.5×0.8.

故甲最终获胜的概率为 0.3×(0.5×0.3+0.5×0.8)=0.165.

思路二:甲夺冠一共只有如下 2 种可能:

可能性①:甲胜乙,丙胜丁,甲胜丙,概率为 $P_1=0.3×0.5×0.3$.

可能性②:甲胜乙,丁胜丙,甲胜丁,概率为 $P_2=0.3×0.5×0.8$.

故甲最终夺冠的概率为: $P=P_1+P_2=0.045+0.12=0.165$.

26.【答案】A

【解析】从甲文具盒取 2 支笔到乙文具盒,共有 3 种可能情况:

情况①:从甲文具盒取了 2 支黑笔到乙文具盒,取 2 支笔的总方法数为 C_5^2,而取 2 支黑笔的方法数为 C_3^2,故甲文具盒中取到 2 支黑笔的概率 $\frac{C_3^2}{C_5^2}=\frac{3}{10}$. 在这种情况下,乙文具盒一共有 2 支蓝笔和 5 支黑笔,从中取到 2 支黑笔的概率为 $\frac{C_5^2}{C_7^2}=\frac{10}{21}$.

根据概率的乘法公式,情况①时从乙文具盒取出 2 支黑笔的概率为 $\frac{3}{10}×\frac{10}{21}=\frac{1}{7}$.

情况②:从甲文具盒取了 1 支黑笔和 1 支蓝笔到乙文具盒,取 2 支笔的总方法数为 C_5^2,而取 1 黑 1 蓝的方法数为 $C_2^1 C_3^1$,故甲文具盒中取到 1 黑 1 蓝的概率 $\frac{C_2^1×C_3^1}{C_5^2}=\frac{6}{10}$. 在这种情况下,乙文具盒一共有 3 支蓝色和 4 支黑色,从中取到 2 支黑色的概率为 $\frac{C_4^2}{C_7^2}=\frac{6}{21}$.

根据概率的乘法公式,情况②时从乙文具盒取出 2 支黑笔的概率为 $\frac{6}{10}×\frac{6}{21}=\frac{6}{35}$.

情况③:从甲文具盒取了 2 支蓝笔到乙文具盒,取 2 支笔的总方法数为 C_5^2,而取 2 支蓝笔的方法数为 C_2^2,故从甲文具盒中取到 2 支蓝笔的概率 $\frac{C_2^2}{C_5^2}=\frac{1}{10}$. 在这种情况下,乙文具盒一共有 4 支蓝笔和 3 支黑笔,取到 2 支黑笔的概率为 $\frac{C_3^2}{C_7^2}=\frac{1}{7}$.

根据概率的乘法公式,情况③时从乙文具盒取出 2 支黑笔的概率为 $\frac{1}{10}×\frac{1}{7}=\frac{1}{70}$.

根据概率的加法公式,所有情况概率相加,得到所求概率为 $P=\frac{1}{7}+\frac{12}{70}+\frac{1}{70}=\frac{23}{70}$.

27.【答案】D

【解析】根据题意,甲、乙分别击中环数的概率见表 9.2.

表 9.2

概率	8 环	9 环	10 环
甲击中概率	0.6	0.3	0.1
乙击中概率	0.4	0.4	0.2

要想甲击中的环数大于乙,有下面 3 种可能情况:

情况①:甲击中 9 环,乙击中 8 环. 发生的概率为 $0.3 \times 0.4 = 0.12$.

情况②:甲击中 10 环,乙击中 9 环. 发生的概率为 $0.1 \times 0.4 = 0.04$.

情况③:甲击中 10 环,乙击中 8 环. 发生的概率为 $0.1 \times 0.4 = 0.04$.

根据概率的加法公式,所有情况概率相加,得到所求概率为 $P = 0.12 + 0.04 + 0.04 = 0.2$.

28.【答案】D

【解析】条件(1):因为每个人命中的概率不同,所以不能使用伯努利概型. 需要使用概率乘法公式分情况讨论,恰有 2 发子弹命中可分为如下 3 种情况:

情况①:甲,乙命中,丙未命中,概率 $P_1 = \dfrac{1}{2} \times \dfrac{1}{3} \times \left(1 - \dfrac{1}{6}\right) = \dfrac{5}{36}$.

情况②:甲,丙命中,乙未命中,概率 $P_2 = \dfrac{1}{2} \times \left(1 - \dfrac{1}{3}\right) \times \dfrac{1}{6} = \dfrac{2}{36}$.

情况③:甲未命中,乙,丙命中,概率 $P_3 = \left(1 - \dfrac{1}{2}\right) \times \dfrac{1}{3} \times \dfrac{1}{6} = \dfrac{1}{36}$.

恰有两发子弹命中的概率 $P = P_1 + P_2 + P_3 = \dfrac{2}{9}$,故条件(1)充分.

条件(2):每个人命中的概率相同,所以可以把问题理解为发射 3 次子弹,每次发射命中的概率均为 $p = \dfrac{1}{3}$,求恰有 2 次命中的概率. 即问题变为 3 重伯努利试验,求事件 A(命中)恰好发生 2 次的概率. 则利用伯努利公式直接计算概率 $P = C_3^2 \times \left(\dfrac{1}{3}\right)^2 \times \left(1 - \dfrac{1}{3}\right) = 3 \times \dfrac{1}{9} \times \dfrac{2}{3} = \dfrac{2}{9}$,故条件(2)亦充分.

29.【答案】B

【解析】本试验为 10 重伯努利试验,$n = 10$,事件 A 为"击中靶子",p(每次射击击中的概率),$q = 1 - p$(每次射击没有击中的概率),$k = 7$,系数 $C_n^k = C_{10}^7$.

条件(1):$p = 0.2$,代入公式可得 $P = C_{10}^7 \times \left(\dfrac{1}{5}\right)^7 \times \left(\dfrac{4}{5}\right)^3 = \dfrac{10 \times 9 \times 8}{3 \times 2 \times 1} \times \dfrac{1}{5^7} \times \dfrac{4^3}{5^3} = \dfrac{1536}{5^9}$,故条件(1)不充分.

条件(2):$p = 0.5$,代入公式可得 $P = C_{10}^7 \times \left(\dfrac{1}{2}\right)^7 \times \left(\dfrac{1}{2}\right)^3 = \dfrac{10 \times 9 \times 8}{3 \times 2 \times 1} \times \dfrac{1}{2^7} \times \dfrac{1}{2^3} = \dfrac{15}{128}$,故条件(2)充分.

30.【答案】E

【解析】思路一：伯努利公式法.

将 6 个人以相同概率分配，则分配到每个房间的概率均为 $p=\dfrac{1}{4}$. 题干问题可理解为分配 6 次（6 重伯努利试验），求事件 A（分配到指定房间）恰好发生 2 次的概率. 利用伯努利公式计算可得 $P=C_6^2\left(\dfrac{1}{4}\right)^2\left(1-\dfrac{1}{4}\right)^4=15\times\dfrac{1}{16}\times\dfrac{81}{256}=\dfrac{1215}{4096}$.

思路二：古典概型法.

6 个人任意分配到 4 间房间中，共有 4^6 种方法. 先选 2 人到指定房间有 C_6^2 种方法，然后将剩下 4 人任意分到其他 3 个房间有 3^4 种方法，故满足要求方法数共 $C_6^2\times3^4$ 种. 根据古典概型公式，满足要求的概率 $P=\dfrac{C_6^2\times3^4}{4^6}=\dfrac{1215}{4096}$.

31. **【答案】**A

【解析】要求甲选手以 $4:1$ 战胜乙，分析可知.

(1) 一共进行了 5 场比赛.

(2) 最后一场比赛甲获胜.

(3) 前面 4 场比赛中甲获胜 3 次失败 1 次，且成败的顺序无特殊要求.

故概率为：$P=\underbrace{C_4^3p^3(1-p)}_{\text{前4次比赛中：甲获胜3次失败1次}}\cdot\overset{\text{第5场比赛甲获胜}}{p}=4p^4(1-p)$

代入 $P=0.7$ 可得，甲选手以 $4:1$ 战胜乙的概率为 $P=4\times0.7^4\times0.3=0.84\times0.7^3$.

32. **【答案】**B

【解析】第一步：计算每一轮中甲击中的环数多于乙击中环数的概率.

根据题意，甲、乙分别击中不同环数的概率可总结为表 9.3：

表 9.3

概率	8 环	9 环	10 环
甲击中概率	0.6	0.3	0.1
乙击中概率	0.4	0.4	0.2

甲击中的环数大于乙，有如下 3 种可能：

可能性①：甲击中 9 环，乙击中 8 环. $P_1=0.3\times0.4=0.12$，

可能性②：甲击中 10 环，乙击中 9 环. $P_2=0.1\times0.4=0.04$，

可能性③：甲击中 10 环，乙击中 8 环. $P_3=0.1\times0.4=0.04$，

所以在每一轮比赛中，甲击中环数多于乙击中环数的概率为 3 种可能性的概率之和：

$$P=P_1+P_2+P_3=0.12+0.04+0.04=0.2.$$

第二步：利用伯努利概型求概率.

此时问题转化为，某事件发生的概率 $P=0.2$，在进行 3 次独立重复试验时，此事件至少发生 2 次的概率. 根据伯努利公式有：

$P($恰发生 2 次$)=C_3^2(0.2)^2(1-0.2)=0.096.$

$P($恰发生 3 次$)=C_3^3(0.2)^3=0.008.$

故至少有两轮甲击中的环数多于乙击中环数的概率 $P=0.096+0.008=0.104.$

33.【答案】C

【解析】求"多少次以内结束"的概率问题,需要按结束的具体次数分情况讨论:

情况①:掷 1 次即掷出正面,即可停止:$P_1($掷 1 次停止$)=P_1($正$)=\dfrac{1}{2}$;

情况②:掷 3 次停止,第 1 次掷出反面,第 2 次掷出正面,第 3 次掷出正面,即可停止:$P_2($掷 3 次停止$)=P_2($反正正$)=\left(1-\dfrac{1}{2}\right)\times\dfrac{1}{2}\times\dfrac{1}{2}=\dfrac{1}{8}.$

故所求概率为:$P=P_1+P_2=\dfrac{1}{2}+\dfrac{1}{8}=\dfrac{5}{8}.$

34.【答案】C

【解析】要求甲选手以 3:4 输给乙,分析可知.

(1) 一共进行了 7 场比赛.

(2) 最后一场比赛甲失败.

(3) 前面 6 场比赛中甲获胜 3 次失败 3 次,且成败的顺序无特殊要求.

故概率为:$P=C_6^3 p^3(1-p)^3\cdot(1-p)=20p^3(1-p)^4.$

前6次比赛中:甲获胜3次失败3次   第7场比赛甲失败

代入 $P=0.7$ 可得,甲选手以 3:4 输给乙的概率 $P=20\times0.7^3\times0.3^4=0.162\times0.7^3.$

第十章　数据描述

大纲分析　本章每年约考 1 题,题目较简单.主要考查平均值与方差的计算和比较、图标三方面.重点记住平均值与方差的计算公式.

模块一　考点剖析

考点一　平均值与方差计算

本考点主要考查算术平均值与方差的计算,需要考生熟悉计算公式,理解均值与方差的影响因素,同时题目中经常需要根据题目给出的数据寻找规律,必要时构造数列以快速求解.

1.必备知识点

1)平均值的定义

算术平均值:设 $x_1,x_2,\cdots,x_n$ 为 n 个数,称 $\dfrac{x_1+x_2+\cdots+x_n}{n}$ 为这 n 个数的算术平均值,记为: $\bar{x}=\dfrac{1}{n}\sum\limits_{i=1}^{n}x_i$.

2)中位数与众数的定义

中位数:把一组数据按照由大到小(或由小到大)的顺序排列,若有奇数个数据,中位数为最中间的那个数;若有偶数个数据,中位数为最中间两个数的算术平均值.

众数:在一组数据中,出现次数最多的数叫作众数.

【举例】一组数据为:18,15,20,16,21,19,18,19,10,20,20,这组数据的中位数是 <u>19</u>,众数是 <u>20</u>.

【解析】将这组数据从小到大的顺序排列:10,15,16,18,18,19,19,20,20,20,21.最中间的数是 19,出现次数最多的数是 20,即这组数据的中位数是 19,众数是 20.

3)方差与标准差的定义

在一组数据 $x_1,x_2,\cdots,x_n$ 中,各数据与它们的算术平均值 $\bar{x}$ 的差的平方的平均值称为这组数据的方差,通常用 s^2 表示.

$$s^2=\frac{1}{n}\left[(x_1-\bar{x})^2+(x_2-\bar{x})^2+\cdots+(x_n-\bar{x})^2\right]\text{或}\ s^2=\frac{1}{n}(x_1^2+x_2^2+\cdots+x_n^2)-(\bar{x})^2.$$

【公式转化】$s^2 = \dfrac{1}{n}\left[(x_1-\bar{x})^2+(x_2-\bar{x})^2+\cdots+(x_n-\bar{x})^2\right]$

$$= \dfrac{1}{n}\left[(x_1^2+x_2^2+\cdots+x_n^2)+n(\bar{x})^2-2\bar{x}(x_1+x_2+\cdots x_n)\right]$$

$$= \dfrac{1}{n}(x_1^2+x_2^2+\cdots+x_n^2)+(\bar{x})^2-2\bar{x}\dfrac{x_1+x_2+\cdots x_n}{n}$$

$$= \dfrac{1}{n}(x_1^2+x_2^2+\cdots+x_n^2)+(\bar{x})^2-2(\bar{x})^2$$

$$= \dfrac{1}{n}(x_1^2+x_2^2+\cdots+x_n^2)-(\bar{x})^2.$$

方差的算术平方根称为这组数据的标准差.

方差和标准差用来反映数据波动的大小. 方差或标准差越大,说明数据的波动越大,越不稳定;方差或标准差越小,说明数据的波动越小,越稳定.

2. 题型解析

【例题1】为了解某公司员工的年龄结构,按男、女人数的比例进行了随机抽样,结果见表10.1. 根据表中数据估计,该公司男员工的平均年龄与全体员工的平均年龄分别是（　　）.（单位:岁）

表10.1

男员工年龄(岁)	23	26	28	30	32	34	36	38	41
女员工年龄(岁)	23	25	27	27	29	31			

A. 32,30　　　B. 32,29.5　　　C. 32,27　　　D. 30,27　　　E. 29.5,27

【解析】**思路一**：根据平均值计算公式可知:

男员工平均年龄 $=\dfrac{23+26+28+30+32+34+36+38+41}{9}=\dfrac{288}{9}=32.$

全体员工平均年龄 $=\dfrac{288+23+25+27+27+29+31}{15}=30.$

思路二：将数据处理可得:

男员工年龄(岁)	23	26	28	30	32	34	36	38	41
女员工年龄(岁)	23	25	27	27	29	31			

男员工年龄第一项23+1,同时最后一项41-1后,恰好构成首项为24,公差为2的等差数列,男员工年龄和为此等差数列前9项和 $S_9=9a_5=9\times32$,故男员工平均年龄为$\dfrac{9\times32}{9}=32.$

观察女员工年龄可知:$23+31=25+29=27+27$,故女员工年龄和为$6\times27=162.$

全体员工平均年龄 $=\dfrac{288+162}{15}=30$

【答案】A

【例题2】(条件充分性判断)设两组数据 $S_1:3,4,5,6,7$ 和 $S_2:4,5,6,7,a$,则能确定 a 的值.

(1)S_1 与 S_2 的均值相等.

(2)S_1 与 S_2 的方差相等.

【解析】条件(1):$\dfrac{3+4+5+6+7}{5}=\dfrac{4+5+6+7+a}{5}$,解得 $a=3$,故条件(1)充分.

条件(2):根据方差计算公式可知

$$S_1^2=\frac{1}{5}\big[(3-5)^2+(4-5)^2+(5-5)^2+(6-5)^2+(7-5)^2\big]=2,$$

$$S_2^2=\frac{1}{5}(4^2+5^2+6^2+7^2+a^2)-\left[\frac{1}{5}(4+5+6+7+a)\right]^2,$$

解得 $a=3$ 或 8,不唯一确定,故条件(2)不充分.

【技巧】平均值为关于数据的一次算式,而方差为关于数据的二次算式,因此仅知道方差条件不能唯一确定数据值.

【答案】A

【例题3】(条件充分性判断)设两组数据 $S_1:1,2,3,4,5$ 和 $S_2:1,2,a,4,5$,则能确定 a 的值.

(1)S_1 与 S_2 的均值相等.　　　　(2)S_1 与 S_2 的方差相等.

【解析】条件(1):$\dfrac{1+2+3+4+5}{5}=\dfrac{1+2+a+4+5}{5}$,$a=3$,故条件(1)充分.

条件(2):$\dfrac{1}{5}(1^2+2^2+3^2+4^2+5^2)-\left(\dfrac{1+2+3+4+5}{5}\right)^2=\dfrac{1}{5}(1^2+2^2+a^2+4^2+5^2)-\left(\dfrac{1+2+a+4+5}{5}\right)^2$,

整理得 $a^2-6a+9=0$,$(a-3)^2=0$,解得 $a=3$,故条件(2)亦充分.

【快速解题方法】方差用来反映数据波动的大小,方差大波动大,方差小波动小.如图 10-1 所示,由小到大梳理数据,观察波动性可知,$a=3$.

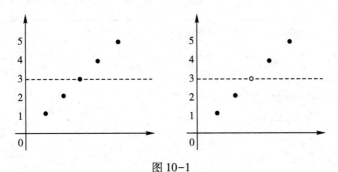

图 10-1

【说明】本题中数据 S_1 的中位数和平均数都为 3,数据 S_2 与数据 S_1 中,除 a 和 3 外,其余均相同,此时 a 的值唯一可确定,即 $a=3$.

【答案】D

考点二　不同数据平均值或方差比较大小

对于给定几组数据,要求进行方差、均值比较的题目,大部分较为简单. 常用的解题方法有:①直接套用公式定量求解,根据求得的具体数值进行大小比较;②观察数据规律,对比相关数据间比例或权重等,以定性求得大小关系.

1. 必备知识点

1)极差的定义

极差＝最大值－最小值.

极差仅表示一组数据变化范围的大小,受两个极端值的影响较大,它不能反映中间数据的分布情况.

【注意】极差是数据波动的范围,方差是数据波动的程度. 极差与方差是两个不同的概念以及不同的数据描述的量,在联考数学中,一般设置的数据极差大的方差也大,极差小的方差也小. 方差越大,数据越不稳定,方差越小,数据越稳定.

2)平均值和方差的性质

(1)一组数据的每一个数都加上同一个常数,所得的一组新数据的平均值等于原平均值加上这个常数,方差不变.

(2)当把一组数变为原来的 n 倍后,所得的一组新数据的平均值等于原平均值的 n 倍,方差会变为原来的 n^2 倍.

2. 题型解析

【例题1】甲、乙、丙3人每轮各投篮10次,投了三轮,投中数见表10.2.

表10.2

人员	第一轮	第二轮	第三轮
甲	2	5	8
乙	5	2	5
丙	8	4	9

记 $\sigma_1,\sigma_2,\sigma_3$ 分别为甲、乙、丙投中数的方差,则(　　).

A. $\sigma_1>\sigma_2>\sigma_3$　　　B. $\sigma_1>\sigma_3>\sigma_2$　　　C. $\sigma_2>\sigma_1>\sigma_3$

D. $\sigma_2>\sigma_3>\sigma_1$　　　E. $\sigma_3>\sigma_2>\sigma_1$

【解析】根据平均值和方差的计算公式有:

$$\bar{x}_1=\frac{2+5+8}{3}=5,\quad \bar{x}_2=\frac{5+2+5}{3}=4,\quad \bar{x}_3=\frac{8+4+9}{3}=7.$$

$$\sigma_1=\frac{1}{3}\left[(2-5)^2+(5-5)^2+(8-5)^2\right]=6.$$

$$\sigma_2=\frac{1}{3}\left[(5-4)^2+(2-4)^2+(5-4)^2\right]=2.$$

$$\sigma_3=\frac{1}{3}\left[(8-7)^2+(4-7)^2+(9-7)^2\right]=\frac{14}{3}.$$

故 $\sigma_1>\sigma_3>\sigma_2$.

【答案】B

【例题2】设样本数据 $x_1,x_2,\cdots,x_{20}$ 的均值和方差分别为 1 和 8,若 $y_i=2x_i+3$ ($i=1,2,\cdots,20$),则 $y_1,y_2,\cdots,y_{20}$ 的均值和方差分别是(　　).

A.5,32　　　　B.5,19　　　　C.4,35　　　　D.4,32　　　　E.1,32

【解析】$\bar{x}=\dfrac{x_1+x_2+\cdots+x_{20}}{20}=1$,

因此 $\bar{y}=\dfrac{y_1+y_2+\cdots+y_{20}}{20}=\dfrac{2(x_1+x_2+\cdots+x_{20})+60}{20}=2\bar{x}+3=2\times1+3=5$,

所以 $S_y^2=2^2\times8=32$.

【技巧】当把一组数变为原来的 n 倍后,这组数的方差会变为原来的 n^2 倍;

当把一组数中的每个数都加上一个相同的数时,这组数的方差不变.

【答案】A

【例题3】(条件充分性判断)对甲乙两学生的成绩进行抽样分析,各抽取 5 门功课,那么两人中各门功课表现较平稳的是甲.

(1)甲的成绩为 70,80,60,70,90.

(2)乙的成绩为 80,60,70,84,76.

【解析】两条件单独均不充分,故只能选 C 或 E 项.

甲的平均成绩:$E_1=\dfrac{70+80+60+70+90}{5}=74$,

乙的平均成绩为:$E_2=\dfrac{80+60+70+84+76}{5}=74$.

甲的方差:$\sigma_1=\dfrac{1}{5}(4^2+6^2+14^2+4^2+16^2)=104$,乙的方差:$\sigma_2=\dfrac{1}{5}(6^2+14^2+4^2+10^2+2^2)=70.4$. $\sigma_1>\sigma_2$,乙的功课表现较平稳.

【技巧1】极差估方差.甲的极差是 90−60＝30,乙的极差是 84−60＝24.乙的极差小,故乙的方差也小,所以乙的更平稳一些.

【技巧2】由小到大梳理数据,观察波动性,如图 10-2 所示.

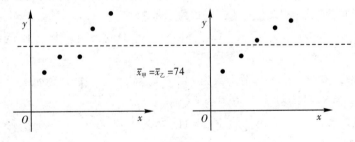

图 10-2

甲偏离均值更大一些,所以乙更平稳一些.

【注意】极差是数据波动的范围,方差是数据波动的程度.极差与方差是两个不同的概念以及不同的数据描述的量,在联考数学中,一般设置的数据极差大的方差也大,极差小的方差也小.方差越大,数据越不稳定,方差越小,数据越稳定.

【答案】E

模块二 习题自测

1. 某班一次数学测验的成绩如下：得 100 分的 7 人，90 分的 14 人，80 分的 17 人，70 分的 8 人，60 分的 3 人，50 分 1 人，那么这次测验全班的平均成绩为（　　）分.

   A. 81 　　　　　 B. 81.2 　　　　　 C. 82.2 　　　　　 D. 82.6 　　　　　 E. 83.2

2. （条件充分性判断）$x^2 + y^2 = 13$.

   （1）已知 $2, 4, 2x, 4y$ 的平均数为 5.

   （2）已知 $5, 7, 4x, 6y$ 的平均数为 9.

3. （条件充分性判断）$a = b = c$ 成立.

   （1）a, b, c 的平均数为 0.

   （2）a, b, c 的方差为 0.

4. 某广告公司欲招聘策划人员一名，对甲、乙、丙三名候选人进行了三项素质测试，他们的各项测试成绩如表 10.3.

   表 10.3

测试项目	测试成绩		
	甲	乙	丙
创新能力	72	85	67
综合知识	50	74	70
计算机操作	88	45	67

   根据实际需要，公司将创新能力、综合知识、计算机操作三项测试的得分按 4∶3∶1 的比例确定各人的测试成绩，则三人测试的成绩大小排序为（　　）.

   A. 甲>乙>丙 　　　 B. 甲>丙>乙 　　　 C. 乙>甲>丙 　　　 D. 乙>丙>甲 　　　 E. 丙>甲>乙

5. 已知一个样本，样本容量为 7，平均数为 11，方差为 2，现样本中又加入一个新数据 11，此时样本容量为 8，平均数为 $\bar{x}$，方差为 s^2，则（　　）.

   A. $\bar{x} = 11, s^2 < 2$ 　　　　　 B. $\bar{x} = 11, s^2 > 2$ 　　　　　 C. $\bar{x} > 11, s^2 > 2$

   D. $\bar{x} > 11, s^2 < 2$ 　　　　　 E. $\bar{x} = 10, s^2 < 2$

6. 已知数据 $x_1, x_2, x_3, \cdots, x_n$ 的平均数 $\bar{x} = 5$，方差 $s^2 = 4$，则数据 $3x_1 + 7, 3x_2 + 7, 3x_3 + 7, \cdots, 3x_n + 7$ 的平均数和标准差分别为（　　）.

   A. 15, 36 　　　　　 B. 22, 6 　　　　　 C. 15, 6 　　　　　 D. 22, 36 　　　　　 E. 22, 25

7. 某体校甲、乙两个运动队各有 6 名编号为 1,2,3,4,5,6 的队员进行实弹射击比赛,每人射击 1 次,击中的环数如表 10.4.

表 10.4

学生	1 号	2 号	3 号	4 号	5 号	6 号
甲队	6	7	7	8	7	7
乙队	6	7	6	7	9	7

则以上两组数据的方差中较小的一个为 $s^2 = ($ 　　　$)$.

A. $\dfrac{1}{6}$　　　　B. $\dfrac{1}{4}$　　　　C. $\dfrac{1}{3}$　　　　D. $\dfrac{1}{2}$　　　　E. 1

习题详解

1. 【答案】C

【解析】根据平均值计算公式可知：

全班的平均成绩 $= \dfrac{7\times100+14\times90+17\times80+8\times70+3\times60+1\times50}{7+14+17+8+3+1} = \dfrac{4110}{50} = 82.2$.

2. 【答案】C

【解析】条件(1)与条件(2)单独都不充分,联合两个条件得:

$\begin{cases} 2+4+2x+4y=20 \\ 5+7+4x+6y=36 \end{cases} \Rightarrow \begin{cases} x+2y=7 \\ 2x+3y=12 \end{cases} \Rightarrow x=2, y=3 \Rightarrow x^2+y^2=13$, 故联合充分.

3. 【答案】B

【解析】由条件(1)可得, $\dfrac{a+b+c}{3}=0$, 即 $a+b+c=0$, 无法确定 $a=b=c$, 即条件(1)不充分.

由条件(2),设 a,b,c 的平均数为 $\bar{x}$, 可得 $\dfrac{1}{3}\left[(a-\bar{x})^2+(b-\bar{x})^2+(c-\bar{x})^2\right]=0$, 即 $a=b=c=\bar{x}$, 所以条件(2)充分.

4. 【答案】D

【解析】 $\bar{x}_甲 = \dfrac{4}{8}\times72 + \dfrac{3}{8}\times50 + \dfrac{1}{8}\times88 = 65.75$,

$\bar{x}_乙 = \dfrac{4}{8}\times85 + \dfrac{3}{8}\times74 + \dfrac{1}{8}\times45 = 75.875$,

$\bar{x}_丙 = \dfrac{4}{8}\times67 + \dfrac{3}{8}\times70 + \dfrac{1}{8}\times67 = 68.125$.

即 $\bar{x}_乙 > \bar{x}_丙 > \bar{x}_甲$.

5. 【答案】A

【解析】因为 7 个数的平均数为 11,方差为 2,现又加入一个新数据 11,此时这 8 个数的平均数为 $\bar{x} = \dfrac{7\times11+11}{8} = 11$, 方差为 $s^2 = \dfrac{(x_1-\bar{x})^2+(x_2-\bar{x})^2+\cdots+(x_7-\bar{x})^2+(x_8-\bar{x})^2}{8} = \dfrac{7\times2+0}{8} = \dfrac{7}{4} < 2$.

6. 【答案】B

【解析】因为 $x_1,x_2,x_3,\cdots,x_n$ 的平均数 $\bar{x}=5$, 即 $x_1+x_2+x_3+\cdots+x_n=5n$, 所以新数据的平均值 $= \dfrac{(3x_1+7)+(3x_2+7)+(3x_3+7)+\cdots+(3x_n+7)}{n} = \dfrac{3(x_1+x_2+x_3+\cdots+x_n)+7n}{n} = 3\times5+7 = 22$,

$x_1,x_2,x_3,\cdots,x_n$ 的方差为 4, 即 $\dfrac{(x_1-5)^2+(x_2-5)^2+\cdots+(x_n-5)^2}{n} = 4$.

$\dfrac{(3x_1+7-22)^2+(3x_2+7-22)^2+\cdots+(3x_n+7-22)^2}{n}$

$$=\frac{(3x_1-15)^2+(3x_2-15)^2+\cdots+(3x_n-15)^2}{n}$$

$$=3^2\times\frac{(x_1-5)^2+(x_2-5)^2+\cdots+(x_n-5)^2}{n}=3^2\times4=36$$

所以新数据的方差为36,标准差为6.

【技巧】当把一组数变为原来的 n 倍后,这组数的方差会变为原来的 n^2 倍,即 $3x_1+7$, $3x_2+7,3x_3+7,\cdots,3x_n+7$ 的方差为 $3^2\times4=36$,标准差为6.

7.【答案】C

【解析】甲组数据为:6,7,7,8,7,7,乙组数据为:6,7,6,7,9,7.所以甲组数据波动较小, 从而方差较小.甲队的平均值 $=\dfrac{6+7\times4+8}{6}=7$.

因此,其方差为 $s^2=\dfrac{(6-7)^2+(7-7)^2+(7-7)^2+(8-7)^2+(7-7)^2+(7-7)^2}{6}=\dfrac{1}{3}$.

数学考点精讲·基础篇

第5部分

应用题

第十一章

应用题

大纲分析

1. 概要

本章每年在联考的 25 道考题中占 6 道左右,虽然不涉及复杂代数知识,整体难度不高,但题目表述多变、出题灵活,重点考查考生对语言文字下隐含的数学关系的提炼,以及简单的建模能力,最近几年真题中应用题的题目风格"去模型化"趋势明显.

应用题一般给定一个现实场景,需要考生从中提炼出各要素之间的数学等量关系(或不等关系).这些等量关系有的是"明"等量关系,即题目语言文字明确给出要素之间的和、差、因数、倍数等关系;有的等量关系是"暗"等量关系,需要考生根据题目场景自行找出其中隐含的等量关系.

特别需要注意的是,应用题需要解决问题的情境丰富,即使是对同一类型题目的描述也是多种多样的.因此求解时仅仅简单套用总结好的模型很难应对,考生应该重视寻找等量关系的能力和数学建模思维的培养,只有这样才能以不变应万变.

2. 应用题解题步骤

(1)将题目中文字的条件翻译成数学语言,合理设定未知量.

(2)寻找各要素之间的等量关系,选择相应的数学模型列式.

(3)进行简单的计算(难度最大的是求解二次方程和不等式组).

模块一 考点剖析

考点一 比与比例

比与比例为应用题中的常考题型,比例问题也在应用题的其他考点中有所使用,解题常涉及比例性质的应用,比例基本概念及性质详见强化篇第一章考点一.

1. 必备知识点

1)比与比例应用题关键思维

(1)见比设 k.

【举例】给定甲与乙的数量之比为 $3:7$,那么可设甲的数量为 $3k$ 件,乙的数量为 $7k$ 件. 由此设出满足比例的数量. 亦可得出甲、乙共有 $10k$ 件,其中乙的数量比甲多 $4k$ 件等.

（2）理解个体数量、总量、个体占总体的比例之间的关系式.

$$个体占总体的比例 = \frac{个体数量}{总量},$$

个体数量＝总量×个体占总体的比例,

$$总量 = \frac{个体的数量}{个体占总体的比例}.$$

2.典型例题

1）两项间的比

本考点题目属于应用题中的简单题,只要理解个体数量、总量、个体占总体的比例之间的关系即可快速求解.

需要注意的是,相比的两项可以是一个整体中的两部分,也可以是整体与其中的某部分,需要同学们灵活理解、运用.

【标志词汇】比+具体量⇒见比设 k 再求 k.

【举例】男生与女生的数量之比为3:7,已知男生比女生少20人,求女生人数.

【分析】设男生的数量为 $3k$ 人,女生的数量为 $7k$ 人.

男生比女生少 $4k$ 人,则 $4k=20 \Rightarrow k=5$,女生人数为 $7k=35$.

【标志词汇】全比例问题⇒特值法.

【举例】男生与女生的数量之比为3:7,求男生与总人数之比.

【分析】设男生有 3 人,女生有 7 人,则总人数为 10 人,

男生与总人数之比为 3:10.

【例题1】甲、乙两商店同时购进了一批某品牌的电视,当甲店售出 15 台时乙店售出了 10 台,此时两店的库存比为8:7,库存差为5,则甲、乙两店的总进货量为(   )台.

    A.75   B.80   C.85   D.100   E.125

【解析】第一步:见比设 k.售出部分后,甲、乙库存比=8:7,可设此时甲店库存数量为 $8k$ 台,乙店库存数量为 $7k$ 台,两店共有库存数量为 $15k$ 台.第二步:求出 k 代表的具体值,进而得出结论.甲店比乙店库存数量多 $8k-7k=k$,库存差为 5 台,故 $k=5$.此时可求得两店共有库存数量为 $15k=15×5=75$(台).由于此前两店还分别售出了 15 台和 10 台,故总进货量为 $15+10+75=100$(台)

【陷阱】本题所求为两店的总进货量,因此需要加上两店已售出的 15 台与 10 台电视,否则会误选 A.

【答案】D

【例题2】某公司投资一个项目,已知上半年完成了预算的 $\frac{1}{3}$,下半年完成了剩余部分的 $\frac{2}{3}$,此时还有8000万元投资未完成,则该项目的预算为(   ).

    A.3 亿元   B.3.6 亿元   C.3.9 亿元   D.4.5 亿元   E.5.1 亿元

【解析】第一步:见比设 k.设项目总预算为 $9k$ 元,上半年完成 $3k$ 元,剩余 $6k$ 元,故下半年完成 $4k$ 元.全年共完成 $7k$ 元,剩余 $2k$ 元.第二步:求出 k 代表的具体值,进而得出结论.

剩余 8000 万投资未完成,将单位统一得 $2k=0.8$ 亿,$k=0.4$ 亿.故该项目预算为 $9k=3.6$(亿元).

【答案】B

【例题 3】(条件充分性判断)某单位进行投票表决,已知该单位的男、女员工人数之比为 $3:2$,则能确定是至少有 50% 的女员工参加了投票.

(1)投赞成票的人数超过了总人数的 40%.

(2)参加投票的女员工比男员工多.

【解析】两条件单独均不充分,考虑联合.男女员工人数之比为 $3:2$,故设男员工有 $3k$ 人,女员工有 $2k$ 人,则总人数为 $5k$.条件(1)投赞成票的人数超过了总人数的 40%,即投赞成票人数多于 $5k\times40\%=2k$.参加投票人数≥投赞成票人数,故参加投票人数大于 $2k$,而条件(2)参加投票女员工比男员工多,故参加投票女员工人数大于 k,而女员工有 $2k$ 人,故可以确定至少有 50% 的女员工参加了投票,联合充分.

【答案】C

2)三项间的比

本类题目较两项间的比稍难,核心的解题思路依然是"见比设 k",出题方式主要分三类:①直接给出三项间的整数比;②给出的三项间的比为分数形式;③给出三项之中两两间的比.事实上,对于四项及以上的比例关系,依然可以采用化为整数连比,继而"见比设 k"进行计算,考生需要注意灵活运用.

(1)直接给出三项间的整数比.

对于三项间的整数比题目,解决方法与两项间的比解题方法相同.

【例题 4】学校竞赛设一等奖、二等奖和三等奖,比例为 $1:3:8$,获奖率为 30%,已知 10 人获得一等奖,则参加竞赛的人数为(   ).

A.300   B.400   C.500   D.550   E.600

【解析】第一步:见比设 k.三种奖项获奖人数之比为 $1:3:8$,设一等奖 k 人,二等奖 $3k$ 人,三等奖 $8k$ 人,共有 $12k$ 人获奖.已知获奖率为 30%,故参加竞赛的总人数有 $12k\div30\%=40k$ 人.第二步:求出 k 代表的具体值,进而得出结论.10 人获得一等奖,即 $k=10$,故参加竞赛的总人数为 $40\times10=400$(人).

【答案】B

(2)给出的三项间的比为分数形式.

如果题目中直接或间接给出分数形式的三项间的比,那么一般需要先将比的每一项同乘分母的最小公倍数,使其化为整数形式的比,然后再通过"见比设 k"的方法进行计算.

例如给出 $a:b:c=\dfrac{1}{2}:\dfrac{1}{3}:\dfrac{1}{5}$,先同乘分母 2,3,5 的最小公倍数 30,得到 $a:b:c=\left(\dfrac{1}{2}\times30\right):\left(\dfrac{1}{3}\times30\right):\left(\dfrac{1}{5}\times30\right)=15:10:6$,此时可设 $a=15k,b=10k,c=6k$.

【例题 5】(条件充分性判断)某公司得到一笔贷款共 68 万元用于下属三个工厂的设备改造,结果甲、乙、丙三个工厂按比例分别得到 36 万元、24 万元和 8 万元.

（1）甲、乙、丙三厂按照 $\frac{1}{2}:\frac{1}{3}:\frac{1}{9}$ 的比例分配贷款.

（2）甲、乙、丙三厂按照 $9:6:2$ 的比例分配贷款.

【解析】条件（1）：每项同乘分母的最小公倍数 18，将分数形式的比化为整数形式的比有 $\frac{1}{2}:\frac{1}{3}:\frac{1}{9}=\left(\frac{1}{2}\times18\right):\left(\frac{1}{3}\times18\right):\left(\frac{1}{9}\times18\right)=9:6:2$，可以看出两条件等价. 整理得 $9:6:2=36:24:8$，故甲、乙、丙三个工厂按比例分别得到 36 万元、24 万元和 8 万元，两条件均充分.

注 给出的比值 $\frac{1}{2}:\frac{1}{3}:\frac{1}{9}$ 是三项间的比，而不是每一个工厂占总体的占比（即不是甲占总体的 $\frac{1}{2}$，乙占总体的 $\frac{1}{3}$，丙占总体的 $\frac{1}{9}$），需化成整数形式的比.

【答案】D

【例题6】车间工会为职工买来足球、排球和篮球共 94 个. 按人数平均每 3 人一只足球，每 4 人一只排球，每 5 人一只篮球，该车间共有职工(　　).

A. 110 人　　　B. 115 人　　　C. 120 人　　　D. 125 人　　　E. 130 人

【解析】**思路一**：根据题意，每人分得的球数比为足球:排球:篮球 $=\frac{1}{3}:\frac{1}{4}:\frac{1}{5}=\left(\frac{1}{3}\times60\right):\left(\frac{1}{4}\times60\right):\left(\frac{1}{5}\times60\right)=20:15:12$. 故可设三种球各有 $20k$ 个，$15k$ 个和 $12k$ 个. 根据题意得 $20k+15k+12k=47k=94$，$k=2$. 则有足球 $20k=40$（个），同理排球和篮球分别有 30 个和 24 个. 取任意一种球数量均可计算职工总人数，如：3 人一个足球，故总人数为 $40\times3=120$（人）.

思路二：设该车间共有职工 x 人，则足球为 $\frac{x}{3}$ 个，排球为 $\frac{x}{4}$ 个，篮球为 $\frac{x}{5}$ 个，共有 $\frac{x}{3}+\frac{x}{4}+\frac{x}{5}=94\Rightarrow x=120$.

【技巧】由于按人数平均每 3 人一只足球，每 4 人一只排球，每 5 人一只篮球，则该车间职工人数一定同时为 3，4，5 的倍数，即 3，4，5 最小公倍数的倍数. 由于 3，4，5 两两互质，它们的最小公倍数为它们的乘积，即 $3\times4\times5=60$，根据选项得只有 C 选项符合.

【答案】C

（3）给出三项之中两两间的比.

这类题目并不直接给出三项的连比，而是通过两两之间的比给出三项的关系. 这时候要利用最小公倍数，以这两个比中共有的项为桥梁，将两两间的比转化为三个整数的连比，之后再进行"见比设 k"求解.

【举例】将下列两两之比的形式，转化为三项连比 $a:b:c$ 的形式.

（1）$a:b=2:3$ 和 $b:c=4:5$

（2）$a:b=\frac{1}{2}:\frac{1}{3}$ 和 $b:c=\frac{1}{2}:\frac{1}{5}$

【解析】（1）以 b 作为桥梁，化为 $a:b:c$ 的形式. 3 和 4 的最小公倍数为 12，故有 $a:b=$

$2:3=8:12, b:c=4:5=12:15.$ 此时可得三项的整数形式的连比为 $a:b:c=8:12:15.$

（2）先将分数形式的比化为整数形式的比，即 $a:b=\dfrac{1}{2}:\dfrac{1}{3}=3:2, b:c=\dfrac{1}{2}:\dfrac{1}{5}=5:2.$ 以 b 作为桥梁，2 和 5 的最小公倍数为 10，故有 $a:b=15:10, b:c=10:4.$ 此时可得三项的整数形式的连比为 $a:b:c=15:10:4.$

【例题7】如图 11-1 所示，一个长方体，长与宽之比是 2:1，宽与高之比是 3:2，若长方体的全部棱长之和是 220 厘米，则长方体的体积是(　　).

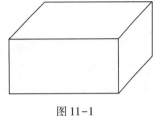

A. 2880 立方厘米　　　　　　B. 7200 立方厘米

C. 4600 立方厘米　　　　　　D. 4500 立方厘米

E. 3600 立方厘米

图 11-1

【解析】设长方体的三条棱长分别为 $a, b, c.$ 由条件可知 $a:b=2:1, b:c=3:2.$ 以共有项 b 作为中间桥梁，将其化为三项连比，即 $a:b=2:1=6:3, b:c=3:2,$ 故 $a:b:c=6:3:2.$ 此时可设长宽高分别为 $6k$ 厘米，$3k$ 厘米和 $2k$ 厘米。长方体的棱 a, b, c 各有 4 条，总和为 220 厘米，故 $6k+3k+2k=11k=\dfrac{220}{4}=55, k=5.$ 则长宽高分别为 30 厘米，15 厘米和 10 厘米，长方体体积为 $30\times15\times10=4500$（立方厘米）.

【答案】D

【例题8】某产品有一等品、二等品和不合格品三种，若在一批产品中一等品件数和二等品件数的比是 5:3，二等品件数和不合格品件数的比是 4:1，则该产品的不合格品率约为(　　).

A. 7.2%　　　　B. 8%　　　　C. 8.6%　　　　D. 9.2%　　　　E. 10%

【解析】以共有项二等品作为中间桥梁，将两两之间的比化为三项连比，即一等品:二等品 $=5:3=20:12,$ 二等品:不合格品 $=4:1=12:3,$ 故一等品:二等品:不合格品 $=20:12:3.$ 此时可设三类产品分别有 $20k$ 件，$12k$ 件和 $3k$ 件，共有 $35k$ 件。不合格率为 $\dfrac{3}{20+12+3}\approx 8.6\%.$

【答案】C

考点二　增长、增长率

1. 必备知识点

增长率为增加的数额与原来数额之间的比例关系。此类题目的关键是确定基准量，即相对于谁增加或减少了。

$$\text{变化率}=\dfrac{\text{变化量}}{\text{变前量}}\times100\%=\dfrac{|\text{现值}-\text{原值}|}{\text{原值}}\times100\%$$

变化率包含增长率和下降率，所以上式用绝对值表示。

【举例】（1）a 相对于 b 增长了 10%，则基准量为 b，有 $a=(1+10\%)b$；

b 相对于 a 减少了 10%，则基准量为 a，有 $b=(1-10\%)a.$

（2）m 先增加 10%，再减少 10%，得到的值为多少？

先增加 10% : 此时基准量为 m ,增加后的值为 $(1+10\%)m$;

再减少 10% : 此时基准量为 $(1+10\%)m$,减少后的值为

$$(1+10\%)m(1-10\%)=0.99m<m.$$

(3) m 先减少 10% ,再增加 10% 得到的值为多少?

先减少 10% : 此时基准量为 m ,减少后的值为 $m(1-10\%)$;

再增加 10% : 此时基准量为 $m(1-10\%)$,增加后的值为

$$(1+10\%)m(1-10\%)=0.99m<m.$$

可以看出,无论先增加再减少,还是先减少再增加,最终数值均相等,表达式为连乘形式,且最终数值小于原值.

注 增加和减少的基准量均为变化前的数值,在题目中一般为"比"字后的量,而不是变化后的数值.

2. 典型例题

【例题1】高速公路假期免费政策带动了京郊游的增长. 据悉,2014 年春节 7 天假期,北京市乡村民俗旅游接待游客约 697000 人次,比去年同期增长 14% ,则去年大约接待游客人次为(   ).

A. $6.97\times10^5\times0.14$ B. $6.97\times10^5-6.97\times10^5\times0.14$

C. $\dfrac{6.97\times10^5}{0.14}$ D. $\dfrac{6.97\times10^7}{0.14}$ E. $\dfrac{6.97\times10^7}{114}$

【解析】设去年为 x ,以去年人数为基准量,今年人数可表示为 $x(1+14\%)$,故有 $x(1+14\%)=6.97\times10^5$,解得 $x=\dfrac{6.97\times10^5}{1.14}=\dfrac{6.97\times10^7}{114}$.

【答案】E

【例题2】某种商品降价 20% 后,若欲恢复原价,则应提价(   ).

A. 20%   B. 25%   C. 22%   D. 15%   E. 24%

【解析】设原价为 a ,应提价 x ,则有 $a(1-20\%)(1+x)=a$,解得 $x=25\%$.

【说明】降价变化时的基准量为原价,而提价变化时的基准量为降价后的价格.

【答案】B

【例题3】某产品去年涨价 10% ,今年涨价 20% ,则该产品这两年涨价(   ).

A. 15%   B. 16%   C. 30%   D. 32%   E. 33%

【解析】设该产品原价为 a ,则两次涨价后价格为 $(1+10\%)(1+20\%)a=1.1\times1.2a=1.32a$,比原价 a 上涨 32% .

【技巧】对于给定条件和问题全部为比例(百分比)的题目,可以采用特值法快速求解. 设去年该产品原价为 100 元,两次涨价后为 $(1+10\%)\times(1+20\%)\times100=132$ 元,比原价 100 元上涨 32% .

【答案】D

【例题4】(条件充分性判断)该股票涨了.

(1)某股票连续三天涨 10% 后,又连续三天跌 10% .

(2)某股票连续三天跌 10% 后,又连续三天涨 10% .

【解析】条件(1)：连续三天涨10%，即 $m(1+10\%)(1+10\%)(1+10\%)$，以此为基准再连续三天跌10%，即有 $m(1+10\%)(1+10\%)(1+10\%)(1-10\%)(1-10\%)(1-10\%)=m(1^2-0.1^2)^3=0.99^3m<m$. 故条件(1)不充分.

条件(2)：同理可得 $m(1-10\%)(1-10\%)(1-10\%)(1+10\%)(1+10\%)(1+10\%)=m(1-0.01)^3=0.99^3m<m$. 故条件(2)不充分，联合亦不充分.

【总结】可记结论：以同样的百分比先涨再跌同样多次的结果＝以同样的百分比先跌再涨同样多次的结果<原数值.

【答案】E

考点三 利润、利润率

1. 必备知识点

本考点单一考查时较为简单，只要掌握售价、成本、利润、利润率相关概念的相互间关系即可快速解题，近年常与比与比例，增长、增长率相结合考察，需要考生综合理解，并能灵活运用公式.

利润＝售价-成本＝成本×利润率；

$利润率=\dfrac{利润}{成本}\times100\%=\dfrac{售价-成本}{成本}\times100\%=\left(\dfrac{售价}{成本}-1\right)\times100\%$；

售价＝成本+利润＝成本×(1+利润率)＝标价×折扣数；

$成本=售价-利润=\dfrac{利润}{利润率}=\dfrac{售价}{1+利润率}$；

销售额＝销售价格×销量.

注 ①成本即进价，数学中的利润率在默认情况下是以进价作为基准量进行计算的，而经济学中的利润率是以售价为基准量进行计算的. ②要明确利润、售价、成本、销量的关系，在一道题中出现多个百分比时，要清楚每个百分比对应的基准量.

2. 典型例题

【例题1】某商品的成本利润率为12%，若其成本降低20%，而售价不变，则利润率为( ).

A. 32%　　　　B. 35%　　　　C. 40%　　　　D. 45%　　　　E. 48%

【解析】【标志词记】全比例问题⇒特值法. 设原成本为100元，则降低后成本为(1-20%)×100＝80，售价＝(1+12%)×100＝112，故后来的利润率为 $\dfrac{112-80}{80}\times100\%=40\%$.

【总结】当题目条件中数据和选项均为比例或百分比时，常直接设特值，如本题中设原成本为100元，将百分比化为具体数量，方便计算.

【答案】C

【例题2】一家商店为回收资金，把甲、乙两件商品均以480元一件卖出，已知甲商品赚了20%，乙商品亏了20%，则商店盈亏结果为( ).

A. 不亏不赚　　B. 亏了50元　　C. 赚了50元　　D. 赚了40元　　E. 亏了40元

【解析】两件商品售价均为480元，因此只需要知道它们各自的成本即可算出盈亏结果. 由公式: 成本 $= \dfrac{\text{售价}}{1+\text{利润率}}$ 可知, 甲商品成本为 $\dfrac{480}{1+20\%}$ 元, 乙商品成本为 $\dfrac{480}{1-20\%}$ 元 (亏损利润率为负), 故商店盈亏结果为 $480 \times 2 - \dfrac{480}{1+20\%} - \dfrac{480}{1-20\%} = 960 - 400 - 600 = -40$, 即亏了40元.

【答案】E

【例题3】某商品的成本为240元, 若按该商品标价的8折出售, 利润率是15%, 则该商品的标价为(　　).

A. 167元　　　　B. 331元　　　　C. 345元　　　　D. 360元　　　　E. 400元

【解析】设标价为 x, 则实际售价为 $0.8x$, 根据公式售价 = 成本 × (1+利润率), 有 $0.8x = 240 \times (1+15\%)$, 解得标价 $x = 345$ (元).

【答案】C

【拓展】若题目改为: 某商品的标价为240元, 若按该商品标价的8折出售, 利润率是15%, 则该商品的成本为多少? (答: 实际售价 = 标价 × 折扣 = 240 × 80% = 192 (元), 利润为15%, 说明成本 $= \dfrac{192}{1+15\%} \approx 167$ (元).)

考点四　平均值问题

1. 必备知识点

当一个整体按照某一个标准分为两部分时, 一般会涉及一个大量 (均值设为 a)、一个小量 (均值设为 b) 以及它们混合后的中间量 (均值设为 c), 如男生分数、女生分数和全班平均分等, 求大量与小量的比例; 为解决此类题目, 需要必备以下知识点:

设一批货物分为甲、乙两种, 甲的平均价格为 a, 乙的平均价格为 b, 总体的平均价格为 c.

1) 总体的平均值一定在两个部分平均值的范围之间

甲平均价格 a < 总平均价格 c < 乙平均价格 b ($a < b$ 时).

乙平均价格 b < 总平均价格 c < 甲平均价格 a ($a > b$ 时).

具体值在中间的什么位置, 取决于甲、乙数量的比例大小关系.

2) 公式法与十字交叉法

根据总体和部分数量与均价列等量关系式可得:

总价 = 总体均价 c × 总数量

　　　= 总体均价 c × (甲数量 + 乙数量)

　　　= 甲均价 a × 甲数量 + 乙均价 b × 乙数量

整理得总体均值与部分均值公式:

　　　(甲均值 a - 总体均值 c) × 甲数量 = (总体均值 c - 乙均值 b) × 乙数量.

由此亦可得十字交叉法:

$$\begin{array}{ccc} \text{甲均值 } a & & c-b \quad \text{甲数量} \\ & \text{总体均值 } c & \overline{\quad\quad\quad} = \overline{\quad\quad\quad} \\ \text{乙均值 } b & & a-c \quad \text{乙数量} \end{array}$$

3）标志词汇

【标志词汇】当一个整体按照某一个标准分为两部分时,一般会涉及一个大量、一个小量以及它们混合后的中间量.

可用公式法:(甲均值 a-总体均值 c)×甲数量=(总体均值 c-乙均值 b)×乙数量或用十字交叉法求解,任选其一即可.

2.典型例题

【例题1】车间共有40人,某技术操作考核的平均成绩为80分,其中男工平均成绩为83分,女工平均成绩为78分,该车间有女工(   ).

A.16人　　　　B.18人　　　　C.20人　　　　D.24人　　　　E.28人

【解析】本题符合本章考点四【标志词汇】,可用公式法或十字交叉法求解.

思路一:公式法.

(男工平均分-总体平均分)×男工数量=(总体平均分-女工平均分)×女工数量.

即:$\dfrac{总平均分-女工平均分}{男工平均分-总平均分}=\dfrac{男工数量}{女工数量}=\dfrac{80-78}{83-80}=\dfrac{2}{3}$.

此时可设份数,共有5份,其中男工占2份,女工占3份,女工人数为 $40×\dfrac{3}{5}=24$ 人.

思路二:十字交叉法

$$\begin{matrix} 83 & & 80-78 & 2 & 男工\\ & 80 & \rule{1cm}{0.5pt}=\rule{0.8cm}{0.5pt} & & \\ 78 & & 83-80 & 3 & 女工 \end{matrix}$$

故男工:女工=2:3,女工有 $40×\dfrac{3}{5}=24$(人).

【答案】D

【例题2】(条件充分性判断)某班增加两名同学,则该班同学的平均身高增加了.

(1)增加的两名同学的平均身高与原来男同学的平均身高相同.

(2)原来男同学的平均身高大于女同学的平均身高.

【解析】两条件单独均不充分,考虑联合.设该班原有男生 a 名,女生 b 名;男生平均身高为 x,女生平均身高为 y,原班级平均身高为 $\dfrac{ax+by}{a+b}$.

由条件(1)可知增加两名同学后的班级平均身高为 $\dfrac{ax+by+2x}{a+b+2}$,题干结论成立要求

$\dfrac{ax+by+2x}{a+b+2}>\dfrac{ax+by}{a+b}$.

两式相减通分整理得

原平均身高-现平均身高=$\dfrac{ax+by+2x}{a+b+2}-\dfrac{ax+by}{a+b}$

$$=\dfrac{(a+2)(a+b)x+(a+b)by}{(a+b+2)(a+b)}-\dfrac{(a+b+2)ax+(a+b+2)by}{(a+b+2)(a+b)}$$

$$= \frac{2bx-2by}{(a+b+2)(a+b)} = \frac{2b(x-y)}{(a+b+2)(a+b)}.$$

由条件(2)可知 $x-y>0$，故原平均身高-现平均身高 $= \frac{2b(x-y)}{(a+b+2)(a+b)}>0$，该班同学的平均身高增加了.

【答案】C

考点五　浓度问题

浓度：某物质在总量中所占的比例.

浓度表达式1：物质的质量分数：$\dfrac{溶质的质量}{混合溶液的质量} \times 100\%$

浓度表达式2：物质的体积分数：$\dfrac{溶质的体积}{混合溶液的体积} \times 100\%$

常用浓度关系式：

由溶液=溶质+溶剂可知，浓度 $= \dfrac{溶质}{溶液} \times 100\% = \dfrac{溶质}{溶质+溶剂} \times 100\%$

对盐水有：盐水=盐+水，盐水浓度 $= \dfrac{盐}{盐水} \times 100\% = \dfrac{盐}{盐+水} \times 100\%$

对酒精有：酒精溶液=纯酒精+水，酒精浓度 $= \dfrac{纯酒精}{酒精溶液} \times 100\% = \dfrac{纯酒精}{纯酒精+水} \times 100\%$

【举例】浓度为30%的盐溶液50克，其中含水多少克？

思路一：有浓度为30%的盐溶液50克，即盐含量为 30%×50＝15 克，故：水=溶液-盐=50-15=35 克

思路二：盐溶液浓度为30%，即盐质量为总质量的30%，故水质量占总质量的1-30%＝70%，则含水质量为 70%×50=35 克.

（一）　溶剂溶质单一改变

1. 必备知识点

浓度的变化本质上是溶质（盐、酒精）或者溶剂（水）改变而带来的比例的改变. 无论是稀释——加溶剂（一般为水），或加浓——减溶剂（蒸发）或加溶质，在这些对溶液的处理过程中，溶质和溶液仅有一个量产生变化，因此我们将改变的量设为 x，抓住不变的量建立方程即可. 重要等量关系如下：

（1）浓度不变原则：将一份溶液分成若干份，每份的浓度相等，都等于原溶液的浓度；将溶液倒掉一部分后，剩余溶液的浓度与原溶液的浓度相等.

（2）物质守恒原则：溶质、溶剂和溶液在变化前后总量都是守恒的，不会增多也不会减少.

以盐水为例，其中盐为溶质，水为溶剂，进行不同处理时可列表 11.1.

表 11.1

处理方式	改变的量	不变的量
稀释	增加水	盐
蒸发	减少水	盐
盐水加浓	增加盐	水

2. 典型例题

【例题 1】含盐 12.5% 的盐水 40 千克蒸发掉部分水分后变成了含盐 20% 的盐水,蒸发掉的水分质量为(   )千克.

A. 19   B. 18   C. 17   D. 16   E. 15

【解析】**思路一**:水分蒸发仅改变溶液(水),溶质(盐的质量)不变. 设水分蒸发了 x 千克,蒸发前盐的质量为 $40 \times 12.5\% = 5$(千克),蒸发后盐的质量为 $(40-x) \times 20\%$(千克),蒸发前的盐和蒸发后的盐质量相等,即有 $(40-x) \times 20\% = 5$,解得 $x = 15$(千克).

思路二:比例法. 蒸发前含盐 12.5%,即:盐:水 $=1:7$,此时可根据见比设 k,设盐水质量为 $8k$,其中盐质量为 k,水质量为 $7k$,已知盐水为 40 千克,即 $8k=40$,$k=5$. 蒸发后含盐 20%,即盐:水′ $=1:4$,其中盐质量不变仍为 k,而水由 $7k$ 减少为 $4k$,减少了 $3k$,共减少 15 千克.

设份数,共有盐水 8 份,质量为 40 千克,每份代表 5 千克,其中盐占 1 份,水占 7 份. 蒸发后含盐 20%,即盐:水′ $=1:4$,盐不变仍为 1 份,而水由 7 份变为 4 份,减少了 3 份,共减少 15 千克.

【答案】E

【例题 2】某超市购进含水量为 80% 的新鲜水果 1200 千克,两天后发现含水量降低为 76%,则水果的总质量变为_____千克.

【解析】本题可以理解为广义的浓度问题,水果质量=果肉质量+水分质量,故可以把水果当作广义上的溶液,果肉为溶质,水分为溶剂,含水量 $=1-\dfrac{\text{果肉}}{\text{果肉}+\text{水分}} \times 100\%$. 本题中原来水果共 1200 千克,含水量 80%,说明果肉重 $1200 \times 20\% = 240$(千克). 两天后由于水分蒸发,含水量降低了,而果肉质量不变. 现在水果水分含量为 76%,则果肉含量为 $1-76\% = 24\%$,总质量变为 $240 \div 24\% = 1000$(千克).

【答案】1000

(二) 溶液倒出后加满水

1. 必备知识点

设容积为 V 的容器内装满纯酒精,第一次倒出体积为 V_1 的酒精,后注满水搅拌均匀;第二次倒出体积为 V_2 的溶液后再注满水搅拌均匀. 由于往外倒出了混合溶液,所以酒精和水同时改变. 这里情况看似复杂,只需要掌握几个关键信息,即可迅速得到答案.

关键信息:①初始浓度;②最终浓度;③倒出溶液体积;④溶液总体积.

每次溶液的变化分析见表 11.2.

表 11.2

批次	倒出溶液	倒出酒精	剩余酒精	溶液浓度
第一次	V_1	V_1	$V-V_1$	$\dfrac{V-V_1}{V}$
第二次	V_2	$\dfrac{V-V_1}{V} \times V_2$	$\dfrac{V-V_1}{V} \times V - V_2$	$\dfrac{V-V_1}{V} \times \dfrac{V-V_2}{V}$

将某液体倒出 V_1 体积后,加满水搅匀,得到的稀释后的液体浓度公式为

$$初始浓度 \times \frac{总体积\ V - 体积减少量\ V_1}{总体积\ V} = 最终浓度.$$

在此基础上,又倒出 V_2 体积后,加满水搅匀,得到的稀释后的液体浓度公式为

$$初始浓度 \times \frac{总体积\ V - 体积减少量\ V_1}{总体积\ V} \times \frac{总体积\ V - 体积减少量\ V_2}{总体积\ V} = 最终浓度.$$

将溶液更多次倒出后加满水得到稀释后的液体浓度可以此类推.

注 当初始液体为纯酒精时,浓度为 100% = 1.

2. 典型例题

【例题 3】有某种 98% 的酒精 24 升,倒出 8 升后,用水补满搅匀,然后又倒出 6 升后,再用水补满搅匀,此时酒精的浓度为( ).

A. 48%　　　　B. 49%　　　　C. 50%　　　　D. 51%　　　　E. 52%

【解析】容器总体积 $V=24$(升),初始浓度为 98%,第一次倒出 $V_1=8$(升),第二次倒出 $V_2=6$(升),由浓度公式可知:最终浓度 $=98\% \times \dfrac{24-8}{24} \times \dfrac{24-6}{24} = 0.98 \times \dfrac{2}{3} \times \dfrac{3}{4} = 49\%$.

【答案】B

【例题 4】一个容器盛满 20 升的纯酒精,倒出一部分后注满水,第二次倒出与前次同量的混合液,再注满水,此时容器内的水是纯酒精的 3 倍,则第一次倒出的酒精的数量为( ).

A. 30 升　　　　B. 25 升　　　　C. 20 升　　　　D. 15 升　　　　E. 10 升

【解析】设每次倒出的体积均为 V_x(升),初始是纯酒精,即初始浓度为 100%,最终水与酒精比为 $3:1$,即最终浓度为 $\dfrac{1}{3+1} \times 100\% = 25\%$,由浓度公式可知 $100\% \times \dfrac{20-V_x}{20} \times \dfrac{20-V_x}{20} = 25\%$,解得 $V_x=30$(超过容器容积 20 升,舍去)或 $V_x=10$(升).

【答案】E

（三）　两种不同浓度溶液混合

1. 必备知识点

两种相同成分不同浓度的溶液混合,采用物质守恒来分析,也可利用本章考点四的

十字交叉法. 设混合前浓溶液的质量为 m ,浓度为 $a\%$,稀溶液的质量为 n ,浓度为 $b\%$,两溶液混合后的浓度为 $c\%$. 根据混合前后总溶质相等列式有 $ma\%+nb\%=(m+n)c\%$,整理得 $\dfrac{m}{n}=\dfrac{c-b}{a-c}$.

由此可得十字交叉法(或称"对角线法"):

$$\dfrac{\text{浓}\quad\text{混合-稀}}{\text{稀}\quad\text{浓-混合}}=\dfrac{\text{浓溶液质量}}{\text{稀溶液质量}}$$

注 若用于纯溶剂(如水)稀释,则可代入纯溶剂浓度零;若加入的是纯溶质(如盐),则可代入纯溶质浓度 $100\%=1$.

2. 题型解析

【例题5】(条件充分性判断)甲、乙两种溶液混合可配置成浓度为 20% 的溶液.

(1)甲种溶液是含盐 12.5% 的 40 千克食盐溶液.

(2)乙种溶液是含盐 26% 的 50 千克食盐溶液.

【解析】两条件单独成立的情况下,由于不知道另一种溶液的状况,单独均不充分. 联合条件(1)与条件(2),混合溶液浓度为 $\dfrac{40\times0.125+50\times0.26}{40+50}\times100\%=20\%$,故联合充分.

【答案】C

【例题6】现有甲、乙两种浓度的酒精,已知用 10 升甲酒精和 12 升乙酒精可以配成浓度为 70% 的酒精,用 20 升甲酒精和 8 升乙酒精可以配成浓度为 80% 的酒精,则甲酒精的浓度为( ).

A.72% B.80% C.84% D.88% E.91%

【解析】设甲酒精浓度为 x ,乙酒精浓度为 y ,故有 $\begin{cases}10x+12y=70\%\times22\\20x+8y=80\%\times28\end{cases}$,

$$\begin{cases}10x+12y=15.4,&(1)\\20x+8y=22.4&(2)\end{cases}$$

由(1)$\times2-$(2)得 $16y=8.4$, $y=0.525$,代入(1)得 $x=0.91=91\%$,

解得 $x=0.91=91\%$.

【答案】E

考点六 工程问题

1. 必备知识点

1)相关概念

工程问题研究的是工作总量、工作效率、工作时间三者之间的关系,即

工作总量=工作效率×工作时间;工作效率=$\dfrac{\text{工作总量}}{\text{工作时间}}$;工作时间=$\dfrac{\text{工作总量}}{\text{工作效率}}$(可类比于行程问题)

工作总量即全部的工作量,计算时常将工作总量设为1.

工作效率:单位时间内(小时/天/月等)完成工作总量的几分之一.

日工作效率:每天完成工作总量的几分之一,即日工作效率=$\dfrac{1}{\text{工作天数}}$.

若题目中给出某人单独完成工程所需的天数,即可求得他的日工作效率;相应地,若已知某人的日工作效率,也可求得他单独做这份工程所需的天数.

2)常见标志词汇与对应数学含义

常见标志词汇与对应数字含义见表11.3.

表 11.3

单独做	甲单独完成某工程需要 12 天	甲效率=$\dfrac{1}{12}$
一起做	甲乙同时工作,需要 10 天完成	甲效率+乙效率=$\dfrac{1}{10}$
先后做	甲先做 5 天,之后乙做 8 天,恰好完成	5 甲效率+8 乙效率=1
变速做 (可当作两个人先后做)	甲先做 4 天,之后增加效率做了 5 天,恰好完成	4 甲效率+5 甲'效率=1
先一起后单独	甲乙先一起做 4 天,之后交给乙单独完成,共需要 12 天	4(甲效率+乙效率)+8 乙效率=1
完成一部分	甲乙先一起做 4 天,之后乙单独做 5 天,恰好完成了总量的$\dfrac{2}{3}$	4(甲效率+乙效率)+5 乙效率=$\dfrac{2}{3}$

2.典型例题

1)基础题型

【例题 1】某工厂生产 600 件零件,计划 10 天完成任务,实际提前 2 天完成,则每天的产量比计划提高了( )件.

    A.15   B.20   C.25   D.30   E.35

【解析】由产量=$\dfrac{\text{总量}}{\text{完成天数}}$可知,计划日产量=$\dfrac{600}{10}$=60(件),提前两天完成,即实际日产量=$\dfrac{600}{8}$=75(件),故每天的产量比计划提高了 15 件.

【答案】A

【例题 2】某工厂生产一批零件,计划 10 天完成任务,实际提前 2 天完成,则每天的效率比计划平均提高了( ).

    A.15%   B.20%   C.25%   D.30%   E.35%

【解析】设总工程量为 1,计划 10 天完成,即原计划每天生产总量的$\dfrac{1}{10}$,计划效率为

$\dfrac{1}{10}$；实际 8 天完成，实际每天生产总量的 $\dfrac{1}{8}$，实际效率为 $\dfrac{1}{8}$．则每天的产量比计划平均提

高了 $\dfrac{\frac{1}{8}-\frac{1}{10}}{\frac{1}{10}}\times100\%=25\%$．

【拓展】若实际超期两天完成任务，则每天产量比原计划降低了多少？（答：降低了

$\dfrac{\frac{1}{10}-\frac{1}{12}}{\frac{1}{10}}\times100\%=16.7\%$ ）．

【答案】C

2）效率改变，分段计算

本考点题目场景主要为：①两人先后完成一个工程；②一人在完成工程的过程中效率有所改变，此时要求我们分段单独计算每段的工作量，总工作时间是每段工作时间的总和．

【例题 3】一项工程施工 3 天后，因故障停工 2 天，之后工程队提高工作效率 20%，仍能按原计划完成，则原计划工期为（　　）．

A.9 天　　　　　B.10 天　　　　　C.12 天　　　　　D.15 天　　　　　E.18 天

【解析】**思路一**：工作总量设为 1，工作效率为 x，则计划工期为 $\dfrac{1}{x}$ 天，工作效率提高后工作时间为 $\dfrac{1}{x}-5$．根据工作总量不变列等式有 $3x+(1+20\%)x\left(\dfrac{1}{x}-5\right)=1$，即 $3x+1.2-6x=1$，解得 $x=\dfrac{1}{15}$．

思路二：设工作效率为 1，原计划工作天数为 t，则工作总量为 t．根据题意前后工作总量相等列方程得 $1\times3+1.2\times(t-5)=t$，解得 $t=15$．

【答案】D

【例题 4】（条件充分性判断）某道路修整，若 7 天修完一半，则可以确定提前 3 天完工．

(1)7 天后的施工效率提高 70%．

(2)7 天后的施工效率提高 75%．

【解析】已知 7 天修完一半，则按照原进度另一半也需要 7 天，题干要求提前 3 天完工，即要求用 4 天的时间修完剩下的一半．已知前 7 天的效率为 $\dfrac{\frac{1}{2}}{7}=\dfrac{1}{14}$，后 4 天要求的效率为 $\dfrac{\frac{1}{2}}{4}=\dfrac{1}{8}$．故效率需要提高 $\dfrac{\frac{1}{8}-\frac{1}{14}}{\frac{1}{14}}\times100\%=\dfrac{7-4}{4}\times100\%=75\%$．故条件（2）充分，条件（1）不充分．

【答案】B

3）同时工作,效率之和

本考点题目场景主要为两队同时工作,合作完成工作,此时总工作效率等于两队工作效率之和,工作量之和等于总工作量.

【例题5】(条件充分性判断)清理一块场地,则甲、乙、丙三人能在2天内完成.

（1）甲、乙两人需要3天完成.

（2）甲、丙两人需要4天完成.

【解析】设三人效率依次为 x,y,z,题干要求甲、乙、丙三人能在2天内完成,即 $x+y+z \geqslant \frac{1}{2}$. 两条件单独均不充分,考虑联合. 联合可知 $x+y=\frac{1}{3}$,$x+z=\frac{1}{4}$,则 $x+y+z=\frac{1}{3}+z$,无法确定.

【技巧】假设丙的效率为零,即 $z=0$,则甲、乙、丙三人完成时间等于甲、乙两人完成时间,即共需三天,无法在两天内完成,故不充分.

【答案】E

【例题6】甲、乙两工程队合作做某项工作,合作4天后完成工程的一半,剩下的工作由甲队单独做8天,乙队再接着单独做2天全部完成,则甲、乙两队单独完成此项工程所用时间比为（   ）.

A. $2:1$ B. $1:2$ C. $3:2$

D. $2:3$ E. $4:3$

【解析】前一半工程:合作工作4天,即有 $4(甲效率+乙效率)=\frac{1}{2}$.

后一半工程:甲队单独做8天,乙队再接着单独做2天,即有 8 甲效率 $+2$ 乙效率 $=\frac{1}{2}$.

联立解得甲效率 $=\frac{1}{24}$,乙效率 $=\frac{1}{12}$. 即甲工程队独立完成需要24天,乙工程队独立完成需要12天,时间比为 $2:1$.

【答案】A

4）工费问题

有关工费的题目与一般工程问题解题思路一致,都需要列出方程,计算工作效率或者完成工作所需要的天数. 区别只是增加一个用工作总天数乘以每天费用算出总工费的步骤.

【例题7】公司的一项工程由甲、乙两队合作6天完成,公司需付8700元;由乙、丙两队合作10天完成,公司需付9500元,甲、丙两队合作7.5天完成,公司需付8250元,若单独承包给一个工程队并且要求不超过15天完成全部工作,则公司付钱最少的队是（   ）.

A. 甲队   B. 丙队   C. 乙队

D. 乙或丙队   E. 不能确定

【解析】设甲、乙、丙三队效率分别为 x,y,z，则有 $\begin{cases} x+y=\dfrac{1}{6} \\ y+z=\dfrac{1}{10} \\ z+x=\dfrac{1}{7.5} \end{cases}$，解得 $\begin{cases} x=\dfrac{1}{10} \\ y=\dfrac{1}{15} \\ z=\dfrac{1}{30} \end{cases}$．则这三队单

独完成各需天数为 10 天、15 天和 30 天．设每天付给甲、乙、丙三队的费用分别是 a 元，b

元，c 元，则有 $\begin{cases} 6a+6b=8700 \\ 10b+10c=9500 \\ 7.5a+7.5c=8250 \end{cases}$，解得 $\begin{cases} a=800 \\ b=650 \\ c=300 \end{cases}$．则单独承包给一个工程队时，若要甲做，需

付 $10\times800=8000$（元）；若要乙做，需付 $15\times650=9750$（元）；若要丙做，需付 $30\times300=9000$

（元），故用甲队最划算．

【答案】A

【例题 8】某单位要铺设草坪，若甲、乙两公司合作需 6 天完成，工时费共 2.4 万元．若甲公司单独做 4 天后由乙公司接着做 9 天完成，工时费共计 2.35 万元．若由甲公司单独完成该项目，则工时费共计（　　　）万元．

　　A.2.25　　　　　B.2.35　　　　　C.2.4　　　　　D.2.45　　　　　E.2.5

【解析】设甲效率为 x，乙效率为 y，则 $\begin{cases} (x+y)\times6=1 \\ 4x+9y=1 \end{cases}$，解得 $x=\dfrac{1}{10}$．即甲单独做需要 10

天可完成该项目．再设甲每天的工时费为 a（万元），乙每天的工时费为 b（万元），则

$\begin{cases} 6a+6b=2.4 \\ 4a+9b=2.35 \end{cases}$，解得 $a=0.25$（万元）．故甲单独做需要 $10\times0.25=2.5$（万元）．

【说明】本题仅要求甲公司单独完成项目所需要的总工费，因此仅需要求出甲单独工作需要的天数和日工费 a 即可，无需求与乙相关的 y 和 b．

【答案】E

考点七　行程问题

　　行程问题主要考察路程 s，行进的速度 v，行进时间 t 三者之间的关系，即：

　　路程 $s=$ 速度 $v\times$ 时间 t；速度 $v=\dfrac{\text{路程 } s}{\text{时间 } t}$；时间 $t=\dfrac{\text{路程 } s}{\text{速度 } v}$．

（一）　直线型路程问题——相遇和追及

1.必备知识点

设两人速度分别为 v_1 和 v_2，相遇问题可看作两人合力走完一段路程（如图 11-2 所示）．

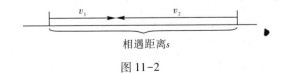

图 11-2

相遇距离为初始时两人之间的距离 s，相遇时间 t 为两人从开始相向运动到相遇时经过的时间，两人(相向运动)的相对速度为两速度之和 v_1+v_2，即有

$$相遇时间 \ t = \frac{相遇距离 \ s}{速度之和 \ v_1+v_2}.$$

追及问题实际为追人者比被追者在同一时间内多走了一段路程(如图 11-3 所示).

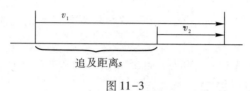

图 11-3

追及距离为初始时两人之间的距离 s，相互追赶的两人(同向运动)的相对速度为两速度之差 v_1-v_2. 即有

$$追及时间 \ t = \frac{追及距离 \ s}{速度之差 \ v_1-v_2}.$$

2. 典型例题

【例题 1】甲、乙两人相距 330 千米，他们驾车同时出发，经过 2 小时相遇，甲继续行驶 2 小时 24 分钟后到达乙的出发地，则乙的车速为(　　　).

A. 70km/h　　　B. 75km/h　　　C. 80km/h　　　D. 90km/h　　　E. 96km/h

【解析】甲的行驶时间为 $2+2\frac{24}{60}=4.4$ 小时，故甲的速度 $V_甲=\frac{330}{4.4}$km/h $=75$km/h. 甲、乙两小时相遇共行进 330km，故有 $75\times2+V_乙\times2=330$，解得 $V_乙=90$km/h.

【答案】D

【例题 2】爸爸和儿子从东西两地同时相对出发，两地相距 10 千米. 爸爸每小时走 6 千米，儿子每小时走 4 千米. 爸爸带一只狗，小狗用每小时 10 千米的速度向儿子跑去. 遇到儿子或爸爸立刻折返，直到爸爸儿子相遇才停，则小狗共跑了(　　　).

A. 6 千米　　　B. 4 千米　　　C. 9 千米　　　D. 10 千米　　　E. 11 千米

【解析】题中小狗的行程路线看似复杂，实际上只需求出爸爸和儿子相遇所用的时间，代入已知的小狗速度，即可求出小狗所走的总路程. 设相遇时间为 t 小时，相遇时两人共走了 10 千米，即 $6t+4t=10$(千米)，解得 $t=1$(小时)，小狗跑过的总路程为 $10t=10\times1=10$(千米).

【答案】D

【例题 3】甲、乙两人在相距 1800m 的 A,B 两地相对运动，甲的速度为 100m/min，乙的速度为 80m/min，两人同时出发，则两人第三次相遇时，甲距其出发点(　　　)米.

A. 600　　　B. 900　　　C. 1000　　　D. 1400　　　E. 1600

【解析】

如图 11-4 所示，两人第一次相遇时，共走过 1800m(如图 11-4 中实线所示)，之后各自往返而行，自分开至再次相遇时，共走过 1800×2m(如图 11-4 中虚线所示). 之后每相遇一次，两人共多走一个 1800×2m. 故两人第三次相遇时，共走过 $1800\times(1+2+2)=9000$m $=S_甲+S_乙$. 在相同时间内，两人行进路程之比等于速度之比，即 $\frac{S_甲}{S_乙}=\frac{v_甲}{v_乙}=\frac{100}{80}=\frac{5}{4}$，故 $S_甲=5000=$

$(1800\times2+1400)$ m,故甲距其出发点 1400m.

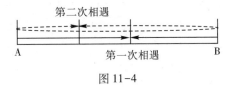

图 11-4

【答案】D

（二） 环形道路

1. 必备知识点

两人自同一起点沿环形跑道相向或同向行进,直至相遇时,有如下等量关系:

相向时:甲路程+乙路程=环形周长;

同向时:快者路程-慢者路程=环形周长.

事实上,相向跑圈每多相遇一次,两人路程之和多一个环形跑道周长;同向跑圈每多相遇一次,快者比慢者多跑一个环形跑道周长.

2. 典型例题

【例题4】两人环湖竞走,环湖一周是 400 米,乙的速度平均每分钟 80 米,甲的速度是乙的 $1\dfrac{1}{4}$,现在两人同时同向出发,多少分钟以后两人相遇?（　　）

A.15 分钟　　　B.5 分钟　　　C.10 分钟　　　D.20 分钟　　　E.25 分钟

【解析】本题为同向时的环形道路问题:快者路程-慢者路程=环形周长.设 x 分钟后两人相遇,此时甲走了 $1\dfrac{1}{4}\times80\times x$,乙走了 $80x$,故有 $1\dfrac{1}{4}\times80\times x-80x=400$,解得 $x=20$（分钟）.

【答案】D

（三） 两条直线上的运动

当两个人的行进方向不在同一直线上(即非同向或相向)时,并且两人之间的距离和两人各自行进的路程恰好构成直角三角形,此时要求我们利用勾股定理进行计算.

【例题5】P 点在 O 点正东 50 米,Q 点在 O 点正北 60 米,甲从 P 点出发向西走;同时乙从 Q 点出发向正南走,且速度与甲相同. 当甲、乙距离第一次为 50 米时,两人各自走了多少米?（　　）

A.15 米　　　B.5 米　　　C.10 米

D.20 米　　　E.25 米

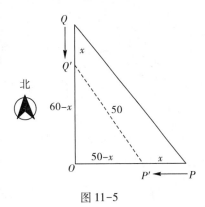

图 11-5

【解析】由题干信息可画出行进草图如图 11-5 所示,$OP=50$,$OQ=60$. 当甲、乙距离第一次为 50 米时,甲行进至 P' 点,乙行进至 Q' 点,由于两人速度相同,故同样时间内行进距离相同,设两人各自走过 x 米,此时直

角三角形 $P'OQ'$ 三条边长分别为 $50-x$、$60-x$ 和 50,根据勾股定理知 $(50-x)^2+(60-x)^2=50^2$,整理得 $x^2-110x+1800=0$,解得 $x=20$ 或 $x=90$(大于 OP 和 OQ,舍去).

【拓展】由于本题为求甲、乙距离第一次为 50 米时各自行进的距离,故舍去 $x=90$. 事实上,若未做此限定,则 $x=90$ 为甲、乙分别越过 O 点后距离拉远,两人第二次达到 50 米距离时分别行进的路程.

【答案】D

考点八 分段计费问题

分段计费就是把计费的标的物分成几个段,按照各段的不同标准分别计算价格. 本考点题目较简单,只需要正确识别分段点,在每段分别计算,最后按照题目要求求解综合或需要的段落值即可. 常见的需要分段计费的场景有电费、水费、邮费、话费、车票、优惠活动、税收等.

【例题1】某单位采取分段收费的方式收取网络流量(单位:GB)费用:每月流量 20GB(含)以内免费,流量 20GB 到 30GB(含)的每 GB 收费 1 元. 流量 30GB 到 40GB(含)的每 GB 收费 3 元,流量 40GB 以上的每 GB 收费 5 元,小王这个月用了 45GB 的流量,则他应该交费(   ).

A.45 元   B.65 元   C.75 元   D.85 元   E.135 元

【解析】小王一共用了 45G 流量,故 20G 到 30G 和 30G 到 40G 的这两段费用都需要全额缴付. 20GB 到 30GB(含)共收费 $10(GB)×1(元/GB)=10(元)$;30GB 到 40GB(含)共收费 $10(GB)×3(元/GB)=30(元)$. 40GB 到 45GB 共收费 $5(GB)×5(元/GB)=25(元)$. 即应该交费 $25+30+10=65(元)$.

【答案】B

模块二 习题自测

比与比例

1. 某工厂人员由技术人员、行政人员和工人组成,共有男职工 420 人,是女职工的 $\frac{4}{3}$ 倍,其中行政人员占全体职工的 20%,技术人员比工人少 $\frac{1}{25}$,那么该工厂有工人( ).

    A. 200 人   B. 250 人   C. 300 人   D. 350 人   E. 400 人

2. 一高校某专业男、女学生的人数之比是 5:3,将其平均分为甲、乙两组,已知甲组中男、女学生人数之比为 7:5,则乙组中男、女学生人数之比为( ).

    A. 4:3   B. 2:1   C. 9:5   D. 5:3   E. 11:6

3. 李先生投资 2 年期、3 年期和 5 年期三种国债的投资额的比为 5:3:2,后来又以与前次相同的投资总额全部购买 3 年期国债,则李先生两次对 3 年国债的投资额与两次总投资额的比值为( ).

    A. $\frac{3}{5}$ B. $\frac{7}{10}$ C. $\frac{13}{20}$ D. $\frac{9}{16}$ E. $\frac{5}{7}$

4. 将 3700 元奖金按 $\frac{1}{2}:\frac{1}{3}:\frac{2}{5}$ 的比例分给甲、乙、丙三人,则乙应得奖金( )元.

    A. 1000   B. 1050   C. 1200   D. 1500   E. 1700

5. 奖金发给甲、乙、丙、丁四人,其中 $\frac{1}{5}$ 发给甲,$\frac{1}{3}$ 发给乙,发给丙的奖金数正好是甲、乙奖金之差的 3 倍,已知发给丁的奖金为 200 元,则这批奖金为( ).

    A. 1500 元   B. 2000 元   C. 2500 元   D. 3000 元   E. 3500 元

6. 甲、乙两仓库储存的粮食重量之比为 4:3,现从甲库中调出 10 万吨粮食,则甲、乙两仓库存粮吨数之比为 7:6. 甲仓库原有粮食的万吨数为( ).

    A. 70   B. 78   C. 80

    D. 85   E. 以上结论均不正确

7. 某国参加北京奥运会的男、女运动员比例原为 19:12. 由于先增加若干名女运动员,使男、女运动员比例变为 20:13,后又增加了若干名男运动员,于是男、女运动员比例最终变为 30:19. 如果后增加的男运动员比先增加的女运动员多 3 人,则最后运动员的总人数为( ).

    A. 686   B. 637   C. 700   D. 661   E. 600

8. 一本书内有三篇文章,第一篇的页数分别是第二篇和第三篇的 2 倍和 3 倍,已知第三篇比第二篇少 10 页,则这本书共有(   ).

A. 100 页　　　B. 105 页　　　C. 110 页　　　D. 120 页　　　E. 125 页

增长、增长率

9. (条件充分性判断)甲企业今年人均成本是去年的 60%.

(1)甲企业今年总成本比去年减少 25%,员工人数增加 25%.

(2)甲企业今年总成本比去年减少 28%,员工人数增加 20%.

10. 第一季度甲公司比乙公司的产值低 20%.第二季度甲公司的产值比第一季度增长了 20%,乙公司的产值比第一季度增长了 10%.第二季度甲、乙两公司的产值之比是(   ).

A. 96:115　　　　　　B. 92:115　　　　　　C. 48:55

D. 24:25　　　　　　E. 10:11

11. 某电镀厂两次改进操作方法,使用锌量比原来节省 15%,则平均每次节约(   ).

A. 42.5%　　　　　　B. 7.5%

C. $(1-\sqrt{0.85})\times100\%$　　　　　　D. $(1+\sqrt{0.85})\times100\%$

E. 以上结论均不正确

利润、利润率

12. 某投资者以 2 万元购买甲、乙两种股票,甲股票的价格为 8 元/股,乙股票的价格为 4 元/股,它们的投资额之比是 4:1. 在甲、乙股票价格分别为 10 元/股和 3 元/股时,该投资者全部抛出这两种股票,投资者共获利(   ).

A. 3000 元　　　　　　B. 3889 元　　　　　　C. 4000 元

D. 5000 元　　　　　　E. 2300 元

13. 某工厂生产某种新型产品,一月份每件产品销售获得的利润是出厂价的 25%(假设利润等于出厂价减去成本),二月份每件产品出厂价降低 10%,成本不变,销售件数比一月份增加 80%,则销售利润比一月份的销售利润增长(   ).

A. 6%　　　　　　B. 8%　　　　　　C. 15.5%

D. 25.5%　　　　　　E. 以上都不对

平均值问题

14. 某部门在一次联欢活动中共设了 26 个奖,奖品均价为 280 元,其中一等奖奖品均价为 400 元,其他奖品均价为 270 元,一等奖的个数为(   ).

A. 6　　　　B. 5　　　　C. 4　　　　D. 3　　　　E. 2

15. (条件充分性判断)两个人数不等的班数学测验的平均分不相等,则能确定人数多的班.

    (1)已知两个班的平均成绩.

    (2)已知两个班的总平均分.

浓度问题

16. 某种新鲜水果的含水量为98%,一天后的含水量降为97.5%.某商店以每千克1元的价格购进了1000斤新鲜水果,预计当天能售出60%,两天内售完.要使利润维持在20%,则每千克水果的平均售价应定为(　　)元.

    A.1.20　　　　　B.1.25　　　　　C.1.30　　　　　D.1.35　　　　　E.1.40

17. 某容器中装满了浓度为90%的酒精,倒出1升后用水将容器注满,搅拌均匀后又倒出1升,再用水将容器注满,已知此时的酒精浓度为40%,该容器的体积是(　　).

    A.2.5升　　　　　B.3升　　　　　C.3.5升　　　　　D.4升　　　　　E.4.5升

18. 若用浓度为30%和20%的甲、乙两种食盐溶液配成浓度为24%的食盐溶液500克,则甲、乙两种溶液各取(　　).

    A.180克,320克　　　　　B.185克,315克　　　　　C.190克,310克

    D.195克,305克　　　　　E.200克,300克

工程问题

19. 制鞋厂本月计划生产旅游鞋5000双,结果12天就完成了计划的45%,照这样的进度,这个月(按30天计算)旅游鞋的产量将为(　　).

    A.5625双　　　　　B.5650双　　　　　C.5700双　　　　　D.5750双　　　　　E.5800双

20. (条件充分性判断)某人需要处理若干份文件,第一小时处理了全部文件的$\frac{1}{5}$,第二小时处理了剩余文件的$\frac{1}{4}$,则此人需要处理的文件数为25份.

    (1)前两小时处理了10份文件.

    (2)第二小时处理了5份文件.

21. 甲、乙两项工程分别由一队和二队负责完成.晴天时,一队完成甲工程需要12天,二队完成乙工程需要15天.雨天时,一队的效率是晴天的60%,二队的效率是晴天的80%,结果两队同时开工并同时完成各自的工程.那么,在这段工期内,雨天的天数为(　　).

    A.8　　　　　　　　　B.10　　　　　　　　　C.12

    D.15　　　　　　　　　E.以上答案均不对

22. 某工程由甲公司 60 天完成,由甲、乙两公司共同承包需要 28 天完成,由乙、丙两公司共同承包需要 35 天完成,则由丙公司承包完成该工程需要的天数为(　　).

　　A. 85　　　　　B. 90　　　　　C. 95　　　　　D. 100　　　　　E. 105

23. (条件充分性判断)管径相同的三条不同管道甲、乙、丙可同时向某基地容积为 1000 立方米的油罐供油,丙管道的供油速度比甲管道供油速度大.

　　(1)甲、乙同时供油 10 天可注满油罐.

　　(2)乙、丙同时供油 5 天可注满油罐.

24. 一件工作,甲、乙两人合作需要 2 天,人工费 2900 元. 乙、丙两人合作需要 4 天,人工费 2600 元,甲、丙两人合作 2 天完成了全部工作量的 $\frac{5}{6}$,人工费 2400 元,则甲单独做该工作需要的时间与人工费分别为(　　).

　　A. 3 天,3000 元　　　　　　　　B. 3 天,2850 元　　　　　　　　C. 3 天,2700 元

　　D. 4 天,3000 元　　　　　　　　E. 4 天,2900 元

行程问题

25. 一支队伍排成长度为 800 米的队列行军,速度为 80 米/分,在队首的通信员以 3 倍于行军的速度跑到队尾,花 1 分钟传达首长命令之后,立即以同样的速度跑回到队首,在这往返全过程中通信员所花费的时间为(　　).

　　A. 6.5 分　　　B. 7.5 分　　　C. 8 分　　　D. 8.5 分　　　E. 10 分

26. 两人环湖竞走,环湖一周是 400 米,乙的速度平均每分钟 80 米,甲的速度是乙的 $1\frac{1}{4}$,初始时甲在乙前面 100 米,多少分钟以后两人相遇?(　　)

　　A. 15 分钟　　　　　　　　B. 5 分钟　　　　　　　　C. 10 分钟

　　D. 20 分钟　　　　　　　　E. 25 分钟

27. 设罪犯与警察在一开阔地上相隔一条宽 0.5 千米的河,罪犯从北岸 A 点以每分钟 1 千米的速度向正北逃窜,警察从南岸 B 点以每分钟 2 千米的速度向正东追击(如图 11-6 所示),则警察从 B 点到达最佳射击位置(即罪犯与警察相距最近的位置)所需的时间是(　　).

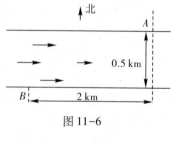

图 11-6

　　A. $\frac{3}{5}$ 分　　　　　　　　B. $\frac{5}{3}$ 分　　　　　　　　C. $\frac{10}{7}$ 分

　　D. $\frac{7}{10}$ 分　　　　　　　　E. $\frac{7}{5}$ 分

分段计费问题

28. 某商场在一次活动中规定:一次购物不超过 100 元时没有优惠;超过 100 元而没有超过 200 元时,按该次购物全额 9 折优惠;超过 200 元时,其中 200 元按 9 折优惠,超过 200 元的部分按 8.5 折优惠. 若甲、乙两人在该商场购买的物品分别付费 94.5 元和 197 元,则两人购买的物品在举办活动前需要的付费总额是(   )元.

    A. 291.5   B. 314.5   C. 325

    D. 291.5 或 314.5   E. 314.5 或 325

答案速查

1–5:CBCAD	6–10:CBCDC	11–15:CABEC
16–20:CBEAD	21–25:DECAD	26–28:ADE

习题详解

1. 【答案】C

【解析】首先以性别划分：男职工 420 人，是女职工的 $\frac{4}{3}$ 倍，故女职工有 $420 \div \frac{4}{3} = 315$（人），工厂总人数为 $420 + 315 = 735$（人）．其次以工种划分：行政人员占全体职工的 20%，则技术人员和工人共有 $735 \times (1 - 20\%) = 588$（人），技术人员比工人少 $\frac{1}{25}$，可得技术人员人数∶工人人数 $= 24 : 25$，此时得到人数之比，"见比设 k" 得技术人员有 $24k$ 人，工人有 $25k$ 人，共有 $49k$ 人，因此 $49k = 588$，$k = 12$，工人有 $12 \times 25 = 300$（人）．

注 技术人员比工人少 $\frac{1}{25}$，是以工人人数为基准量进行比较的，即技术人员人数比工人人数少了工人人数的 $\frac{1}{25}$．

2. 【答案】B

【解析】若题目与选项均只涉及比例或比值，则可采用特值法求解，可简记为【标志词汇】全比例问题 ⇒ 特值法．同时，本题中学生按男女和组别分别分类，宜采用列表法求解，如表 11.4 所示．综上所述，本题联合采用特值法与列表法求解．由于男、女学生的人数之比是 $5 : 3$，故设男生有 5 人，女生有 3 人，则共有 8 人，甲、乙两组每组各 4 人．

表 11.4

人数	男生	女生	总人数
甲组	$\frac{7}{5+7} \times 4 = \frac{7}{3}$	$\frac{5}{12} \times 4 = \frac{5}{3}$	4
乙组	$5 - \frac{7}{3} = \frac{8}{3}$	$3 - \frac{5}{3} = \frac{4}{3}$	4
总人数	5	3	8

由上表可知，乙组中男女人数之比为 $\frac{8}{3} : \frac{4}{3} = 2 : 1$．

3. 【答案】C

【解析】根据【标志词汇】全比例问题 ⇒ 特值法，本题可采用特值法求解，设第一次投资三种国债分别为 5 元、3 元和 2 元．同时，本题中分类分次购买国债，宜联合采用列表法求解，如表 11.5 所示．

表 11.5

投资	两年期	三年期	五年期	总额
第一次	5 元	3 元	2 元	10 元
第二次	0 元	10 元	0 元	10 元
总额	5 元	13 元	2 元	20 元

由上表可知,所求投资额之比为$\frac{13}{20}$.

4. 【答案】A

【解析】每项同乘分母的最小公倍数 30,将分数形式的比化为整数形式的比有$\frac{1}{2}:\frac{1}{3}:$

$\frac{2}{5}=\left(\frac{1}{2}\times30\right):\left(\frac{1}{3}\times30\right):\left(\frac{2}{5}\times30\right)=15:10:12$. 故可设三人奖金分别有$15k$元,$10k$元和

$12k$元,共有奖金$37k$元. 根据题意得$37k=3700$,$k=100$,乙得到奖金$10k=1000$元.

5. 【答案】D

【解析】已知给甲发了总奖金的$\frac{1}{5}$,给乙发了总奖金的$\frac{1}{3}$,给丙发了两人奖金之差的 3

倍,即给丙发了总奖金的$3\left(\frac{1}{3}-\frac{1}{5}\right)=\frac{2}{5}$,剩余奖金发放给丁,为$1-\frac{1}{5}-\frac{1}{3}-\frac{2}{5}=\frac{1}{15}$. 即

甲、乙、丙、丁奖金之比为$\frac{1}{5}:\frac{1}{3}:\frac{2}{5}:\frac{1}{15}$. 将这个分数形式的比的每一项同乘分母的最小

公倍数 15 化为整数形式的比得$\frac{1}{5}:\frac{1}{3}:\frac{2}{5}:\frac{1}{15}=\left(\frac{1}{5}\times15\right):\left(\frac{1}{3}\times15\right):\left(\frac{2}{5}\times15\right):$

$\left(\frac{1}{15}\times15\right)=3:5:6:1$. 故可设四人得到奖金分别为$3k$元,$5k$元,$6k$元和$k$元. 已知丁的奖

金为 200 元,故有$k=200$,这批奖金共有$3k+5k+6k+k=15k=3000$(元).

6. 【答案】C

【解析】**思路一:**甲、乙两仓库储存的粮食重量之比为$4:3$,即甲:乙$=4:3=8:6$. 甲库中

调出 10 万吨粮食后与乙仓库吨数之比为$7:6$,即甲调出:乙$=7:6$,或记为乙:甲调出$=$

$6:7$. 以共有项乙仓库库存为中间桥梁,化为三项连比形式有甲:乙:甲调出$=8:6:7$.

此时可设甲仓库原有粮食$8k$万吨,乙仓库有$6k$万吨,甲仓库现有$7k$万吨. 故共调出

$8k-7k=k=10$(万吨),故甲库原有粮食$8k=8\times10=80$(万吨).

思路二:由于甲、乙两仓库储存的粮食重量之比为$4:3$,则设原来甲、乙两仓库的粮食

分别为$4k$和$3k$. 则根据题意有$\frac{4k-10}{3k}=\frac{7}{6}$,解得$k=20$,故甲库原有粮食$4\times20=80$(万吨).

7. 【答案】B

【解析】本题较为复杂,需要将四项两两间的比化为整数连比的形式.

设原有男运动员a人,女运动员b人,增加后有男运动员a'人,增加后有女运动员

b'人.

男、女运动员比例原为$19:12$,即$a:b=19:12$,或写作$b:a=12:19$. 增加若干名女

运动员后,男、女运动员比例变为$20:13$,即$a:b'=20:13$. 以共有项男运动员a作为中

间桥梁,化为三项连比形式有$b:a:b'=240:380:247$.

同理,男、女运动员比例最终为$30:19$,即$a':b'=30:19$,或写作$b':a'=19:30$,

与$a:b'=20:13$联合,以共有项增加后女运动员b'作为中间桥梁,化为整数连比形式

有$a:b':a'=380:247:390$. 联合可得四项连比$b:a:b':a'=240:380:247:390$.

此时可设女运动员原有$240k$人,增加后女运动员有$247k$人,增加了$7k$人;男运动

员原有 $380k$ 人,增加后男运动员有 $390k$ 人,增加了 $10k$ 人. 由于男运动员比女运动员多增加 3 人,故 $10k-7k=3$, $k=1$,增加后的人数为 $247k+390k=247+390=637$ 人.

【技巧】由于最终男、女运动员比例为 30:19,故总人数一定是 $30+19=49$ 的整数倍,排除 C,D,E.

8. 【答案】C

【解析】第一篇页数是第二篇的 2 倍,是第三篇的 3 倍,即若第一篇页数为 1,则第二篇页数为 $\frac{1}{2}$,第三篇页数为 $\frac{1}{3}$,他们的页数之比为 $1:\frac{1}{2}:\frac{1}{3}$. 将这个分数形式的比的每项同乘分母最小公倍数 6 化为整数形式的比,得 $1:\frac{1}{2}:\frac{1}{3}=(1\times 6):\left(\frac{1}{2}\times 6\right):\left(\frac{1}{3}\times 6\right)=6:3:2$.

此时可设三篇分别有 $6k$ 页, $3k$ 页和 $2k$ 页,共有 $11k$ 页. 第三篇比第二篇少 10 页,故有 $3k-2k=k=10$,这本书共有 $11k=11\times 10=110$(页).

9. 【答案】D

【解析】本题只涉及相对变化,而不涉及具体量,故可以采用特值法. 同时,对于多个量分别增减之后比较的题目,需要分别确定基准量,分别计算,之后进行比较,推荐列表对比(如表 11.6).

表 11.6

时间	总成本	员工人数	人均成本
去年	100	100	1
条件(1)今年	$100\times(1-25\%)=75$	$100\times(1+25\%)=125$	$\frac{75}{125}=0.6$
条件(2)今年	$100\times(1-28\%)=72$	$100\times(1+20\%)=120$	$\frac{72}{120}=0.6$

故条件(1)和条件(2)均充分.

10. 【答案】C

【解析】设第一季度乙公司产值为 a,则第一季度甲公司产值为 $0.8a$,第二季度甲公司产值为 $0.8a(1+0.2)=0.96a$,第二季度乙公司产值为 $a(1+0.1)=1.1a$. 则第二季度甲、乙两公司的产值之比为 $\frac{0.96a}{1.1a}=\frac{96}{110}=\frac{48}{55}$.

【技巧】【标志词汇】全比例问题 $\Rightarrow$ 特值法. 本题条件与选项中均为百分比,可设特殊值. 设第一季度乙公司产值为 100,则第一季度甲公司产值为 80,第二季度甲公司产值为 96,第二季度乙公司产值为 110,第二季度两公司产值之比为 $96:110=48:55$.

11. 【答案】C

【解析】设原来用锌为 x,平均每次节约率为 p,则第一次节约后用量为 $x(1-p)$,第二次节约后用量为 $x(1-p)^2$. 故有 $x(1-p)^2=x(1-15\%)$,解得 $p=(1-\sqrt{0.85})\times 100\%$.

12. 【答案】A

【解析】2 万元投资两种股票的投资额之比为 4:1,即可设共投资 5 份钱,每份 0.4 万元. 其中 4 份即 1.6 万元投资甲股票,价格为 8 元/股,买了 2000 股;其中 1 份即 0.4

万元投资乙股票,价格为 4 元/股,买了 1000 股.抛出时获得 $10×2000+3×1000=2.3$ (万元),即获利为 $2.3-2=0.3$(万元).

13.【答案】B

【解析】设出厂价为 100 元,一月每件销售利润=出厂价×25%=出厂价-成本=25 (元),所以每件成本为 75 元.二月每件出厂价降低 10%,即 90 元,每件成本仍为 75 元,故每件利润为 $90-75=15$(元).

$$\frac{二月份利润}{一月份利润}=\frac{二月份销量×每件利润}{一月份销量×每件利润}=\frac{一月份销量×(1+80\%)×15\ 元}{一月份销量×25\ 元}=\frac{5.4}{5}=1.08,$$

所以利润增长率为 8%.

【总结】当题目条件中数据和选项均为比例或百分比时,常直接设特值,如本题中设出厂价为 100 元,将百分比化为具体数量,方便计算.

14.【答案】E

【解析】本题将所有奖品分为两部分,一部分为一等奖,奖品均价为 400 元,另一部分为其他奖品,均价为 270 元,所有奖品总体均价为 280 元,符合平均值问题——十字交叉法.【标志词汇】,可由公式法或十字交叉法求解.

　　思路一:公式法

(总体均价-其他奖品均价)×其他奖品数量=(一等奖奖品均价-总体均价)×一等奖奖品数量.

总奖品均价 280 元,一等奖奖品均价 400 元,其他奖品均价 270 元,故有:

$$\frac{400-280}{280-270}=\frac{12}{1}=\frac{其他奖品数量}{一等奖奖品数量}$$

此时可设份数,共有 13 份,其中一等奖占 1 份,一等奖奖品数为 $26×\frac{1}{13}=2$.

　　思路二:十字交叉法

故其他奖品数量:一等奖奖品数量=12:1,一等奖奖品数为 $26×\frac{1}{13}=2$.

15.【答案】C

【解析】设这两个班平均分分别为 a 和 b,且 $a>b$,人数分别为 m 和 n,两班总平均分为 c.两条件单独信息不完全,考虑联合.

　　根据总分列等式可得:总分$=am+bn=c(m+n)=cm+cn$,整理得$(a-c)m=(c-b)n$,$\frac{m}{n}=\frac{c-b}{a-c}$,故可以确定两班级的人数之比,两条件联合充分.

【总结】①总体均值,②甲均值,③乙均值,④两部分之间的比例,这四个量已知任意三项可确定第四项.

16.【答案】C

【解析】本题与上题解题模型一致,由于水分蒸发,水分含量降低了,而果肉质量不变.

第一天卖出600千克,剩余400千克,此时水果仍含水98%,含果肉2%,即第一天剩余的水果中有果肉400×2%=8(千克).到了第二天果肉8千克保持不变,水果水分含量降为97.5%,则含果肉(1-97.5%)=2.5%,水果总重变为8÷2.5%=320(千克).

设每千克售价为x,要使利润维持在20%,则有$600x+320x=1200,x≈1.30$(元).

【陷阱】本题不可以通过98%-97.5%=0.5%来计算水分变化,因为98%和97.5%这两个百分比对应的基准量均为当时的总质量,而第一天和第二天水果总质量不同.

17.**【答案】**B

【解析】由题意知初始浓度为90%,最终浓度为40%,两次均倒出1升,故设容器体积为V(升),由浓度公式可知:$90\% \cdot \dfrac{V-1}{V} \cdot \dfrac{V-1}{V}=40\%$,解得$V=3$或$V=\dfrac{3}{5}$(小于每次倒出的1升,含去).

18.**【答案】**E

【解析】直接由十字交叉法得:

$$\begin{array}{ccc} 30 & & 24-20 \\ & 24 & \\ 20 & & 30-24 \end{array} \quad \dfrac{2}{3} = \dfrac{m_{甲}}{m_{乙}}$$

即$\dfrac{m_{甲}}{m_{乙}}=\dfrac{4}{6}=\dfrac{2}{3}$,且已知甲、乙共500克,则甲、乙两种溶液需各取200克和300克.

19.**【答案】**A

【解析】思路一:12天完成原计划的45%,即5000×45%=2250(双),则每天的产量为$\dfrac{2250}{12}=187.5$(双).照这样的进度,这个月可完成的产量为187.5×30=5625(双).

思路二:12天完成了总量的45%,则每天完成45%÷12=3.75%,故照此进度这个月可完成5000×3.75%×30=5625(双).

20.**【答案】**D

【解析】第一小时处理全部文件的$\dfrac{1}{5}$,剩余全部文件的$1-\dfrac{1}{5}=\dfrac{4}{5}$.第二小时处理剩余的$\dfrac{1}{4}$,即处理全部文件的$\left(1-\dfrac{1}{5}\right)×\dfrac{1}{4}=\dfrac{1}{5}$.故前2小时共处理了全部文件的$\dfrac{2}{5}$.

条件(1):前两小时处理了10份文件,占全部文件的$\dfrac{2}{5}$,则需处理文件数为$10÷\dfrac{2}{5}=25$(份),故条件(1)充分.

条件(2):第二小时处理了5份文件,占全部文件的$\dfrac{1}{5}$,则需处理文件数为$5÷\dfrac{1}{5}=25$(份),故条件(2)亦充分.

21.**【答案】**D

【解析】设总工程量为1,根据题意可得表11.7.

表 11.7

天气	一队效率	二队效率
晴天	$\dfrac{1}{12}$	$\dfrac{1}{15}$
雨天	$\dfrac{1}{12}\times\dfrac{3}{5}$	$\dfrac{1}{15}\times\dfrac{4}{5}$

设工期内晴天共 m 天,雨天共 n 天,晴天、雨天时效率不同,分段计算,即有

$$\begin{cases}\dfrac{m}{12}+\dfrac{1}{12}\times\dfrac{3}{5}n=1\\[2mm]\dfrac{m}{15}+\dfrac{1}{15}\times\dfrac{4}{5}n=1\end{cases}\Rightarrow\begin{cases}5m+3n=60\\5m+4n=75\end{cases}\Rightarrow n=15.$$

22.【答案】E

【解析】由题意得,

$$\begin{cases}甲效率=\dfrac{1}{60} & (1)\\[2mm]甲效率+乙效率=\dfrac{1}{28} & (2)\\[2mm]乙效率+丙效率=\dfrac{1}{35} & (3)\end{cases}$$

由式(3)-式(2)+式(1)可得,丙效率$=\dfrac{1}{35}-\dfrac{1}{28}+\dfrac{1}{60}=\dfrac{1}{105}$,所以丙单独完成需要 105 天.

23.【答案】C

【解析】供油速度即管道供油的工作效率,仅知道甲和乙,或者仅知道乙和丙的供油速度,是无法比较出甲与丙的供油速度大小的,故两条件单独均不充分.联合条件(1)与条件(2),甲、乙合作比乙、丙合作速度慢,由于乙的供油速度不变,则丙的供油速度一定比甲大.故联合充分.

【拓展】本题只需要定性比较甲、丙管道的供油速度即可,若题目问具体数值,则需要

列方程求解,即$\begin{cases}甲效率+乙效率=\dfrac{1}{10}\\[2mm]乙效率+丙效率=\dfrac{1}{5}\end{cases}$,两式相减得,丙效率-甲效率$=\dfrac{1}{10}>0$,即丙供油

速度大于甲.

24.【答案】A

【解析】设甲、乙、丙效率分别记为 x,y,z,则$\begin{cases}x+y=\dfrac{1}{2}\\[2mm]y+z=\dfrac{1}{4}\\[2mm]2x+2z=\dfrac{5}{6}\end{cases}$,解得$\begin{cases}x=\dfrac{1}{3}\\[2mm]y=\dfrac{1}{6}\\[2mm]z=\dfrac{1}{12}\end{cases}$,即甲、乙、丙单独

做该工作需要的时间分别为 3 天、6 天和 12 天.

设甲、乙、丙每人每天的人工费分别为 a 元，b 元，c 元，则 $\begin{cases} 2a+2b=2900 \\ 4b+4c=2600 \\ 2a+2c=2400 \end{cases}$，解得 $\begin{cases} a=1000 \\ b=450 \\ c=200 \end{cases}$.

故甲单独做该工作需要 $3\times1000=3000$（元）.

【说明】事实上，本题并不需要将所有未知量全部解出，只需求出 x 与 a 即可.

25. 【答案】D

【解析】通信员队首跑到队尾时，与队尾相向运动，此时为相遇问题，相遇时间为 $t_1 = \dfrac{800}{80+80\times3}=2.5$（分）. 通信员从队尾跑到队首时，与队首同向运动，此时为追及问题，追及时间为 $t_2 = \dfrac{800}{80\times3-80}=5$（分）. 中间传达首长命令耗时 1 分钟，通信员与队伍同步前进. 则往返全过程中通信员所花费的时间为 $2.5+5+1=8.5$（分）.

【陷阱】通信队员在传达命令时并非原地不动，而是与队伍同步前进，因此追及距离仍为队长.

26. 【答案】A

【解析】环湖竞走场景意味着本题为同向时的环形道路问题，设 x 分钟后两人相遇，此时甲走了 $1\dfrac{1}{4}\times80\times x$，乙走了 $80x$，但初始时甲在乙前面 100 米，故有甲路程-乙路程=环形周长-100，即 $1\dfrac{1}{4}\times80\times x-80x=400-100$，解得 $x=15$（分钟）.

27. 【答案】D

【解析】设所需时间为 t 分钟，警察与罪犯间距离 s 为直角三角形斜边，根据勾股定理有 $s^2=(2-2\times t)^2+(0.5+1\times t)^2=5t^2-7t+4.25$，得到一个开口向上的抛物线，在取到对称轴 $t=-\dfrac{b}{2a}=\dfrac{7}{10}$ 时，有 s^2 最小值，对应 s 最小值（二次函数求最值详见本书基础篇第五章考点一）.

28. 【答案】E

【解析】设在举办活动前甲付费 x 元，乙付费 y 元. 对于甲有两种可能情况，第一种甲没有享受折扣优惠，则甲实际付费 94.5 元，$x=94.5$. 第二种甲购物超过 100 元，享受折扣优惠 9 折后实付 94.5，$x=\dfrac{94.5}{0.9}=105$. 对于乙有 $200\times0.9+(y-200)\times0.85=197$，解得 $y=220$，故付费总额可能为 314.5 或 325 元.